大数据技术精品系列教材

"1+X"职业技能等级证书配套系列教材

大数据应用开发（Python）

Hadoop
大数据开发基础

第2版 | 微课版

Big Data Development with Hadoop

张军 张良均 ● 主编
余明辉 王新云 刘名军 ● 副主编

人民邮电出版社
北京

图书在版编目（CIP）数据

Hadoop大数据开发基础：微课版 / 张军，张良均主编. -- 2版. -- 北京：人民邮电出版社，2021.11
大数据技术精品系列教材
ISBN 978-7-115-57562-3

Ⅰ. ①H… Ⅱ. ①张… ②张… Ⅲ. ①数据处理软件—教材 Ⅳ. ①TP274

中国版本图书馆CIP数据核字(2021)第265190号

内 容 提 要

本书以任务为导向，较为全面地介绍 Hadoop 大数据技术及其生态系统组件 Hive、HBase 的相关知识。全书共 8 章，具体内容包括 Hadoop 介绍、Hadoop 集群的搭建及配置、Hadoop 基础操作、MapReduce 入门编程、MapReduce 进阶编程、Hive 数据仓库、HBase 分布式数据库，以及一个项目案例（电影网站用户影评分析）。本书的第 2~7 章包含实训与课后习题，读者可通过练习和操作实践，巩固所学的内容。

本书可用于"1+X"证书制度试点工作中的大数据应用开发（Python）职业技能等级证书（中级）的教学和培训，也可以作为高校大数据技术相关专业的教材和大数据技术爱好者的自学用书。

◆ 主　　编　张　军　张良均
　副 主 编　余明辉　王新云　刘名军
　责任编辑　初美呈
　责任印制　王　郁　焦志炜

◆ 人民邮电出版社出版发行　北京市丰台区成寿寺路11号
　邮编　100164　电子邮件　315@ptpress.com.cn
　网址　https://www.ptpress.com.cn
　三河市中晟雅豪印务有限公司印刷

◆ 开本：787×1092　1/16
　印张：17.25　　　　　　　　　　2021年11月第2版
　字数：415千字　　　　　　　　　2024年12月河北第10次印刷

定价：59.80元

读者服务热线：(010)81055256　印装质量热线：(010)81055316
反盗版热线：(010)81055315
广告经营许可证：京东市监广登字 20170147 号

大数据技术精品系列教材
专家委员会

专家委员会主任：郝志峰（汕头大学）

专家委员会副主任（按姓氏笔画排列）：

　　　　　　　　王其如（中山大学）

　　　　　　　　余明辉（广州番禺职业技术学院）

　　　　　　　　张良均（广东泰迪智能科技股份有限公司）

　　　　　　　　聂　哲（深圳职业技术大学）

　　　　　　　　曾　斌（人民邮电出版社有限公司）

　　　　　　　　蔡志杰（复旦大学）

专家委员会成员（按姓氏笔画排列）：

王爱红（贵州交通职业技术学院）	韦才敏（汕头大学）
方海涛（中国科学院）	孔　原（江苏信息职业技术学院）
邓明华（北京大学）	史小英（西安航空职业技术学院）
冯国灿（中山大学）	边馥萍（天津大学）
吕跃进（广西大学）	朱元国（南京理工大学）
朱文明（深圳信息职业技术学院）	任传贤（中山大学）
刘保东（山东大学）	刘彦姝（湖南大众传媒职业技术学院）
刘深泉（华南理工大学）	孙云龙（西南财经大学）
阳永生（长沙民政职业技术学院）	花　强（河北大学）
杜　恒（河南工业职业技术学院）	李明革（长春职业技术大学）
李美满（广东理工职业学院）	杨　坦（华南师范大学）
杨　虎（重庆大学）	杨志坚（武汉大学）
杨治辉（安徽财经大学）	杨爱民（华北理工大学）

Hadoop 大数据开发基础（第 2 版）（微课版）

肖　刚（韩山师范学院）　　　　　　　吴阔华（江西理工大学）
邱炳城（广东理工学院）　　　　　　　何小苑（广东水利电力职业技术学院）
余爱民（广东科学技术职业学院）　　　沈　洋（大连职业技术学院）
沈凤池（浙江商业职业技术学院）　　　宋眉眉（天津理工大学）
张　敏（广东泰迪智能科技股份有限公司）
张兴发（广州大学）
张尚佳（广东泰迪智能科技股份有限公司）
张治斌（北京信息职业技术学院）　　　张积林（福建理工大学）
张雅珍（陕西工商职业学院）　　　　　陈　永（江苏海事职业技术学院）
武春岭（重庆电子科技职业大学）　　　周胜安（广东行政职业学院）
赵　强（山东师范大学）　　　　　　　赵　静（广东机电职业技术学院）
胡支军（贵州大学）　　　　　　　　　胡国胜（上海电子信息职业技术学院）
施　兴（广东泰迪智能科技股份有限公司）
韩宝国（广东轻工职业技术大学）　　　曾文权（广东科学技术职业学院）
蒙　飚（柳州职业技术大学）　　　　　谭　旭（深圳信息职业技术学院）
谭　忠（厦门大学）　　　　　　　　　薛　云（华南师范大学）
薛　毅（北京工业大学）

序 FOREWORD

随着"大数据时代"的到来,电子商务、云计算、互联网金融、物联网、虚拟现实、人工智能等不断渗透并重塑传统产业。大数据当之无愧地成为新的产业革命核心,产业的迅速发展使教育系统面临新的要求与考验。

职业院校作为人才培养的重要载体,肩负着为社会培育人才的重要使命。职业院校做好大数据人才的培养工作,对职业教育向专业化、特色化类型教育发展具有重要的意义。2016 年,中华人民共和国教育部(以下简称教育部)批准职业院校设立大数据技术与应用专业,各职业院校随即做出反应,目前已经有超过 600 所学校开设了大数据技术相关专业。2019 年 1 月 24 日,中华人民共和国国务院印发《国家职业教育改革实施方案》,明确提出"经过 5—10 年左右时间,职业教育基本完成由政府举办为主向政府统筹管理、社会多元办学的格局转变"。从 2019 年开始,教育部等四部门在职业院校、应用型本科高校启动"学历证书+若干职业技能等级证书"制度试点(以下简称"1+X"证书制度试点)工作。希望通过试点,深化教师、教材、教法"三教"改革,加快推进职业教育国家"学分银行"和资历框架建设,探索实现"书证融通"。

为响应"1+X"证书制度试点工作,广东泰迪智能科技股份有限公司联合业内知名企业及高校相关专家,共同制订《大数据应用开发(Python)职业技能等级标准》,并于 2020 年 9 月正式获批。大数据应用开发(Python)职业技能等级证书是以 Python 技术为主线,结合企业大数据应用开发场景制定的人才培养等级评价标准。此证书主要面向中等职业院校、高等职业院校和应用型本科院校的大数据、商务数据分析、信息统计、人工智能、软件工程和计算机科学等相关专业,涵盖企业大数据应用中各个环节的关键技术,如数据采集、数据处理、数据分析与挖掘、数据可视化、文本挖掘、深度学习等。

目前,大数据技术相关专业的高校教学体系配置过多地偏向理论教学,课程设置与企业实际应用契合度不高,学生很难把理论转化为实践应用技能。为此,广东泰迪智能科技股份有限公司针对大数据应用开发(Python)职业技能等级证书编写了相关配套教材,希望能有效解决大数据技术相关专业实践型教材紧缺的问题。

本系列教材的第一大特点是注重学生的实践能力培养,针对高校在实践教学中的痛点,首次提出"鱼骨教学法"的概念,携手"泰迪杯"竞赛,以企业真实需求为导向,使学生能紧紧围绕企业实际应用需求来学习技能,将学生需掌握的理论知识通过企业案例的形式与实际应用进行衔接,从而达到知行合一、以用促学的目的。这恰好与大数据应用开发(Python)职业技能等级证书中对人才的考核要求完全契合,可达到"书证融通""赛证融通"的目的。本系列教材的第二大特点是以大数据技术应用为核心，紧紧围绕大数据技术应用闭环的流程进行教学。本系列教材涵盖企业大数据应用中的各个环节，符合企业大数据应用的真实场景，使学生从宏观上理解大数据技术在企业中的具体应用场景和应用方法。

在深化教师、教材、教法"三教"改革和"书证融通""赛证融通"的人才培养实践过程中，本系列教材将根据读者的反馈意见和建议及时改进、完善，努力成为大数据时代的新型"编写、使用、反馈"螺旋式上升的系列教材建设样板。

全国工业和信息化职业教育教学指导委员会委员
计算机类专业教学指导委员会副主任委员
"泰迪杯"数据分析职业技能大赛组委会副主任

2020 年 11 月于粤港澳大湾区

前言

2007年9月，Apache软件基金会整合道格·卡廷（Doug Cutting，Hadoop创始人）以及其他IT公司的贡献成果，开发并正式推出了第一个Hadoop系统版本。Hadoop是一个可以搭建在廉价x86服务器上的分布式集群系统架构，它具有高可靠性、高容错性和高扩展性等优点。由于Hadoop提供了一个开放式的平台，用户可以在完全不了解底层实现细节的情形下，开发适合自身应用的分布式程序。经过多年的发展，目前Hadoop已经成长为一个全栈式的大数据技术生态圈，并成为应用最广泛、最具有代表性的大数据技术之一。

如何从零基础开始学习Hadoop大数据技术，并能够理论结合实践，运用相关技术知识解决一些实际的业务需求，正是本书致力解决的问题。

第2版与第1版的区别

结合Hadoop的发展现状及Hadoop未来的发展趋势，并根据广大读者的意见反馈，本书在保留原书特色的基础上，对教材进行了内容与代码的全面升级，为加快推进党的二十大精神进教材、进课堂、进头脑，结合教材案例与项目的讲解内容，融入社会主义核心价值观、大国工匠精神、科学精神、国家安全观等课程思政元素，实现知识、能力和正确价值观培养的全过程有机结合。第2版修订的主要内容如下。

- 第2章修改了Hadoop集群的搭建过程介绍，将使用的CentOS版本由CentOS 6.7升级至CentOS 7.8，将使用的JDK版本由JDK 1.7升级至JDK 1.8，将使用的Hadoop版本由Hadoop 2.6.4升级至Hadoop 3.1.4。
- 第3章新增了"任务3.1 认识Hadoop安全模式"一节内容。
- 第4章和第5章所使用的例子数据由社交网站用户访问日志数据更换为竞赛网站用户访问日志数据，并修改了这两章中任务实现的内容。
- 第4章修改了任务4.1中MapReduce开发环境的搭建过程介绍，将MapReduce程序的开发环境由Eclipse更换为IDEA，使用的版本为IDEA 2018.3.6（社区版）。
- 因为将MapReduce程序的开发环境由Eclipse更换为IDEA，所以第5章修改了任务5.4中打包并提交MapReduce程序的过程介绍，在IDEA中实现MapReduce程序的编译、打包及提交。
- 新增了"第6章 Hive数据仓库"一章内容。
- 新增了"第7章 HBase分布式数据库"一章内容。
- 将原第6章移至第8章，并将项目案例更换为"电影网站用户影评分析"。

- 更新了全书的实训和课后习题。

本书特色

本书内容契合"1+X"证书制度试点工作中的大数据应用开发（Python）职业技能等级（中级）证书考核标准，全书以任务为导向，深入浅出地介绍 Hadoop 基本原理与架构、集群安装及配置、MapReduce 编程以及完整项目案例等精选内容。

全书按照解决实际任务的工作流程路线，逐步展开介绍相关的理论知识点，推导生成可行的解决方案，最后落实任务实现环节。全书大部分内容紧扣任务需求展开，不堆砌知识点，着重于解决问题时思路的启发与方案的实施。通过对从任务需求到实现这一完整工作流程的体验，帮助读者真正理解 Hadoop 大数据技术。

本书适用对象

- 开设有大数据技术相关课程的学生。
- 大数据开发技术人员。
- 关注大数据技术的各行业技术人员。
- "1+X"证书制度试点工作中的大数据应用开发（Python）职业技能等级（中级）证书考生。

代码下载及问题反馈

为了帮助读者更好地使用本书，本书配套了书中全部实例的数据文件及源码，以及微课视频、PPT 课件、教学大纲、教学进度表和教案等教学资源，读者可以从泰迪云教材网站免费下载这些资源，也可登录人民邮电出版社教育社区（www.ryjiaoyu.com）免费下载这些资源。

由于编者水平有限，书中难免出现一些疏漏和不足之处。如果读者有宝贵意见，欢迎在泰迪学社微信公众号（TipDataMining）回复"图书反馈"进行反馈。更多本系列教材的信息可以在泰迪云教材网站查阅。

编者
2022 年 11 月

泰迪云教材

目录

第1章 Hadoop 介绍 ·············· 1

任务 1.1 认识 Hadoop 框架 ·············· 1
  1.1.1 什么是 Hadoop ·············· 1
  1.1.2 了解 Hadoop 的发展历史 ·············· 2
  1.1.3 了解 Hadoop 的特点 ·············· 4

任务 1.2 了解 Hadoop 核心组件 ·············· 4
  1.2.1 了解分布式文件系统——HDFS ·············· 4
  1.2.2 了解分布式计算框架——MapReduce ·············· 7
  1.2.3 了解集群资源管理器——YARN ·············· 9

任务 1.3 了解 Hadoop 生态系统 ·············· 12
任务 1.4 了解 Hadoop 应用场景 ·············· 14
小结 ·············· 15
课后习题 ·············· 15

第2章 Hadoop 集群的搭建及配置 ·············· 17

任务 2.1 安装及配置虚拟机 ·············· 18
  2.1.1 创建 Linux 虚拟机 ·············· 18
  2.1.2 设置固定 IP 地址 ·············· 26
  2.1.3 远程连接虚拟机 ·············· 29
  2.1.4 配置本地 YUM 源及安装常用软件 ·············· 31

任务 2.2 搭建 Hadoop 完全分布式集群 ·············· 35
  2.2.1 在 Linux 下安装 Java ·············· 36
  2.2.2 修改配置文件 ·············· 37
  2.2.3 克隆虚拟机 ·············· 41
  2.2.4 配置 SSH 免密码登录 ·············· 44
  2.2.5 配置时间同步服务 ·············· 45
  2.2.6 启动和关闭 Hadoop 集群 ·············· 46
  2.2.7 监控 Hadoop 集群 ·············· 47

小结 ·············· 49
实训 ·············· 50
  实训 1 修改 master 虚拟机的 IP 地址 ·············· 50
  实训 2 编写 Shell 脚本同步集群时间 ·············· 50
课后习题 ·············· 51

第3章 Hadoop 基础操作 ·············· 53

任务 3.1 认识 Hadoop 安全模式 ·············· 54
  3.1.1 了解 Hadoop 安全模式 ·············· 54
  3.1.2 查看、解除和开启 Hadoop 安全模式 ·············· 55

任务 3.2 查看 Hadoop 集群的基本信息 ·············· 56
  3.2.1 查询集群的存储系统信息 ·············· 57
  3.2.2 查询集群的计算资源信息 ·············· 60

任务 3.3 上传文件到 HDFS 目录 ·············· 62
  3.3.1 了解 HDFS ·············· 62
  3.3.2 HDFS 的基本操作 ·············· 65
  3.3.3 任务实现 ·············· 68

任务 3.4 运行首个 MapReduce 任务 ·············· 70
  3.4.1 了解 Hadoop 官方的示例程序包 ·············· 70
  3.4.2 提交 MapReduce 任务给集群运行 ·············· 70

任务 3.5 管理多个 MapReduce 任务 ·············· 74
  3.5.1 查询 MapReduce 任务 ·············· 74
  3.5.2 中断 MapReduce 任务 ·············· 76

小结 ································· 78

实训 ································· 79

    实训 1　统计文件中所有单词长度的标准差 ··················· 79

    实训 2　查询与中断 MapReduce 任务 ······ 79

课后习题 ····························· 80

第 4 章　MapReduce 入门编程 ········ 82

任务 4.1　在 IntelliJ IDEA 中搭建 MapReduce 开发环境 ········ 83

  4.1.1　在 Windows 下安装 Java ········ 83

  4.1.2　下载与安装 IntelliJ IDEA ········ 86

  4.1.3　创建 MapReduce 工程 ·········· 88

  4.1.4　配置 MapReduce 环境 ·········· 90

任务 4.2　通过源码初识 MapReduce 编程 ························ 92

  4.2.1　了解 MapReduce 工作原理及核心组成 ··························· 92

  4.2.2　了解 MapReduce 实现词频统计的执行流程 ···················· 93

  4.2.3　读懂官方提供的 WordCount 源码 ····· 94

任务 4.3　统计网站每日的访问次数 ··· 100

  4.3.1　分析思路与处理逻辑 ·········· 100

  4.3.2　编写核心模块代码 ············ 101

  4.3.3　任务实现 ······················ 102

任务 4.4　将网站每日访问次数根据访问次数进行升序排序 ········ 104

  4.4.1　分析思路与处理逻辑 ·········· 104

  4.4.2　编写核心模块代码 ············ 105

  4.4.3　任务实现 ······················ 106

小结 ································ 108

实训 ································ 109

    实训 1　使用 MapReduce 编程统计某超市 1 月商品被购买的次数 ········· 109

    实训 2　使用 MapReduce 编程统计各科目的平均成绩 ················ 109

课后习题 ···························· 110

第 5 章　MapReduce 进阶编程 ········ 113

任务 5.1　筛选日志文件并生成序列化文件 ························ 113

  5.1.1　设置 MapReduce 输入格式 ····· 114

  5.1.2　设置 MapReduce 输出格式 ····· 115

  5.1.3　任务实现 ······················ 116

任务 5.2　使用 Hadoop Java API 读取序列化文件 ················ 118

  5.2.1　使用 FileSystem API 管理文件夹 ··· 118

  5.2.2　使用 FileSystem API 操作文件 ··· 122

  5.2.3　使用 FileSystem API 读/写数据 ··· 124

  5.2.4　任务实现 ······················ 126

任务 5.3　优化日志文件统计程序 ····· 128

  5.3.1　自定义键值类型 ·············· 128

  5.3.2　初步探索 Combiner ············ 132

  5.3.3　浅析 Partitioner ················ 134

  5.3.4　自定义计数器 ················ 137

  5.3.5　任务实现 ······················ 139

任务 5.4　在 IntelliJ IDEA 中打包并提交 MapReduce 程序 ·············· 142

  5.4.1　传递参数 ······················ 142

  5.4.2　使用 Hadoop 辅助类 ToolRunner ····· 144

  5.4.3　自动打包并提交 MapReduce 任务 ···· 145

  5.4.4　任务实现 ······················ 148

小结 ································ 150

实训 ································ 150

    实训 1　使用 MapReduce 编程统计各科目成绩最高的学生 ············· 150

    实训 2　使用 MapReduce 编程筛选出指定出版年份的图书 ············· 151

课后习题 152

第6章 Hive 数据仓库 155

任务6.1 认识 Hive 数据仓库 156
- 6.1.1 什么是 Hive 156
- 6.1.2 了解 Hive 与传统数据库的对比 156
- 6.1.3 了解 Hive 系统架构 158
- 6.1.4 了解 Hive 数据模型 159
- 6.1.5 了解 Hive 执行流程 159

任务6.2 访问 Hive 的3种方式 160
- 6.2.1 设置内嵌模式 160
- 6.2.2 设置直连数据库模式 162
- 6.2.3 设置远程模式 165

任务6.3 实现 Hive 表的创建与修改 167
- 6.3.1 了解 Hive 数据定义语言的基本语法 168
- 6.3.2 创建表基本操作 171
- 6.3.3 修改表基本操作 174

任务6.4 实现 Hive 表中数据的增删查改 175
- 6.4.1 了解 Hive 数据操作语言的基本语法 175
- 6.4.2 向数据表中装载文件 177
- 6.4.3 查询数据 179
- 6.4.4 插入数据 182
- 6.4.5 删除表中数据 183

任务6.5 掉话率 Top20 基站统计 184
- 6.5.1 分析基本思路 184
- 6.5.2 任务实现 184

小结 186
实训 186
- 实训1 查询图书馆图书的被借阅次数及读者借阅图书的次数 186
- 实训2 Hive 实现表的连接及信息查询处理 187

课后习题 188

第7章 HBase 分布式数据库 190

任务7.1 认识 HBase 分布式数据库 191
- 7.1.1 什么是 HBase 191
- 7.1.2 了解 HBase 系统架构 193
- 7.1.3 了解 HBase 数据模型 195
- 7.1.4 了解 HBase 读/写流程 196

任务7.2 安装部署 HBase 集群 198
- 7.2.1 了解并安装 ZooKeeper 198
- 7.2.2 安装及配置 HBase 集群 203

任务7.3 掌握 HBase 常用的 Shell 命令 206
- 7.3.1 修改与删除表 208
- 7.3.2 查询表数据 210

任务7.4 使用 HBase Java API 实现表设计 212
- 7.4.1 创建 Java 项目 213
- 7.4.2 实现表的创建 215
- 7.4.3 向表中插入数据 216

任务7.5 查询分析通话记录数据 217
- 7.5.1 设计表并分析查询需求 217
- 7.5.2 任务实现 218

小结 225
实训 225
- 实训1 使用 HBase Shell 命令创建学生表并插入数据 225
- 实训2 使用 HBase Java API 对 HBase 数据库的表进行操作 226

课后习题 227

第 8 章 项目案例：电影网站用户影评分析 ……228

任务 8.1 了解数据字段并分析需求…228
8.1.1 了解数据字段 …………… 228
8.1.2 统计分析需求描述 ………… 230

任务 8.2 多维度分析用户影评 ……230
8.2.1 创建并配置工程项目 ……… 230
8.2.2 计算评分次数最多的 10 部电影及评分次数并分析 ……………… 232
8.2.3 计算不同性别评分最高的 10 部电影及评分并分析 ……………… 240
8.2.4 计算指定电影各年龄段的平均影评并分析 ……………… 250
8.2.5 计算影评库中各种类型电影中评分最高的 5 部电影并分析 ………… 252

小结 …………………………………258

附录 A Linux 常用操作命令 …………259

附录 B Hadoop 集群组件的常用端口及其说明 ……………………263

第 1 章 Hadoop 介绍

学习目标

（1）了解 Hadoop 框架及其发展历史、特点。
（2）了解 Hadoop 核心组件。
（3）了解 Hadoop 生态系统。
（4）了解 Hadoop 应用场景。

任务背景

实施创新驱动发展战略，需加强基础研究。俗话说万丈高楼平地起，"大数据时代"下，针对大数据处理的新技术也在被不断地开发和运用，并逐渐成为数据处理与挖掘行业广泛使用的主流技术之一。在大数据时代，Hadoop 作为处理大数据的分布式存储和计算框架，在国内外大、中、小型企业中已得到广泛应用，掌握 Hadoop 技术是从事大数据行业工作必不可少的一步，Hadoop 亦是大数据技术专业学习的基础知识。

本章将主要介绍 Hadoop 框架的理论知识，首先介绍 Hadoop 框架及其发展历史、特点；然后重点讲解 Hadoop 的三大核心组件 HDFS、MapReduce 和 YARN；接着对 Hadoop 生态系统中常用的组件进行简单的介绍，包括组件的特点和应用；最后简要介绍 Hadoop 的应用场景。

任务 1.1 认识 Hadoop 框架

单机与分布式
概念

任务描述

在使用 Hadoop 的核心组件之前，首先需要对 Hadoop 框架的理论知识有一定的了解。本节的任务是了解 Hadoop 框架及其发展历史、特点，带领读者走进 Hadoop。

1.1.1 什么是 Hadoop

随着移动设备的广泛使用和互联网的快速发展，数据的增量和存量快速增加，硬件发展跟不上数据发展，单机很多时候已经无法处理 TB、PB 级别的数据。如果一头牛拉不动货物，那么选择找几头牛一起拉货物比培育一头更强壮的牛更加容易。同理，对于单机无法解决的问题，综合利用多个普通机器的做法比打造一台超级计算机的做法可行性更高。这就是 Hadoop 的设计思想。

Hadoop 大数据开发基础（第 2 版）（微课版）

Hadoop 由 Apache 软件基金会开发，是一个开源的、可靠的、可扩展的、用于分布式计算的分布式系统基础框架。Hadoop 允许用户使用简单的编程模型在计算机集群中对大规模数据集进行分布式处理。Hadoop 旨在从单一的机器扩展到成千上万的机器，将集群部署在多台机器中，每台机器提供本地存储和计算服务。每台机器上有一个或多个节点，Hadoop 存储的数据将备份在多个节点中以提升集群的可用性，当一个节点宕机时，其他节点依然可以提供数据备份和计算服务。

Hadoop 框架核心的设计是 Hadoop 分布式文件系统（Hadoop Distributed File System，HDFS）和分布式计算框架 MapReduce。HDFS 是可扩展、高容错、高性能的分布式文件系统，负责数据的分布式存储和备份，文件写入后只能读取，不能修改。MapReduce 是分布式计算框架，包含 Map（映射）和 Reduce（归约）两个阶段。

1.1.2 了解 Hadoop 的发展历史

Hadoop 是由 Apache 软件基金会的 Lucence 项目创始人道格·卡廷创建的，Lucence 是一个应用广泛的文本搜索系统库。Hadoop 起源于开源的网络搜索引擎 Nutch，Nutch 本身也是 Lucence 项目的一部分。Hadoop 的发展历史如图 1-1 所示。

图 1-1 Hadoop 的发展历史

Nutch 项目开始于 2002 年，当时互联网第一轮泡沫刚刚结束，道格·卡廷和迈克·卡法雷拉（Mike Cafarella）认为网络搜索引擎由一家互联网公司垄断十分可怕，信息的入口将被该公司掌握，因此决定开发一个可以代替当时主流搜索产品的开源搜索引擎，并将该项目命名为 Nutch。Nutch 致力于提供开源搜索引擎所需的全部工具集。但后来，两位开发者发现这一架构的灵活性不足，只能支持几亿条数据的抓取、索引和搜索，不足以解决数十亿网页的搜索问题。

2003 年，谷歌公司发表的 *The Google File System* 论文描述了谷歌公司产品的架构 GFS（Google File System，谷歌文件系统）。Nutch 的开发者们发现 GFS 架构能够满足网页抓取和搜索过程中生成的超大文件存储需求，更重要的是，GFS 能够节省系统管理所使用的大量时间。于是在 2004 年，Nutch 的开发者们借鉴谷歌公司新技术开始进行开源版本的实现，即 Nutch 分布式文件系统（Nutch Distributed File System，NDFS）。不同的是，谷歌公司使用的是 C++语言，而 Nutch 的开发者们使用的是 Java 语言。

2004 年，谷歌公司又发表了论文 *MapReduce: Simplified Data Processing on Large Clusters*，向全世界介绍了 MapReduce 框架。Nutch 的开发者们发现谷歌公司的 MapReduce 框架可以解决大规模数据的处理问题，因此 Nutch 的开发者们基于谷歌公司发表的

第 1 章　Hadoop 介绍

MapReduce：Simplified Data Processing on Large Clusters 论文，模仿了谷歌公司的 MapReduce 框架的设计思路，使用 Java 设计并实现了一套新的 MapReduce 并行处理软件系统，在 Nutch 上开发了一个可工作的 MapReduce 框架。

2006 年，道格·卡廷加入雅虎公司，并将 NDFS 和 MapReduce 框架移出了 Nutch，命名为 Hadoop，该名称源于道格·卡廷儿子的一只玩具象。雅虎公司为 Hadoop 项目组织了一个专门的团队，并提供了资源，致力将 Hadoop 发展为可以处理海量数据的分布式框架。

道格·卡廷加入雅虎公司后，Hadoop 项目得到了迅速发展。Hadoop 集群规模从一开始的几十台机器发展至上千台机器，中间进行了很多工程性质的工作。此外，雅虎公司逐步将公司的广告系统的数据挖掘相关工作也迁移至 Hadoop 上，进一步促进了 Hadoop 系统的发展。

2007 年，开发人员在 100 个亚马逊公司的虚拟机服务器上使用 Hadoop 转换处理了 4TB 的图片数据，加深了人们对 Hadoop 的印象。

2008 年，一位谷歌公司的工程师发现要将当时的 Hadoop 放至任意一个集群中运行是一件很困难的事情，因此与几个好朋友成立了一家专注于商业化 Hadoop 的公司 Cloudera。同年，Facebook 团队发现大多数分析人员编写 MapReduce 程序难度较大，而对 SQL 语句更加熟悉，因此 Facebook 团队在 Hadoop 的基础上开发了一个数据仓库工具 Hive，专门将 SQL 语句转换为 Hadoop 的 MapReduce 程序。

2008 年 1 月，Hadoop 已经成为 Apache 软件基金会的顶级项目之一。

2008 年 4 月，Hadoop 打破世界纪录，成为当时最快的 TB 级数据排序系统。在一个有 910 个节点的集群中，Hadoop 在 209s 内完成了对 1TB 数据的排序，刷新了前一年的纪录 297s。

2009 年，道格·卡廷加入 Cloudera 公司，致力于 Hadoop 软件的多用途技术开发。

2011 年，雅虎公司将 Hadoop 项目独立并成立了一个子公司 Hortonworks，专门提供 Hadoop 相关的服务。

2012 年，Hortonworks 公司推出了与原框架有很大不同的 YARN 框架的第一个版本，从此对 Hadoop 的研究又迈进一个新的层面。

2013 年，大型 IT 公司，如 EMC、Microsoft、Intel、Teradata、Cisco 等都明显增加了 Hadoop 方面的投入，Hortonworks 公司宣传要 100% 开源软件，Hadoop 2.0 转型基本上无可阻挡。

2014 年，Hadoop 2.x 的更新速度非常快，从 Hadoop 2.3.0 至 Hadoop 2.6.0，极大地完善了 YARN 框架和整个集群的功能。很多 Hadoop 的研发公司如 Cloudera、Hortonworks 等都与其他企业合作，共同开发 Hadoop 的新功能。

2016 年，Hadoop 及其生态圈组件（如 Hive、HBase、Spark 等）在各行各业落地并且得到广泛的应用，YARN 框架也在持续发展以支持更多的应用。

2017 年，Hadoop 3.0.0 开始计划发布，并于 2017 年 12 月发布 3.0.0 的 GA（General Availability，正式发布）版本，该版本修复了 6242 个问题，Hadoop 3.x 正式开始使用。

从 Hadoop 3.x 系列版本发布开始，Hadoop 版本还在不断地优化、更新。2020 年 8 月 3 日，3.x 系列 Hadoop 发布了第 2 个 GA 版本 Hadoop 3.1.4，意味着 Hadoop 的 API（Application Program Interface，应用程序接口）稳定性和质量均有了保障。本书所使用的也是 Hadoop 3.1.4。

1.1.3 了解 Hadoop 的特点

Hadoop 是一个能够让用户轻松搭建和使用的分布式计算平台，用户可以在 Hadoop 上开发和运行处理海量数据的应用程序。Hadoop 的主要特点如下。

（1）高可靠性。数据存储有多个备份，集群部署在不同机器上，可以防止一个节点宕机造成集群损坏。当数据处理请求失败时，Hadoop 将自动重新部署计算任务。Hadoop 框架中有备份机制和检验模式，可以对出现问题的部分进行修复，也可以通过设置快照的方式在集群出现问题时回到之前的一个时间点。

（2）高扩展性。Hadoop 是在可用的计算机集群间分配数据并完成计算任务的。为集群添加新的节点并不复杂，因此集群可以很容易地进行节点的扩展，以扩大集群。

（3）高效性。Hadoop 可以在节点之间动态地移动数据，在数据所在节点进行并行处理，并保证各个节点的动态平衡，因此处理速度非常快。

（4）高容错性。HDFS 在存储文件时将在多台机器或多个节点上存储文件的备份副本，当读取该文件出错或某一个节点宕机时，系统会调用其他节点上的备份文件，保证程序顺利运行。如果启动存储的任务失败，那么 Hadoop 将重新运行该任务或启用其他任务来完成失败的任务中没有完成的部分。

（5）低成本。Hadoop 是开源的，即不需要支付任何费用即可下载并安装使用，节省了软件购买的成本。

（6）可构建在廉价机器上。Hadoop 不要求机器的配置达到极高的水准，大部分普通商用服务器即可满足要求，通过提供多个副本和容错机制提高集群的可靠性。

（7）Hadoop 基本框架用 Java 语言编写。Hadoop 是一个用 Java 语言开发的框架，因此运行在 Linux 系统上是非常理想的。Hadoop 上的应用程序也可以使用其他语言编写，如 C++和 Python。

任务 1.2　了解 Hadoop 核心组件

HDFS 运行流程解析

任务描述

Hadoop 有三大核心组件，分别是分布式文件系统 HDFS、分布式计算框架 MapReduce 和集群资源管理器 YARN。本节的任务是介绍 Hadoop 的三大核心组件，了解不同核心组件的架构和工作原理，为后续深入学习 Hadoop 奠定基础。

1.2.1 了解分布式文件系统——HDFS

HDFS 是一种在普通硬件上运行的分布式文件系统，它与现有的分布式文件系统有许多相似之处，但也存在明显的区别。HDFS 具有高度的容错能力，可部署在低成本硬件上。HDFS 支持对应用程序数据进行高吞吐量访问，并且适用于海量数据集的读/写。HDFS 是 Hadoop 的核心组件之一，用于 Hadoop 存储数据。

1. HDFS 简介及架构

HDFS 是以分布式进行存储的文件系统，主要负责集群数据的存储与读取。HDFS 是一个主/从（Master/Slave）体系架构的分布式文件系统。HDFS 支持传统的层次型文件组织结构，用户或应用程序可以先创建目录，再将文件保存至目录中。文件系统命名空间的层次结构和大多数现有的文件系统类似，可以通过文件路径对文件执行创建、读取、更新和删除操作。HDFS 的基本架构如图 1-2 所示。

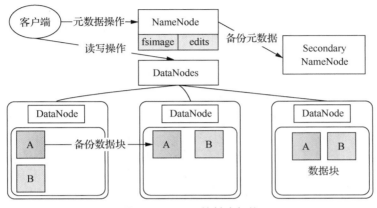

图 1-2　HDFS 的基本架构

HDFS 主要包含一个 NameNode、一个 Secondary NameNode 和多个 DataNode。

（1）NameNode。

NameNode 用于存储元数据以及处理客户端（Client）发出的请求。元数据不是具体的文件内容，它包含 3 类重要信息。第 1 类是文件和目录自身的属性信息，如文件名、目录名、父目录信息、文件大小、创建时间、修改时间等；第 2 类是文件内容存储的相关信息，如文件分块情况、副本个数、每个副本所在的 DataNode 信息等；第 3 类是 HDFS 中所有 DataNode 的信息，用于管理 DataNode。

在 NameNode 中存放元数据的文件是 fsimage 文件。在系统运行期间，所有对元数据的操作均保存在内存中，并被持久化到另一个文件 edits 中。当 NameNode 启动时，fsimage 文件将被加载至内存，再对内存里的数据执行 edits 文件中所记录的操作，以确保内存所保留的数据处于最新的状态。

（2）Secondary NameNode。

Secondary NameNode 用于备份 NameNode 的数据，周期性地将 edits 文件合并到 fsimage 文件并在本地备份，将新的 fsimage 文件存储至 NameNode，覆盖原有的 fsimage 文件，删除 edits 文件，并创建一个新的 edits 文件继续存储文件当前的修改状态。

（3）DataNode。

DataNode 是真正存储数据的地方，在 DataNode 中，文件以数据块的形式进行存储。数据文件在上传至 HDFS 时将根据系统默认的文件块大小被划分成一个个数据块，Hadoop 3.x 中一个数据块的大小为 128MB，如果存储一个大小为 129MB 的文件，那么文件将被分为两个数据块进行存储。再将每个数据块存储至不同的或相同的 DataNode 中，并且备份副本，一般默认备份 3 个副本，NameNode 负责记录文件的分块信息，确保在读取该文件时可以找到并整合所有该文件的数据块。

2. 分布式原理

分布式系统可以划分成多个子系统或模块，各自运行在不同的机器上，子系统或模块之间通过网络通信进行协作，实现最终的整体功能。利用多个节点共同协作完成一项或多项具体业务功能的系统即分布式系统。

分布式文件系统是分布式系统的一个子集，解决了数据存储的问题。换而言之，分布式文件系统是横跨在多台计算机上的存储系统，存储在分布式文件系统上的数据可以自动分布在不同的节点上。

HDFS 作为一个分布式文件系统，主要体现在如下 3 个方面。

（1）HDFS 并不是一个单机文件系统，而是分布在多个集群节点上的文件系统。节点之间通过网络通信进行协作，提供多个节点的文件信息，使每个用户均可以看到文件系统的文件，使多台机器上的多个用户可以分享文件和存储空间。

（2）当存储文件时，文件的数据将分布在多个节点上。数据存储不是按一个文件存储，而是将一个文件分成一个或多个数据块进行存储。数据块在存储时并不是都存储在一个节点上，而是被分布存储在各个节点中，并且数据块会在其他节点存储副本。

（3）数据从多个节点读取。读取一个文件时，从多个节点中找到该文件的数据块，分别读取所有数据块，直至最后一个数据块读取完毕。

3. HDFS 宕机处理

数据存储在文件系统中，如果某个节点宕机，那么很容易造成数据流失。HDFS 针对节点宕机也提供了有效的保护措施，具体如下。

（1）副本备份。

在数据存储的过程中，对每个数据块都进行了副本备份，副本个数可以自行设置。

（2）副本存放。

仅仅对数据进行副本备份还不够，如果所有的备份都在一个节点上，那么该节点宕机后，数据一样会丢失。因此 HDFS 需要有一个更有效的副本存放策略。目前使用的策略是，以存放 3 个副本（dfs.replication=3）为例，在同一台机器的两个节点上各备份一个副本，再在另一台机器的某个节点上存放一个副本，前者可防止当该机器的某个节点宕机时数据丢失，后者可防止当某台机器宕机时数据丢失。

（3）宕机处理。

宕机即人们口头常说的"死机"，当 HDFS 遇上宕机时将做出相应的处理。在 3 种不同的宕机情况下，HDFS 的宕机处理方式如下。

① 当一切运行正常时，DataNode 将周期性地发送心跳信息给 NameNode（默认是每 3s 发送一次）。如果 NameNode 在预定的时间内没有收到心跳信息（默认是 10min），那么 NameNode 将认为 DataNode 出现了问题，并将该 DataNode 从集群中移除。对于 HDFS 而言，丢失一个 DataNode 意味着丢失了存储在该 DataNode 上的数据块的副本。同时，HDFS 会检测出存储在该 DataNode 上的数据块的副本数量低于要求，并主动让副本数量不符合要求的数据块继续创建需要的副本，以达到满副本数量状态为止。DataNode 可能因为多种原因脱离集群，如硬件故障、主板故障、电源老化和网络故障等。

② 当 HDFS 读取某个数据块信息时，如果正好存储该数据块的某个节点宕机，那么客

户端将会在存储该数据块的其他节点上读取数据块信息，除非其他节点损坏或该数据块在存储时损坏，否则依然可以得到该数据块的信息。同时，HDFS 也会检测到该数据块副本数量不符合要求而重新补全副本数量。

③ 当 HDFS 存储数据时，如果需要存放数据的节点宕机，那么 HDFS 将会重新分配一个节点给该数据块，并备份宕机节点中的数据。

4．HDFS 特点

随着互联网的发展，所产生的数据越来越多，传统的单机文件系统已经不能满足需求，进而产生了分布式文件系统 HDFS。作为分布式文件系统，HDFS 能够解决海量数据的存储问题，其具有的优点如下。

（1）高容错性。HDFS 上传的数据自动保存多个副本，通过增加副本的数量来提高 HDFS 的容错性。如果某一个副本丢失，那么 HDFS 将复制其他节点上的副本。

（2）适合大规模数据的处理。HDFS 能够处理上百万的 GB、TB 甚至 PB 级别的数据，数量非常大。

（3）流式数据访问。HDFS 以流式数据访问模式来存储超大文件，有着"一次写入，多次读取"的特点，文件一旦写入，不能修改，只能增加，以保证数据的一致性。

当然 HDFS 也不是完美的，同样存在局限性，其具有如下缺点。

（1）不适合低延迟数据访问。若处理一些低延迟应用请求，则不适合使用 HDFS。HDFS 是为了处理大型数据集分析任务而设计的，目的是达到较高的数据吞吐量，通常是需要以高延迟作为代价的。

（2）无法高效存储大量小文件。因为 NameNode 将文件系统的元数据存储在内存中，所以文件系统所能容纳的文件数目是由 NameNode 的内存大小决定的，即每存入一个文件都会在 NameNode 中写入文件信息。如果写入太多小文件，那么 NameNode 内存会被占满而无法写入更多文件信息，而与多个小文件大小相同的较大单一文件只会写入一次文件信息到内存中，因此 HDFS 更适合大文件存储。

（3）不支持多用户写入及任意修改文件。在 HDFS 的一个文件中只能有一个写入者，而且写操作只能在文件末尾完成，即只能执行追加操作。目前 HDFS 还不支持多用户对同一文件的写操作，以及在文件任意位置进行修改。

1.2.2 了解分布式计算框架——MapReduce

MapReduce 是一个分布式运算程序的编程框架，是基于 Hadoop 的数据分析应用的核心框架。MapReduce 的核心功能是将用户编写的业务逻辑代码和自带的组件整合成一个完整的分布式运算程序，并行运行在 Hadoop 集群上。认识 MapReduce，并了解 MapReduce 的工作原理，有利于后续的 MapReduce 编程学习。

MapReduce 核心思想

1．MapReduce 简介

MapReduce 是 Hadoop 的核心计算框架，是用于大规模数据集（大于 1TB）并行运算的编程模型，主要包括 Map 和 Reduce 两个阶段。MapReduce 的核心思想是，当启动一个 MapReduce 任务时，Map 端将会读取 HDFS 上的数据，将数据映射成所需要的键值对并传至 Reduce 端；Reduce 端接收 Map 端键值对中间数据，并根据不同键进行分组，对每一组键相同的数据进行处理，得到新的键值对并输出至 HDFS。

2. MapReduce 工作原理

MapReduce 作业执行流程如图 1-3 所示。

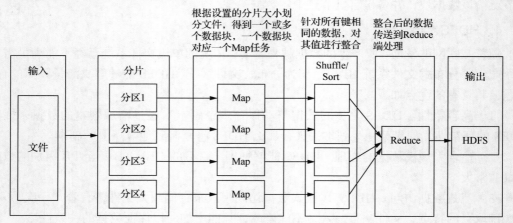

图 1-3　MapReduce 作业执行流程

一个完整的 MapReduce 过程包含数据的输入与分片阶段、Map 阶段（数据映射）、Shuffle/Sort 阶段（数据整合）、Reduce 阶段（数据处理）、数据输出阶段等。

（1）数据的输入与分片阶段。MapReduce 过程中的数据是从 HDFS 中读取的。文件上传至 HDFS 时，一般按照 128MB 分成若干个数据块，所以在运行 MapReduce 程序时，每个数据块均会对应一个 Map 任务。但是也可以通过重新设置文件分片大小调整 Map 的个数，在运行 MapReduce 程序时会根据所设置的分片大小对文件重新分片（Split）。

（2）Map 阶段。一个程序有一个或多个 Map 任务，由默认存储或分片个数决定。在 Map 阶段中，数据将以键值对的形式被读入，键一般为每行首字符与文件最初始位置的偏移量，即中间所隔字符的个数，值为该行的数据记录。根据具体的需求对键值对进行处理，映射成新的键值对，将新的键值对传输至 Reduce 端。

（3）Shuffle/Sort 阶段。此阶段是指从 Map 端输出开始，传输至 Reduce 端之前的过程，该过程会将同一个 Map 中输出的键相同的数据进行整合，减少传输的数据量，并且在整合后将数据按照键进行排序。

（4）Reduce 阶段。Reduce 任务可以有一个或多个，按照 Map 阶段设置的数据分区确定，一个分区数据将被一个 Reduce 任务处理。针对每一个 Reduce 任务，Reduce 任务会接收到不同 Map 任务传来的数据，并且每个 Map 任务传来的数据都是有序的。一个 Reduce 任务中的每一次处理均是针对所有键相同的数据，对数据进行归约，形成新的键值对。

（5）数据输出阶段。Reduce 阶段处理完数据后即可将数据文件输出至 HDFS，输出的文件个数和 Reduce 的个数一致，如果只有一个 Reduce，那么输出的只有一个数据文件，默认命名为"part-r-00000"。

根据 MapReduce 的执行流程，MapReduce 的本质可以用一张图完整地表现，如图 1-4 所示。

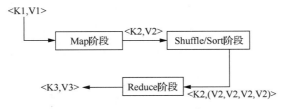

图 1-4 MapReduce 的本质

MapReduce 的本质是将一组键值对<K1,V1>经过 Map 阶段映射成新的键值对<K2,V2>，接着经过 Shuffle/Sort 阶段进行排序和整合，最后经过 Reduce 阶段，将整合后的键值对组进行归约处理，输出新的键值对<K3,V3>。

下面通过图 1-5 所示的实例简单理解 MapReduce 的本质，理解 MapReduce 的 Map 端和 Reduce 端的基本运行原理。键值对<1,3>、<2,7>、<1,4>、<2,8>分别在两个 Map 中，Map 阶段的处理是对键值对的值进行平方，因此两个 Map 输出分别为<1,9>、<2,49>和<1,16>、<2,64>。Reduce 阶段是对一个或多个 Map 输出按键进行处理，即对同一个键的值进行求和，Reduce 将两个 Map 的输出整合到一起，对键都为 1 的值相加，对键都为 2 的值相加，得到新的键值对为<1,25>、<2,113>。

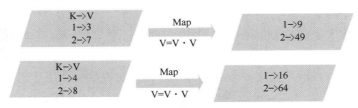

Map：映射，对键值对使用函数映射成新的键值对

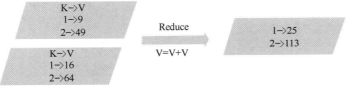

Reduce：归约，把键值对中相同键的值进行整合，
同时使用函数生成新的键值对

图 1-5 MapReduce 实例

1.2.3　了解集群资源管理器——YARN

YARN 是 Hadoop 的资源管理器，提交应用至 YARN 上执行可以提高资源在集群中的利用率，提高执行速率。在早期的 Hadoop 1.0 中，YARN 框架是不存在的，任务执行效率低，而后在 Hadoop 2.x 中开始引入 YARN 框架。YARN 框架为集群在利用率、资源统一管理和数据共享等方面带来了巨大好处。

YARN 结构详解

1. YARN 简介

YARN 的目标是使得 Hadoop 数据处理能力超越 MapReduce。众所周知，HDFS 是 Hadoop 的数据存储层，而 MapReduce 是 Hadoop 的数据处理层。然而，MapReduce 已经不

能满足今天广泛的数据处理需求,如实时/准实时计算、图计算等。而 YARN 提供了一个更加通用的资源管理和分布式应用框架。在这个框架上,用户可以根据自己的需求实现定制化的数据处理应用。而 MapReduce 也是 YARN 上的一个应用。YARN 的另一个目标就是拓展 Hadoop,使得 YARN 不仅可以支持 MapReduce 计算,而且可以很方便地管理如 Hive、HBase、Pig、Spark/Shark 等组件的应用程序。YARN 的架构设计使得各类型的应用程序可以运行在 Hadoop 上,并通过 YARN 从系统层面进行统一的管理。换言之,拥有了 YARN 框架,各种应用程序即可互不干扰地运行在同一个 Hadoop 系统中,共享整个集群资源。

2. YARN 的基本架构和任务流程

在 Hadoop 1.0 中没有 YARN 框架,Hadoop 1.0 中的 MapReduce(简称 MRv1)框架由客户端、JobTracker 和 TaskTracker 这 3 个部分组成。客户端负责提交任务,JobTracker 负责资源管理和任务调度,TaskTracker 负责执行任务和汇报任务情况。从 Hadoop 2.0 开始加入了 YARN 框架,YARN 的基本设计思想是将原 MRv1 框架的 JobTracker 拆分成两个独立的服务,即一个全局的资源管理器 ResourceManager 和每个应用程序特有的 ApplicationMaster。其中,ResourceManager 负责整个系统的资源管理和分配,而 ApplicationMaster 负责单个应用程序的管理。

(1)YARN 的基本架构。

YARN 总体上仍然是 Master/Slave 结构,在整个资源管理框架中,ResourceManager 为 Master,NodeManager 为 Slave,ResourceManager 负责对各个 NodeManager 上的资源进行统一管理和调度。当用户提交一个应用程序时,需要提供一个用于跟踪和管理这个应用程序的 ApplicationMaster,ApplicationMaster 负责向 ResourceManager 申请资源,并要求 NodeManager 启动可以占用一定资源的任务。由于不同的 ApplicationMaster 被分布到不同的节点上,所以它们之间不会相互影响。

YARN 的基本架构如图 1-6 所示。

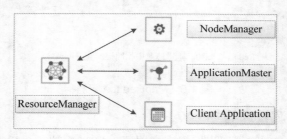

图 1-6　YARN 的基本架构

YARN 主要由 ResourceManager、NodeManager、ApplicationMaster 和 Client Application 这 4 部分构成,具体说明如下。

① ResourceManager(简称 RM):一个全局的资源管理器,负责整个系统的资源管理和分配,主要由两个组件构成,即调度器(Scheduler)和应用程序管理器(Applications Manager,ASM)。

调度器负责将系统中的资源分配给各个正在运行的应用程序,不从事任何与具体应用程序相关的工作,如监控或跟踪应用程序的执行状态等,也不负责重新启动因应用程序执行失败或硬件故障而导致的失败任务。

应用程序管理器负责处理客户端提交的任务以及协商第一个 Container（包装资源的对象）以供 ApplicationMaster 运行，并且在 ApplicationMaster 失败时会将其重新启动。其中，Container 是 YARN 中的资源承载，它封装了某个节点上的多维度资源，如内存、CPU、磁盘、网络等。当 ApplicationMaster 向 ResourceManager 申请资源时，ResourceManager 为 ApplicationMaster 返回的资源就是使用 Container 表示的。YARN 会为每个任务分配一个 Container，且该任务只能使用该 Container 中描述的资源。

② NodeManager（简称 NM）：每个节点上的资源和任务管理器。一方面，它会定时地向 ResourceManager 汇报本节点上的资源使用情况和各个 Container 的运行状态；另一方面，它将接收并处理来自 ApplicationMaster 的 Container 启动或停止等各种请求。

③ ApplicationMaster（简称 AM）：在用户提交每个应用程序时，系统会生成一个 ApplicationMaster 并将其添加到提交的应用程序里。ApplicationMaster 的主要功能如下。

- 与 ResourceManager 调度器协商以获取资源（用 Container 表示）。
- 将得到的任务进行进一步的分配。
- 与 NodeManager 通信以启动或停止任务。
- 监控所有任务运行状态，在任务运行失败时重新为任务申请资源并重启任务。

④ Client Application：客户端应用程序。客户端将应用程序提交到 ResourceManager 时，首先将创建一个 Application 上下文对象，再设置 ApplicationMaster 必需的资源请求信息，最后提交至 ResourceManager。

（2）YARN 的工作流程。

YARN 从提交任务到完成任务的整个工作流程如图 1-7 所示。

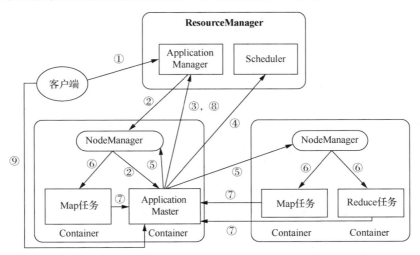

图 1-7　YARN 的工作流程

YARN 的工作流程如下。

① 用户通过客户端提交一个应用程序到 YARN 中进行处理，其中包括 ApplicationMaster 程序、启动 ApplicationMaster 的命令、用户程序等。

② ResourceManager 为该应用程序分配第一个 Container，并与分配的 Container 所

在位置的 NodeManager 通信，要求 NodeManager 在这个 Container 中启动应用程序的 ApplicationMaster。该 Container 用于启动 ApplicationMaster 和 ApplicationMaster 后续的命令。

③ ApplicationMaster 启动后先向 ResourceManager 注册，这样用户就可以直接通过 ResourceManager 查看应用程序的运行状态，再为提交的应用程序所需要执行的各个任务申请资源，并监控任务的运行状态，直至运行结束，即重复步骤④～⑦。图 1-7 所示的示例应用程序需要执行两个 Map 任务和一个 Reduce 任务，因此需要轮番执行步骤④～⑦共 3 次，先执行 Map 任务，再执行 Reduce 任务。

④ ApplicationMaster 采用轮询的方式通过远程进程调用（Remote Procedure Call，RPC）协议向 ResourceManager 申请和领取资源。因此多个应用程序同时提交时，不一定是第一个应用程序先执行。

⑤ 一旦 ApplicationMaster 申请到资源，便与资源对应的 NodeManager 通信，要求 NodeManager 在分配的资源中启动任务。

⑥ NodeManager 为任务设置好运行环境（包括环境变量、Jar 包、二进制程序等）后，将任务启动命令写入一个脚本中，并通过运行该脚本启动任务。

⑦ 被启动的任务开始执行，各个任务通过某个 RPC 协议向 ApplicationMaster 汇报运行的状态和进度，以便让 ApplicationMaster 随时掌握各个任务的运行状态，从而可以在任务失败时重新启动任务。在应用程序运行过程中，用户可随时通过 RPC 协议向 ApplicationMaster 查询应用程序的当前运行状态。

⑧ 应用程序运行完成后，ApplicationMaster 向 ResourceManager 进行注销，释放资源。

⑨ 关闭客户端与 ApplicationMaster。

任务 1.3　了解 Hadoop 生态系统

任务描述

Hadoop 经过多年的发展，已经形成一个相当成熟的生态系统。现代生活节奏快，各行各业无时无刻不在产生着大量的数据，Hadoop 也应用于各个行业中，发挥着重要的作用。因为不同的需求，所以还需要在 Hadoop 的基础上进行一些改进和优化，也因此产生了许多围绕 Hadoop 展开的工具，逐渐演变成一个庞大的 Hadoop 生态系统。本节的任务是了解 Hadoop 的生态系统，着重了解几个生态系统中的组件，如 HBase、Hive 和 Sqoop 等。

Hadoop 面世之后快速发展，开发者相继开发出很多组件。不同的组件各有特点，共同为 Hadoop 相关的工程提供服务，并逐渐形成系列化的组件系统，通常被称为 Hadoop 生态系统。由于大部分组件的 Logo 选用了动物图形，所以 Hadoop 生态系统就像是一群动物在狂欢，如图 1-8 所示。

在 Hadoop 生态系统中常用的组件如下，不同的组件分别提供特定的服务。

（1）HBase。

HBase 是一个针对非结构化数据的可伸缩、高可靠、高性能、分布式和面向列的动态模式数据库。HBase 提供了对大规模数据的随机、实时读/写访问。同时，HBase 中保存的数据可以使用 MapReduce 进行处理。HBase 将数据存储和并行计算很好地结合在一起。

图 1-8　Hadoop 生态系统

HBase 适用的场景包括：数据量大（TB 级）且有快速随机访问需求的场景，如淘宝交易记录等；及时响应用户需求的场景；业务简单，不需要关系数据库中很多特殊操作的场景，如交叉查询、连接查询等。

（2）Hive。

Hive 是建立在 Hadoop 上的数据仓库，提供了一系列的工具，可查询和分析存储在 Hadoop 中的大规模数据。Hive 定义了一种类 SQL，即 HQL（Hive Query Language，Hive 查询语言），使用 HQL 编写的查询语句在 Hive 的底层将被转换为复杂的 MapReduce 程序，并运行在 Hadoop 大数据平台上。

Hive 是一款分析历史数据的"利器"，但是它更加适用于结构化数据的分析。因为 Hive 处理有延迟性，所以它更适用于大数据集的批处理作业，如网络日志分析。

（3）Pig。

Pig 是一个基于 Hadoop 的大规模数据分析框架，它提供的类 SQL 为 Pig Latin。Pig Latin 语言的编译器会将类 SQL 的数据分析请求转换成一系列经过优化处理的 MapReduce 程序进行计算。Pig 支持的数据格式非常灵活，可以自由转化，并且在运算过程中用关系进行存储，减少了文件的输出。

Pig 对数据存储的结构要求较低，适用于非结构化的数据集，支持复合数据类型，如 Map、Tuple、Bag 等；支持常见的数据操作，如筛选、排序和连接等；适用于日志数据的处理。

（4）Sqoop。

Sqoop 是一款开源的工具，主要用于在 Hadoop 与关系数据库（如 MySQL、PostgreSQL 等）之间传输数据，可以将关系数据库中的数据导入 HDFS 中，也可以将 HDFS 中的数据导出至关系数据库中。

对于结构化数据库，采用 Sqoop 进行数据传输是合适的，可以实现将结构化数据库中的数据并行批量入库至 HDFS 进行存储。

（5）Flume。

Flume 是 Cloudera 公司提供的一个高可用的、高可靠的、分布式的海量日志采集、聚合和传输系统。Flume 支持在日志系统中定制各类数据发送方,用于收集数据。同时,Flume 可以对数据进行简单处理,并传输至各类数据接收方。

如果数据来源很多、数据流向很多,那么可以使用 Flume,Flume 适用于日志文件的采集。

(6) Oozie。

Oozie 是基于 Hadoop 的调度器,编写 XML 格式的文件制定调度流程,可以调度 MapReduce、Pig、Hive、Shell 等任务。

当一个工作中需要调用几个任务时,一个任务完成再启动另一个任务是比较麻烦的,在这种情况下即可使用 Oozie 将任务串联,通过 Oozie 调度整个任务进程。

(7) ZooKeeper。

ZooKeeper 可解决分布式环境下的数据管理问题,如统一命名、状态同步、集群管理、配置同步等。

ZooKeeper 的使用主要是为了保证集群各项功能正常进行,并在出现异常时及时通知处理,保持数据一致性。

(8) Mahout。

Mahout 的主要目标是创建一些可扩展的机器学习领域经典算法,旨在帮助开发人员更加方便、快捷地创建智能应用程序。Mahout 现已包含聚类、分类、推荐(协同过滤)和关联规则等广泛使用的机器学习算法。除了算法外,Mahout 还包含数据输入和输出的工具、与其他存储工具(如 MySQL、MongoDB 等)集成等支持架构。

Mahout 主要的应用是通过提供机器学习算法包使得用户在使用的过程中能够直接通过调用算法包缩短编程时间,同时减少复杂的算法程序对资源的消耗。

任务 1.4　了解 Hadoop 应用场景

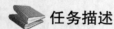

任务描述

在大数据背景下,Hadoop 作为一种分布式存储和计算框架,已经被广泛应用到各行各业,业界对于 Hadoop 这一开源分布式技术的应用也在不断地拓展。本节的任务是了解 Hadoop 的应用场景,让读者深入了解 Hadoop 在实际生活中的应用。

以下总结了 Hadoop 的十大应用场景。

(1)在线旅游。目前全球范围内大多数在线旅游网站都使用 Cloudera 公司提供的 Hadoop 发行版,Expedia 公司作为全球最大的在线旅游公司之一也使用 Hadoop 发行版。国内目前比较受欢迎的一些旅游网站如携程旅行网、去哪儿网等也采用大数据技术进行存储和计算。

(2)移动数据。中国移动公司于 2010 年 5 月正式推出大云 BigCloud 1.0,集群节点达到 1024 个。华为公司对 Hadoop 的 HA(High Availability,高可用)方案及 HBase 领域也有深入研究,并已经向业界推出了自己的基于 Hadoop 的大数据解决方案。

(3)电子商务。阿里巴巴集团的 Hadoop 集群拥有 150 个用户组、4500 个集群用户,为淘宝、天猫、一淘、聚划算、CBU、支付宝提供底层的基础计算和存储服务。

(4)能源开采。Chevron 公司是一家大型石油公司,该公司利用 Hadoop 进行数据的收集和处理，数据主要指海洋的地震数据，以便于找到油矿的位置。

（5）图像处理。Skybox Imaging 公司使用 Hadoop 存储并处理图片数据，从卫星拍摄的高清图像中探测地理变化。自 2008 年 4 月起，CbIR（Content-based Image Retrieval）公司在亚马逊公司的 Amazon EC2 上使用 Hadoop 构建图像处理环境，用于图像产品推荐系统。

（6）诈骗检测。一般金融服务或政府机构使用 Hadoop 存储所有的客户交易数据，包括一些非结构化数据，这样能够帮助机构发现客户的异常活动，预防欺诈行为。国内支付宝、微信钱包作为庞大的互联网支付平台，诈骗、攻击者、病毒的防护十分重要，为了线上资金的安全，阿里巴巴集团和腾讯公司在大数据技术检测方面的技术日臻成熟。

（7）IT 安全。除企业 IT 基础机构的管理外，Hadoop 还可以用于处理机器生成的数据以便识别出来自恶意软件或网络中的攻击。国内奇虎 360 安全软件在应用方面也使用 Hadoop 的 HBase 组件进行数据存储，缩短异常恢复的时间。

（8）医疗保健。医疗行业可以使用到 Hadoop，如 IBM Watson 技术平台使用 Hadoop 集群作为一些分析服务的基础，如语义分析等高级分析技术。医疗机构可以利用语义分析为患者提供医护人员，并协助医生更好地为患者进行诊断。

（9）搜索引擎。搜索引擎无疑会产生大规模的数据，在对海量数据挖掘上使用 Hadoop 确实能提高效率。在国外，雅虎公司的 Hadoop 应用中包括搜索引擎，国内的百度公司和阿里巴巴集团也将 Hadoop 应用至搜索引擎、推荐、数据分析等多个领域。

（10）社交平台。目前网络社交已经成为人们日常生活中的一部分，网络社交平台每天产生的数据量十分庞大。腾讯和 Facebook 等互联网社交巨头在数据库存储方面均利用 Hadoop 生态系统中的 Hive 组件进行数据存储和处理。

小结

本章先从理论方面介绍了 Hadoop 的概念，Hadoop 的发展历史、特点，Hadoop 的主要思想；再通过介绍 Hadoop 的 HDFS、MapReduce 和 YARN 这三大核心组件，深入介绍了 Hadoop 的整体架构；最后简要介绍了 Hadoop 的生态系统和应用场景。本章的内容较为晦涩难懂，对于初学者而言可能较有难度，在之后的章节中会通过实例实践的方式进一步帮助读者了解 Hadoop 框架及其核心思想，并应用 Hadoop 解决实际问题。

课后习题

（1）下列关于 Hadoop 的说法错误的是（　　）。
  A. Hadoop 集群能够部署在不同的机器上
  B. Hadoop 集群搭建完成后，不能删减和增加节点
  C. Hadoop 能够在所有节点并行地处理数据，具有高效性
  D. Hadoop 上的应用程序可以用 C++语言编写

（2）下列关于 HDFS 的说法正确的是（　　）。
  A. NameNode 负责 HDFS 中的数据存储
  B. DataNode 负责 HDFS 中的数据存储

C. Secondary NameNode 通常与 NameNode 在一个节点启动
D. 元数据指的是文件实际的数据

（3）上传一个大小为 500MB 的文件 data.txt 到 Hadoop 集群上，这个文件会占用 HDFS 数据块的个数是（　　）。

A. 1 个　　　　　B. 3 个　　　　　C. 4 个　　　　　D. 5 个

（4）MapReduce 程序最后输出的结果通常都是按键值对进行排序的，那么排序工作发生在（　　）阶段。

A. Map　　　　　B. Shuffle　　　　C. Reduce　　　　D. Combiner

（5）关于 YARN，下列说法正确的是（　　）。

A. YARN 是 Hadoop 的资源管理器
B. YARN 是 Hadoop 的数据处理层
C. YARN 是开源数据仓库系统，用于查询和分析存储在 Hadoop 中的大型数据集
D. 以上选项都不对

第 2 章 Hadoop 集群的搭建及配置

学习目标

（1）掌握虚拟机的安装及配置方法。
（2）掌握在 Linux 下 JDK 的安装方法。
（3）掌握 Hadoop 完全分布式集群环境的搭建过程。
（4）掌握 Hadoop 集群的监控方法。

任务背景

"团结就是力量"，党的二十大报告多处提到"团结"。Hadoop 是一个高度可扩展的大数据处理平台，它可以"团结"成千上万并行操作的服务器组成集群，从而能够在几分钟内处理 TB 级数据。为了更好地学习 Hadoop，需要读者先搭建好 Hadoop 集群环境。Hadoop 集群环境可以分为单机环境、伪分布式环境和完全分布式环境。单机环境是指在一台单机上运行 Hadoop，没有分布式文件系统，直接读取本地文件。伪分布式环境可以看作在一台单机上模拟并组建多节点集群。完全分布式环境则是指在多台单机上组建分布式集群。

为贴近真实的生产环境，建议搭建完全分布式模式的 Hadoop 集群环境，本章将介绍在个人计算机上安装及配置虚拟机，并在虚拟机中搭建 Hadoop 完全分布式集群的完整过程。为了能顺畅地运行 Hadoop 集群，并能够进行基本的大数据开发调试，建议个人计算机硬件的最低配置为：内存至少 8GB，硬盘可用容量至少 100GB，CPU 为 Intel i5 以上的多核（建议 8 核及以上）处理器。在搭建 Hadoop 完全分布式集群前，需要准备好必要的软件安装包，Hadoop 相关软件安装包及其版本说明如表 2-1 所示。

表 2-1　Hadoop 相关软件安装包及其版本说明

软件	版本	安装包称	备注
Linux OS	7.8	CentOS-7-x86_64-DVD-2003.iso	64 位
JDK	1.8 以上	jdk-8u281-linux-x64.rpm	64 位
VMware	15	VMware-workstation-full-15.5.7-17171714.exe	虚拟机软件
Hadoop	3.1.4	hadoop-3.1.4.tar.gz	已编译好的安装包

续表

软件	版本	安装包称	备注
IntelliJ IDEA	2018.3.6	ideaIC-2018.3.6.exe	64 位
SSH 连接工具	5	Xme5.exe	远程连接虚拟机

Hadoop 完全分布式集群是主从架构，一般需要使用多台服务器组建。本书中使用的 Hadoop 集群的拓扑结构如图 2-1 所示。请注意各个服务器配置的 IP 地址与名称，在后续的集群配置过程中将会经常使用。

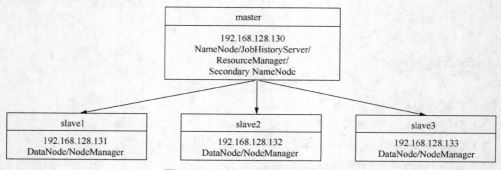

图 2-1　Hadoop 集群的拓扑结构

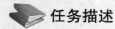　安装及配置虚拟机

任务描述

从安全性等方面考虑，Hadoop 集群搭建在 Linux 系统上，其安全性会更有保障。因为个人计算机大部分是 Windows 系统，所以需要通过安装虚拟机软件 VMware Workstation 并创建 Linux 虚拟机。本节的任务是在个人计算机上安装及配置 Linux 虚拟机，使用 Xshell 工具通过远程访问的方式对虚拟机进行管理，最后配置本地 YUM 源并在线安装常用的软件包。

2.1.1　创建 Linux 虚拟机

VMware Workstation（后文简称 VMware）是一款功能强大的虚拟机软件，在不影响本机操作系统的情况下，用户可以在虚拟机中同时运行不同版本的操作系统。从 VMware 官网中下载 VMware 安装包，安装包名称为"VMware-workstation-full-15.5.7-17171714.exe"。安装 VMware 的过程比较简单，双击下载的 VMware 安装包，选择安装的目录，再单击"下一步"按钮，继续安装，之后输入产品序列号，即可成功安装 VMware 软件。

打开 VMware 软件，在 VMware 上安装 CentOS 7.8 的 Linux 操作系统，具体安装步骤如下。

（1）打开安装好的 VMware 软件，进入 VMware 主界面，选择"创建新的虚拟机"，如图 2-2 所示。

（2）弹出"新建虚拟机向导"对话框，选择"典型（推荐）"，再单击"下一步"按钮，如图 2-3 所示。

（3）安装客户机操作系统，选择"稍后安装操作系统"，单击"下一步"按钮，如图 2-4 所示。

第 2 章　Hadoop 集群的搭建及配置

图 2-2　创建新的虚拟机

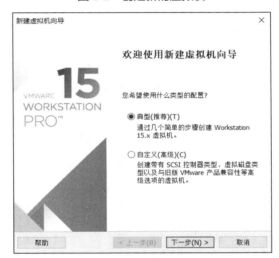

图 2-3　选择配置类型

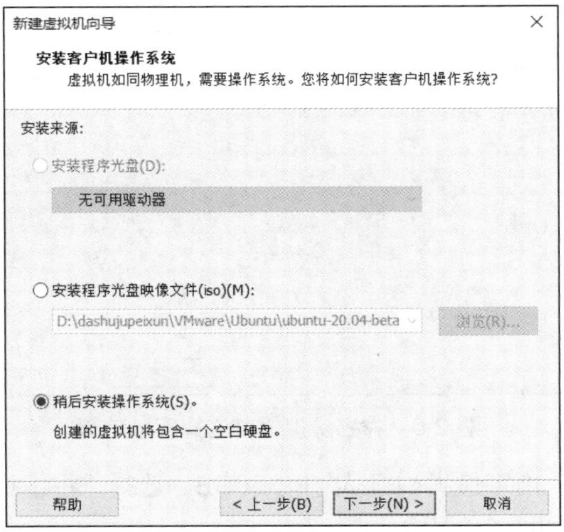

图 2-4　选择安装客户机操作系统的来源

（4）选择客户机操作系统，选择"Linux"，版本是"CentOS 7 64 位"，选择好之后单击"下一步"按钮，如图 2-5 所示。

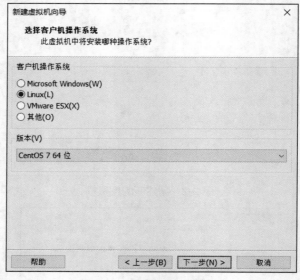

图 2-5　选择客户机操作系统

（5）命名虚拟机，将虚拟机命名为"master"。在 E 盘创建一个以 VMware 命名的文件夹，并在该文件夹下建立一个文件"master"。这里选择的安装位置为"E:\VMware\master"，单击"下一步"按钮，如图 2-6 所示。注意，读者可根据个人计算机的硬盘资源情况调整虚拟机的位置。

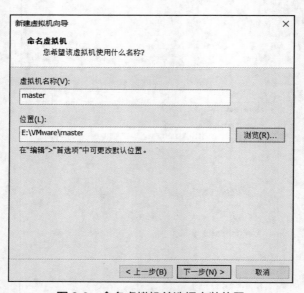

图 2-6　命名虚拟机并选择安装位置

（6）指定磁盘容量，指定最大磁盘大小为 20GB，选择"将虚拟磁盘拆分成多个文件"，单击"下一步"按钮，如图 2-7 所示。

第 2 章 Hadoop 集群的搭建及配置

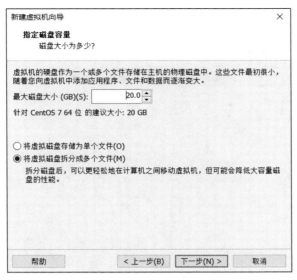

图 2-7　指定磁盘容量

（7）准备创建虚拟机，单击"自定义硬件"按钮，如图 2-8 所示。

图 2-8　准备创建虚拟机

（8）弹出"硬件"对话框，选择"新 CD/DVD(IDE)"所在的行，在右侧的"连接"组中选择"使用 ISO 映像文件"，并单击"浏览"按钮，指定 CentOS-7-x86_64-DVD-2003.iso 镜像文件的位置，如图 2-9 所示。然后单击"关闭"按钮，返回图 2-8 所示的对话框，单击"完成"按钮。

（9）开启虚拟机，选择虚拟机"master"，单击"开启此虚拟机"，如图 2-10 所示。

（10）开启虚拟机后，将出现 CentOS 7 的安装界面，选择"Install CentOS 7"，如图 2-11 所示。

图 2-9　自定义硬件

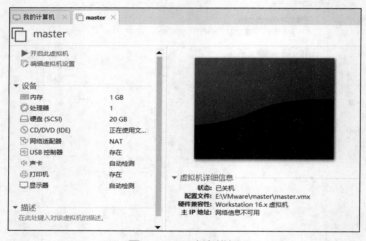

图 2-10　开启虚拟机

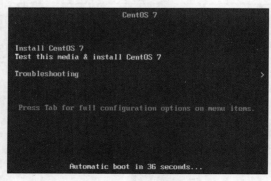

图 2-11　CentOS 7 的安装界面

(11)进入语言选择界面,在左侧列表框中选择"English",在右侧列表框中选择"English (United States)",并单击"Continue"按钮,如图 2-12 所示。

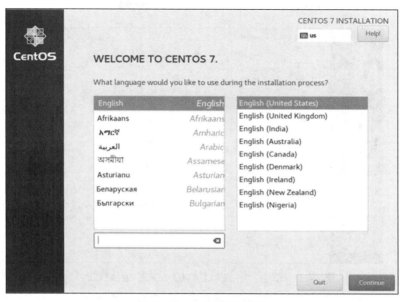

图 2-12　语言选择界面

(12)单击"LOCALIZATION"组中的"DATE & TIME",如图 2-13 所示。进入地区和时间选择界面,选择"Asia"和"Shanghai",完成后单击"Done"按钮,如图 2-14 所示。

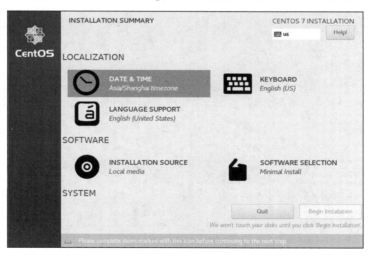

图 2-13　单击"DATE & TIME"

图 2-14　地区和时间选择界面

（13）单击"SYSTEM"组中的"INSTALLATION DESTINATION"，如图 2-15 所示。进入分区配置界面，默认选择自动分盘，不需要改变，单击"Done"按钮即可，如图 2-16 所示。

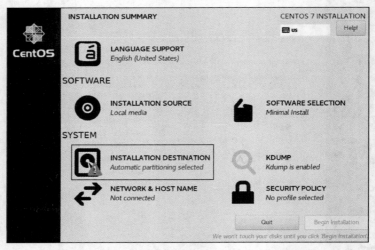

图 2-15　单击"INSTALLATION DESTINATION"

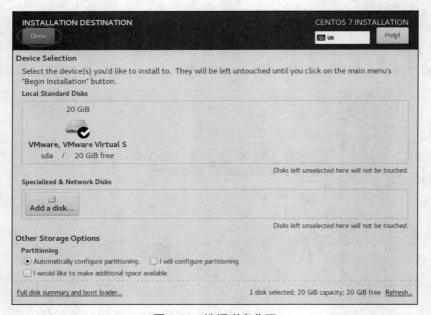

图 2-16　选择磁盘分区

（14）单击"SYSTEM"组中的"NETWORK & HOST NAME"，设置该虚拟机的 Host name，即主机名为"master"，单击"Done"按钮。完成以上设置后，返回图 2-13 所示的界面，单击"Begin Installation"按钮，如图 2-17 所示。

（15）进入 root 密码设置界面，单击"USER SETTINGS"组中的"ROOT PASSWORD"，如图 2-18 所示。设置密码为"123456"，需要输入两次，如图 2-19 所示。设置完毕后单击"Done"按钮，因为密码过于简单，所以需要单击两次。

第 2 章　Hadoop 集群的搭建及配置

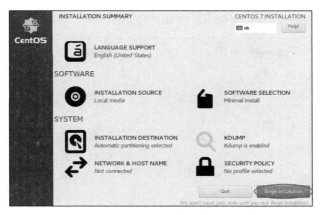

图 2-17　开始安装

图 2-18　单击"ROOT PASSWORD"

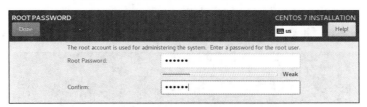

图 2-19　设置密码

（16）设置密码后，返回图 2-20 所示的界面，单击"Finish configuration"按钮完成配置，开始安装 CentOS 7.8 的 Linux 虚拟机。

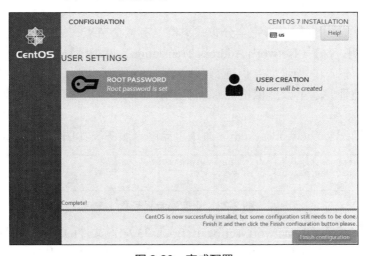

图 2-20　完成配置

（17）安装完成后，单击"Reboot"按钮，重启虚拟机，如图 2-21 所示。

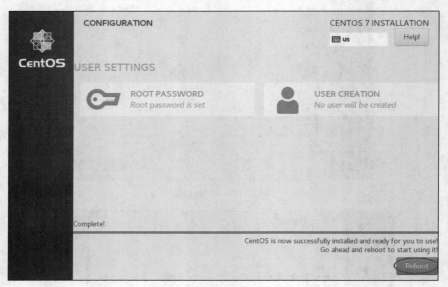

图 2-21　安装完成

（18）进入 Linux 系统，在"master login"后输入用户名"root"，在"Password:"后输入密码"123456"，如图 2-22 所示，如果出现"[root@master ~]#"，那么表示成功登录并进入了 Linux 系统。注：输入密码时，界面并不会出现密码信息，请勿多次输入密码。

```
CentOS Linux 7 (Core)
Kernel 3.10.0-1127.el7.x86_64 on an x86_64

master login: root
Password:
Last login: Wed Apr 14 15:54:20 from 192.168.128.1
[root@master ~]#
```

图 2-22　登录

2.1.2　设置固定 IP 地址

本书使用的 Hadoop 集群为完全分布式集群，有 4 个节点，因此需要安装 4 台虚拟机。每台虚拟机均使用 NAT（Network Address Translation，网络地址转换）模式接入网络，需要为每台虚拟机分配 IP 地址，并保证每台虚拟机的 IP 地址处于同一子网内。为每台虚拟机设置固定 IP 地址，这里以虚拟机 master 为例，详细介绍为虚拟机设置固定 IP 地址的步骤。具体操作步骤如下。

（1）使用"service network restart"命令重启网卡服务，如图 2-23 所示。

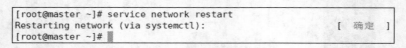

图 2-23　重启网卡服务命令

（2）查看/etc/sysconfig/network-scripts/ifcfg-ens33 配置文件的内容。不同于 Windows 系统采用菜单方式修改网络配置，Linux 系统的网络配置参数是写在配置文件里的。ifcfg-ens33

第 2 章　Hadoop 集群的搭建及配置

是 CentOS 7.8 的 Linux 系统中的网络配置文件，可以在该配置文件中设置 IP 地址、子网掩码等网络配置信息。使用"vi /etc/sysconfig/network-scripts/ifcfg-ens33"命令，打开 ifcfg-ens33 文件，内容如代码 2-1 所示。

代码 2-1　ifcfg-ens33 文件原有的内容

```
TYPE="Ethernet"
PROXY_METHOD="none"
BROWSER_ONLY="no"
BOOTPROTO="dhcp"
DEFROUTE="yes"
IPV4_FAILURE_FATAL="no"
IPV6INIT="yes"
IPV6_AUTOCONF="yes"
IPV6_DEFROUTE="yes"
IPV6_FAILURE_FATAL="no"
IPV6_ADDR_GEN_MODE="stable-privacy"
NAME="ens33"
UUID="6c2a466f-a4b0-4f29-aeee-8ea96252aee4"
DEVICE="ens33"
ONBOOT="no"
```

如代码 2-1 所示，ONBOOT 用于设置系统启动时是否激活网卡，BOOTPROTO 用于设置指定方式获得 IP 地址。BOOTPROTO 的值可以设置为 dhcp、none、bootp 或 static，每个值的含义如表 2-2 所示。

表 2-2　BOOTPROTO 的值及其含义

BOOTPROTO 的值	含义
dhcp	设置网卡绑定时通过 DHCP（Dynamic Host Configuration Protocol，动态主机配置协议）的方法获得 IP 地址
none	设置网卡绑定时不使用任何协议
bootp	设置网卡绑定时通过 BOOTP（BootStrap Protocol，引导协议）的方法获得 IP 地址
static	设置网卡绑定时使用静态协议，此时 IP 地址需要自己设置

（3）修改/etc/sysconfig/network-scripts/ifcfg-ens33 配置文件。将该文件中 ONBOOT 的值修改为"yes"，BOOTPROTO 的值修改为"static"，并添加 IP 地址 IPADDR、子网掩码 NETMASK、网关 GATEWAY 以及域名解析服务器 DNS1 的网络配置信息，如代码 2-2 所示。

代码 2-2　ifcfg-ens33 文件被修改后的内容

```
TYPE="Ethernet"
PROXY_METHOD="none"
BROWSER_ONLY="no"
BOOTPROTO="static"
DEFROUTE="yes"
IPV4_FAILURE_FATAL="no"
IPV6INIT="yes"
```

```
IPV6_AUTOCONF="yes"
IPV6_DEFROUTE="yes"
IPV6_FAILURE_FATAL="no"
IPV6_ADDR_GEN_MODE="stable-privacy"
NAME="ens33"
UUID="6c2a466f-a4b0-4f29-aeee-8ea96252aee4"
DEVICE="ens33"
ONBOOT="yes"
# 添加内容
IPADDR=192.168.128.130
GATEWAY=192.168.128.2
NETMASK=255.255.255.0
DNS1=8.8.8.8
```

IP 地址 IPADDR、子网掩码 NETMASK、网关 GATEWAY 以及域名解析服务器 DNS 是网络配置里的重要参数，配置错误将无法连接网络。参数具体的说明如下。

① IP 地址 IPADDR。IP 地址即网络协议地址，是可以使已连接网络的所有计算机实现相互通信的一套规则。IP 地址是一种逻辑地址，用以标识网络上的主机。IP 地址通常以下角点分隔的 4 个十进制数字表示，每个数字的取值范围为 0～255，如 192.168.128.130。

② 子网掩码 NETMASK。子网掩码是一个 32 位地址，是与 IP 地址结合使用的一种技术。子网掩码的主要作用有两个：一是用于屏蔽 IP 地址的一部分以区别网络标识和主机标识，并说明该 IP 地址是在局域网上还是在远程网上；二是用于将一个大的网络划分为若干小的子网络。

③ 网关 GATEWAY。网关又称网间连接器、协议转换器。网关既可以用于广域网互连，也可以用于局域网互连。网关的结构和路由器类似，不同的是互连层。网关实质上是一个网络通向其他网络的 IP 地址。

④ 域名解析服务器 DNS。在网络上域名与 IP 地址之间是一一对应的，域名虽然便于人们记忆，但是机器之间只能互相认识 IP 地址。域名与 IP 地址之间的转换工作称为域名解析。域名解析需要由专门的域名解析服务器完成，DNS 则为进行域名解析的服务器。

（4）使用 "service network restart" 命令再次重启网卡服务，并使用 "ip addr" 命令查看 IP 地址，结果如图 2-24 所示。从图 2-24 中可以看出，IP 地址已经设置为 192.168.128.130，说明该虚拟机的固定 IP 地址已设置成功。

```
[root@master ~]# service network restart
Restarting network (via systemctl):              [  确定  ]
[root@master ~]# ip addr
1: lo: <LOOPBACK,UP,LOWER_UP> mtu 65536 qdisc noqueue state UNKNOWN group default qlen 1000
    link/loopback 00:00:00:00:00:00 brd 00:00:00:00:00:00
    inet 127.0.0.1/8 scope host lo
       valid_lft forever preferred_lft forever
    inet6 ::1/128 scope host
       valid_lft forever preferred_lft forever
2: ens33: <BROADCAST,MULTICAST,UP,LOWER_UP> mtu 1500 qdisc pfifo_fast state UP group default qlen 1000
    link/ether 00:0c:29:6a:fb:1e brd ff:ff:ff:ff:ff:ff
    inet 192.168.128.130/24 brd 192.168.128.255 scope global noprefixroute ens33
       valid_lft forever preferred_lft forever
    inet6 fe80::f943:325d:91d4:10f5/64 scope link noprefixroute
       valid_lft forever preferred_lft forever
```

图 2-24　重启网卡服务并查看 IP 地址

2.1.3 远程连接虚拟机

远程连接虚拟机

在 VMware 软件中操作 Linux 系统十分麻烦，如无法进行命令的复制和粘贴，因此推荐使用 Xmanager 工具通过远程连接的方式操作 Linux 系统。Xmanager 是应用于 Windows 系统的 Xserver 服务器软件，通过 Xmanager 用户可以将远程的 Linux 桌面无缝导入 Windows 系统中。在 Linux 和 Windows 网络环境中，Xmanager 是非常适合的系统连通解决方案。

在 Xmanager 官网下载 Xmanager 安装包，安装包名称为"Xme5.exe"。下载安装包后，双击 Xme5.exe 进入 Xmanager 安装界面，选择 Xmanager 的安装位置后即可快速完成 Xmanager 的安装。

使用 Xmanager 远程连接 Linux 操作系统虚拟机的步骤如下。

（1）使用 Xmanager 连接虚拟机前，需要先设置 VMware 的虚拟网络。在 VMware 的"编辑"菜单中选择"虚拟网络编辑器"选项，如图 2-25 所示。

图 2-25 选择"虚拟网络编辑器"选项

（2）弹出"虚拟网络编辑器"对话框后，需要管理员权限才能修改网络配置。如果没有管理员权限，那么单击"更改设置"按钮，重新进入对话框即可。选择"VMnet8"所在行，再将"子网 IP"修改为"192.168.128.0"，如图 2-26 所示。单击"确定"按钮，关闭该对话框。

图 2-26 修改子网 IP 地址

（3）设置 VMware 的虚拟网络后，即可使用 Xmanager 中的 Xshell 工具远程连接虚拟机。在个人计算机的开始菜单中找到 Xshell，如图 2-27 所示，双击打开 Xshell。

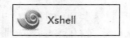

图 2-27　双击打开 Xshell

（4）单击"文件"菜单，选择"新建"选项，新建会话，如图 2-28 所示。

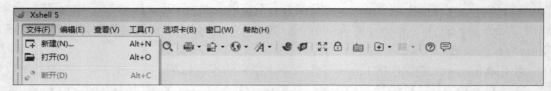

图 2-28　新建会话

（5）配置新建会话。在弹出的"新建会话属性"对话框中，在"常规"组的"名称"文本框中输入"master"，该会话名称是由用户自行指定的，建议与要连接的虚拟机主机名称保持一致；在"主机"文本框中输入"192.168.128.130"，表示 master 虚拟机的 IP 地址，如图 2-29 所示。再单击左侧的"用户身份验证"选项，在右侧输入用户名"root"和密码"123456"，如图 2-30 所示。单击"确定"按钮，新建会话完成。

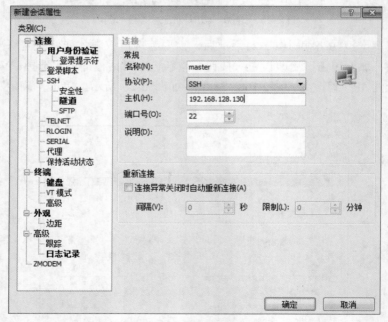

图 2-29　新建会话属性（1）

（6）在图 2-28 所示的界面中，单击"文件"菜单，在出现的 Xshell 的菜单栏中选择"打开"选项，弹出"会话"对话框，选中会话"master"，并单击"连接"按钮（如图 2-31 所示），将弹出"SSH 安全警告"对话框，单击"接受并保存"按钮即可成功连接 master 虚拟机，如图 2-32 所示。

第 2 章　Hadoop 集群的搭建及配置

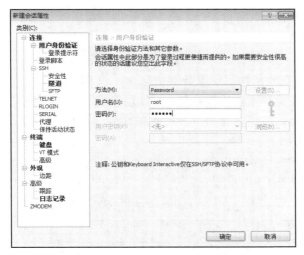

图 2-30　新建会话属性（2）

图 2-31　连接会话

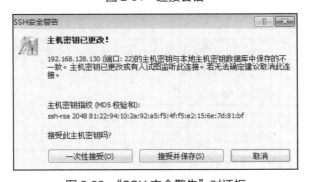

图 2-32　"SSH 安全警告"对话框

2.1.4　配置本地 YUM 源及安装常用软件

RPM（RPM Package Manager，RPM 软件包管理器）是一个强大的命令行驱动的软件包管理工具，用于安装、卸载、校验、查询和更新 Linux 系统上的软件包。使用 RPM 安装软件包有一个缺点，即软件包之间存在关联与依赖，安装一个软件包需要预先安装该软件包关联与依赖的其他软件包，因此，安装软件包的操作比较麻烦。在这种情况下，通过 YUM 源

RPM 与 YUM 的区别及挂载说明

安装软件包的方法应运而生。通过 YUM 源安装软件包可以彻底解决使用 RPM 安装软件包时软件包之间关联与依赖的问题。

YUM 是美国杜克大学为了提高 RPM 软件包的安装性而开发的一个软件包管理器。基于 RPM 包管理，能够在线从指定的服务器中自动下载 RPM 包并且安装，可以自动处理依赖关系，并且一次安装所有依赖的软件包，无须烦琐地一次次下载、安装。YUM 提供了查找、安装、删除某一个、一组甚至全部软件包的命令，而且命令简洁、易记。

YUM 命令的语法如下。

```
yum [options] [command] [package ...]
```

在 YUM 命令的语法中，options 是可选的，支持的选项及其说明如表 2-3 所示。

表 2-3　YUM 命令的选项及其说明

选项	说明
-h	显示帮助信息
-y	对所有的提问都回答"yes"
-c	指定配置文件
-q	安静模式
-v	详细模式
-d	设置调试等级（0~10）
-e	设置错误等级（0~10）
-R	设置执行一条命令的最大等待时间
-C	完全从缓存中运行，不下载或更新任何文件

command 表示所要进行的操作，部分可供选择的参数及其说明如表 2-4 所示。

表 2-4　YUM 命令的参数及其说明

参数	说明
install	安装 RPM 软件包
update	更新 RPM 软件包
check-update	检查是否有可用的 RPM 软件包更新
remove	删除指定的 RPM 软件包
list	显示所有可用的软件包的信息
search	查找软件包的信息
info	显示指定的 RPM 软件包的描述信息和概要信息
clean	清理 YUM 过期的缓存
resolvedep	显示 RPM 软件包的依赖关系
localinstall	安装本地的 RPM 软件包
localupdate	更新本地的 RPM 软件包
deplist	显示 RPM 软件包的所有依赖关系

第 2 章　Hadoop 集群的搭建及配置

package 表示的是操作的对象，即需要安装的软件包名称。

配置本地 YUM 源的步骤如下。

（1）使用 "cd /etc/yum.repos.d" 命令，进入/etc/yum.repos.d 目录。

（2）查看 yum.repos.d 目录下的文件，可以看到 CentOS-Base.repo、CentOS-Debuginfo.repo、CentOS-fasttrack.repo、CentOS-Vault.repo、CentOS-Media.repo 等 8 个文件，其中 CentOS-Media.repo 是本地 YUM 源的配置文件。配置本地 YUM 源，需要将除本地 YUM 源以外的其他 YUM 源禁用，因此将除 CentOS-Media.repo 文件之外的其他文件名加上 ".bak" 的后缀，如代码 2-3 所示。

代码 2-3　将除本地 YUM 源以外的其他 YUM 源禁用

```
mv CentOS-Base.repo CentOS-Base.repo.bak
mv CentOS-Debuginfo.repo CentOS-Debuginfo.repo.bak
mv CentOS-fasttrack.repo CentOS-fasttrack.repo.bak
mv CentOS-Vault.repo CentOS-Vault.repo.bak
mv CentOS-CR.repo CentOS-CR.repo.bak
mv CentOS-Sources.repo CentOS-Sources.repo.bak
mv CentOS-x86_64-kernel.repo CentOS-x86_64-kernel.repo.bak
```

（3）使用 "vi CentOS-Media.repo" 命令，打开并查看 CentOS-Media.repo 文件内容，内容如代码 2-4 所示。

代码 2-4　CentOS-Media.repo 文件修改前的内容

```
[c7-media]
name=CentOS-$releasever - Media
baseurl=file:///media/CentOS/
        file:///media/cdrom/
        file:///media/cdrecorder/
gpgcheck=1
enabled=0
gpgkey=file:///etc/pki/rpm-gpg/RPM-GPG-KEY-CentOS-7
```

（4）将 baseurl 的值修改为 "file:///media/"，将 gpgcheck 的值修改为 "0"，将 enabled 的值修改为 "1"，修改后的内容如代码 2-5 所示。

代码 2-5　CentOS-Media.repo 文件修改后的内容

```
[c7-media]
name=CentOS-$releasever - Media
baseurl=file:///media/
gpgcheck=0
enabled=1
gpgkey=file:///etc/pki/rpm-gpg/RPM-GPG-KEY-CentOS-7
```

（5）使用 "mount /dev/sr0 /media" 命令挂载本地 yum 源，如果返回 "mount: no medium found on /dev/sr0"，那么说明挂载光盘失败，如图 2-33 所示。解决方案为在 VMware 软件中，右键单击 master 虚拟机，在弹出的快捷菜单中选择"设置"命令，弹出"虚拟机设置"对话框。在"硬件"选项卡中选择"CD/DVD(IDE)"所在行，并在右侧的"设备状态"组中选择"已连接"，如图 2-34 所示。单击"确定"按钮，关闭该对话框。

```
[root@master yum.repos.d]# mount /dev/sr0 /media
mount: no medium found on /dev/sr0
```

图 2-33　挂载光盘失败

图 2-34　挂载光盘失败解决方案

（6）再次执行挂载本地 YUM 源命令，如果返回"mount:/dev/sr0 写保护，将以只读方式挂载"，说明挂载光盘成功，如图 2-35 所示。

```
[root@master dev]# mount /dev/sr0 /media
mount: /dev/sr0 写保护，将以只读方式挂载
```

图 2-35　挂载光盘成功

（7）更新 YUM 源。执行"yum clean all"命令，如果出现图 2-36 所示的信息，说明更新 YUM 源成功。

```
[root@master dev]# yum clean all
已加载插件：fastestmirror
正在清理软件源：c7-media
Cleaning up list of fastest mirrors
```

图 2-36　更新 YUM 源成功

（8）使用 YUM 安装软件，以安装 vim、zip、openssh-server、openssh-clients 为例，各个软件的说明如表 2-5 所示。

表 2-5　软件说明

软件	说明
vim	类似于 vi 的文本编辑器
zip	用于压缩文件命令
openssh-server	主要作为一个服务运行在后台，如果这个服务开启，那么人们可用一些远程连接工具连接 CentOS
openssh-clients	类似于 Xshell，可以作为一个客户端连接 openssh-server

使用“yum install -y vim zip openssh-server openssh-clients”命令安装软件，安装过程中会自动搜索目标软件以及所必需的依赖包，如图 2-37 所示。安装完成后会显示所有已安装的相关软件，如图 2-38 所示。

```
========================================================================================
 Package                        架构            版本                      源           大小
========================================================================================
正在安装:
 vim-enhanced                   x86_64          2:7.4.629-6.el7           c7-media      1.1 M
为依赖而安装:
 gpm-libs                       x86_64          1.20.7-6.el7              c7-media       32 k
 perl                           x86_64          4:5.16.3-295.el7          c7-media      8.0 M
 perl-Carp                      noarch          1.26-244.el7              c7-media       19 k
 perl-Encode                    x86_64          2.51-7.el7                c7-media      1.5 M
 perl-Exporter                  noarch          5.68-3.el7                c7-media       28 k
 perl-File-Path                 noarch          2.09-2.el7                c7-media       26 k
 perl-File-Temp                 noarch          0.23.01-3.el7             c7-media       56 k
 perl-Filter                    x86_64          1.49-3.el7                c7-media       76 k
 perl-Getopt-Long               noarch          2.40-3.el7                c7-media       56 k
 perl-HTTP-Tiny                 noarch          0.033-3.el7               c7-media       38 k
 perl-PathTools                 x86_64          3.40-5.el7                c7-media       82 k
 perl-Pod-Escapes               noarch          1:1.04-295.el7            c7-media       51 k
 perl-Pod-Perldoc               noarch          3.20-4.el7                c7-media       87 k
 perl-Pod-Simple                noarch          1:3.28-4.el7              c7-media      216 k
 perl-Pod-Usage                 noarch          1.63-3.el7                c7-media       27 k
 perl-Scalar-List-Utils         x86_64          1.27-248.el7              c7-media       36 k
 perl-Socket                    x86_64          2.010-5.el7               c7-media       49 k
 perl-Storable                  x86_64          2.45-3.el7                c7-media       77 k
 perl-Text-ParseWords           noarch          3.29-4.el7                c7-media       14 k
 perl-Time-HiRes                x86_64          4:1.9725-3.el7            c7-media       45 k
 perl-Time-Local                noarch          1.2300-2.el7              c7-media       24 k
 perl-constant                  noarch          1.27-2.el7                c7-media       19 k
 perl-libs                      x86_64          4:5.16.3-295.el7          c7-media      689 k
 perl-macros                    x86_64          4:5.16.3-295.el7          c7-media       44 k
 perl-parent                    noarch          1:0.225-244.el7           c7-media       12 k
 perl-podlators                 noarch          2.5.1-3.el7               c7-media      112 k
 perl-threads                   x86_64          1.87-4.el7                c7-media       49 k
 perl-threads-shared            x86_64          1.43-6.el7                c7-media       39 k
 vim-common                     x86_64          2:7.4.629-6.el7           c7-media      5.9 M
 vim-filesystem                 x86_64          2:7.4.629-6.el7           c7-media       11 k

事务概要
========================================================================================
```

图 2-37　安装依赖包

```
已安装:
  vim-enhanced.x86_64 2:7.4.629-6.el7

作为依赖被安装:
  gpm-libs.x86_64 0:1.20.7-6.el7                   perl.x86_64 4:5.16.3-295.el7
  perl-Carp.noarch 0:1.26-244.el7                  perl-Encode.x86_64 0:2.51-7.el7
  perl-Exporter.noarch 0:5.68-3.el7                perl-File-Path.noarch 0:2.09-2.el7
  perl-File-Temp.noarch 0:0.23.01-3.el7            perl-Filter.x86_64 0:1.49-3.el7
  perl-Getopt-Long.noarch 0:2.40-3.el7             perl-HTTP-Tiny.noarch 0:0.033-3.el7
  perl-PathTools.x86_64 0:3.40-5.el7               perl-Pod-Escapes.noarch 1:1.04-295.el7
  perl-Pod-Perldoc.noarch 0:3.20-4.el7             perl-Pod-Simple.noarch 1:3.28-4.el7
  perl-Pod-Usage.noarch 0:1.63-3.el7               perl-Scalar-List-Utils.x86_64 0:1.27-248.el7
  perl-Socket.x86_64 0:2.010-5.el7                 perl-Storable.x86_64 0:2.45-3.el7
  perl-Text-ParseWords.noarch 0:3.29-4.el7         perl-Time-HiRes.x86_64 4:1.9725-3.el7
  perl-Time-Local.noarch 0:1.2300-2.el7            perl-constant.noarch 0:1.27-2.el7
  perl-libs.x86_64 4:5.16.3-295.el7                perl-macros.x86_64 4:5.16.3-295.el7
  perl-parent.noarch 1:0.225-244.el7               perl-podlators.noarch 0:2.5.1-3.el7
  perl-threads.x86_64 0:1.87-4.el7                 perl-threads-shared.x86_64 0:1.43-6.el7
  vim-common.x86_64 2:7.4.629-6.el7                vim-filesystem.x86_64 2:7.4.629-6.el7

完毕!
```

图 2-38　安装软件完成

任务 2.2　搭建 Hadoop 完全分布式集群

任务描述

学习 HDFS 的基本操作和 MapReduce 编程前，需要先搭建好 Hadoop 集群。本节的任务是在 Linux 下安装 Java，再搭建及配置 Hadoop 完全分布式集群环境，要求搭建的 Hadoop 集群有 1 个主节点和 3 个从节点。

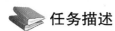

2.2.1 在Linux下安装Java

由于Hadoop是使用Java语言开发的，Hadoop集群的使用依赖于Java环境。因此，在搭建Hadoop集群前，需要先安装Java，本书使用的Java开发工具包的版本为JDK 1.8。

在Linux下安装Java的步骤如下。

（1）上传JDK安装包至虚拟机master，按"Ctrl+Alt+F"组合键，弹出文件传输的弹窗，左侧为个人计算机的文件系统，右侧为Linux虚拟机的文件系统。在左侧的文件系统中找到jdk-8u281-linux-x64.rpm安装包，右键单击该安装包，在弹出的快捷菜单中选择"传输"命令，将其上传至Linux的/opt目录下，如图2-39所示。

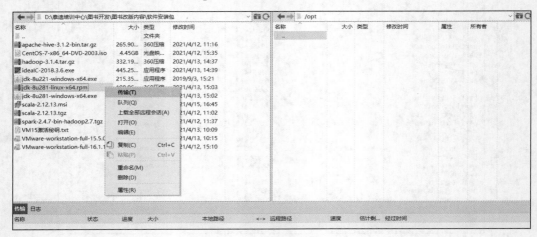

图2-39 上传JDK安装包

（2）切换至/opt目录，使用"rpm -ivh jdk-8u281-linux-x64.rpm"命令，安装JDK，如图2-40所示。

```
[root@master opt]# rpm -ivh jdk-8u281-linux-x64.rpm
warning: jdk-8u281-linux-x64.rpm: Header V3 RSA/SHA256 Signature, key ID ec551f03: NOKEY
Preparing...                          ################################# [100%]
Updating / installing...
   1:jdk1.8-2000:1.8.0_281-fcs        ################################# [100%]
Unpacking JAR files...
        tools.jar...
        plugin.jar...
        javaws.jar...
        deploy.jar...
        rt.jar...
        jsse.jar...
        charsets.jar...
        localedata.jar...
```

图2-40 安装JDK

（3）验证JDK是否配置成功，使用"java -version"命令查看Java版本，结果如图2-41所示，说明JDK配置成功。

```
[root@master ~]# java -version
java version "1.8.0_281"
Java(TM) SE Runtime Environment (build 1.8.0_281-b09)
Java HotSpot(TM) 64-Bit Server VM (build 25.281-b09, mixed mode)
```

图2-41 JDK配置成功

第 2 章　Hadoop 集群的搭建及配置

2.2.2　修改配置文件

YARN 配置文件解析

创建并配置虚拟机 master 后，即可在虚拟机 master 上进行 Hadoop 集群的相关配置，通过修改配置文件内容进行设置。首先需要将 Hadoop 安装包 hadoop-3.1.4.tar.gz 上传至虚拟机 master 的/opt 目录下，使用"tar -zxf hadoop-3.1.4.tar.gz -C /usr/local"命令，将 Hadoop 安装包解压至虚拟机 master 的/usr/local 目录下。

进入/usr/local/hadoop-3.1.4/etc/hadoop 目录，并修改 core-site.xml、hadoop-env.sh、yarn-env.sh、mapred-site.xml、yarn-site.xml、workers、hdfs-site.xml 这 7 个配置文件，具体步骤如下。

（1）修改 core-site.xml 文件。core-site.xml 是 Hadoop 的核心配置文件，需要配置两个属性，即 fs.defaultFS 和 hadoop.tmp.dir。fs.defaultFS 配置了 HDFS 的 NameNode 端口。注意：若 NameNode 所在的虚拟机名称不是 "master"，则需要将 "hdfs://master:8020" 中的 "master" 替换为 NameNode 所在的虚拟机名称。hadoop.tmp.dir 配置了 Hadoop 的临时文件的目录。添加的内容如代码 2-6 所示。

代码 2-6　修改 core-site.xml 文件

```xml
<configuration>
  <property>
    <name>fs.defaultFS</name>
    <value>hdfs://master:8020</value>
  </property>
  <property>
    <name>hadoop.tmp.dir</name>
    <value>/var/log/hadoop/tmp</value>
  </property>
</configuration>
```

（2）修改 hadoop-env.sh 文件。hadoop-env.sh 文件设置了 Hadoop 基本运行环境的配置，需要修改 JDK 所在目录。因此，在该文件中，将 JAVA_HOME 的值修改为 JDK 在 Linux 系统中的安装目录，如代码 2-7 所示。

代码 2-7　修改 hadoop-env.sh 文件

```
export JAVA_HOME=/usr/java/jdk1.8.0_281-amd64
```

（3）修改 yarn-env.sh 文件。yarn-env.sh 文件设置了 YARN 框架运行环境的配置，同样需要修改 JDK 所在目录，如代码 2-8 所示。

代码 2-8　修改 yarn-env.sh 文件

```
# export JAVA_HOME=/home/y/libexec/jdk1.6.0/
export JAVA_HOME=/usr/java/jdk1.8.0_281-amd64
```

（4）修改 mapred-site.xml 文件。mapred-site.xml 文件设置了 MapReduce 框架的相关配置，由于 Hadoop 3.x 使用了 YARN 框架，所以必须指定 mapreduce.framework.name 配置项的值为 "yarn"。mapreduce.jobhistory.address 和 mapreduce.jobhistory.webapp.address 是 JobHistoryServer 的相关配置，即运行 MapReduce 任务的日志相关服务端口。mapred-site.xml 文件添加的内容如代码 2-9 所示。

代码 2-9　mapred-site.xml 文件添加的内容

```xml
<configuration>
  <property>
```

```xml
    <name>mapreduce.framework.name</name>
    <value>yarn</value>
 </property>
<!--jobhistory properties-->
 <property>
    <name>mapreduce.jobhistory.address</name>
    <value>master:10020</value>
 </property>
 <property>
    <name>mapreduce.jobhistory.webapp.address</name>
    <value>master:19888</value>
 </property>
 <property>
    <name>yarn.app.mapreduce.am.env</name>
    <value>HADOOP_MAPRED_HOME=${HADOOP_HOME}</value>
 </property>
 <property>
    <name>mapreduce.map.env</name>
    <value>HADOOP_MAPRED_HOME=${HADOOP_HOME}</value>
 </property>
 <property>
    <name>mapreduce.reduce.env</name>
    <value>HADOOP_MAPRED_HOME=${HADOOP_HOME}</value>
 </property>
</configuration>
```

（5）修改 yarn-site.xml 文件。yarn-site.xml 文件设置了 YARN 框架的相关配置，该文件中定义了一个 yarn.resourcemanager.hostname 变量，在 YARN 框架的相关配置中可以直接引用该变量，其他配置保持不变即可。yarn-site.xml 文件修改的内容如代码 2-10 所示。

代码 2-10　yarn-site.xml 文件修改的内容

```xml
<configuration>
<!-- Site specific YARN configuration properties -->
 <property>
    <name>yarn.resourcemanager.hostname</name>
    <value>master</value>
 </property>
 <property>
    <name>yarn.resourcemanager.address</name>
    <value>${yarn.resourcemanager.hostname}:8032</value>
 </property>
 <property>
    <name>yarn.resourcemanager.scheduler.address</name>
    <value>${yarn.resourcemanager.hostname}:8030</value>
 </property>
 <property>
    <name>yarn.resourcemanager.webapp.address</name>
    <value>${yarn.resourcemanager.hostname}:8088</value>
 </property>
 <property>
    <name>yarn.resourcemanager.webapp.https.address</name>
    <value>${yarn.resourcemanager.hostname}:8090</value>
```

```xml
    </property>
    <property>
      <name>yarn.resourcemanager.resource-tracker.address</name>
      <value>${yarn.resourcemanager.hostname}:8031</value>
    </property>
    <property>
      <name>yarn.resourcemanager.admin.address</name>
      <value>${yarn.resourcemanager.hostname}:8033</value>
    </property>
    <property>
      <name>yarn.nodemanager.local-dirs</name>
      <value>/data/hadoop/yarn/local</value>
    </property>
    <property>
      <name>yarn.log-aggregation-enable</name>
      <value>true</value>
    </property>
    <property>
      <name>yarn.nodemanager.remote-app-log-dir</name>
      <value>/data/tmp/logs</value>
    </property>
    <property>
      <name>yarn.log.server.url</name>
      <value>http://master:19888/jobhistory/logs/</value>
    <description>URL for job history server</description>
    </property>
    <property>
      <name>yarn.nodemanager.vmem-check-enabled</name>
      <value>false</value>
    </property>
    <property>
      <name>yarn.nodemanager.aux-services</name>
      <value>mapreduce_shuffle</value>
    </property>
    <property>
      <name>yarn.nodemanager.aux-services.mapreduce.shuffle.class</name>
      <value>org.apache.hadoop.mapred.ShuffleHandler</value>
    </property>
    <property>
      <name>yarn.nodemanager.resource.memory-mb</name>
      <value>2048</value>
    </property>
    <property>
      <name>yarn.scheduler.minimum-allocation-mb</name>
      <value>512</value>
    </property>
    <property>
      <name>yarn.scheduler.maximum-allocation-mb</name>
      <value>4096</value>
    </property>
    <property>
```

```
    <name>mapreduce.map.memory.mb</name>
    <value>2048</value>
  </property>
  <property>
    <name>mapreduce.reduce.memory.mb</name>
    <value>2048</value>
  </property>
  <property>
    <name>yarn.nodemanager.resource.cpu-vcores</name>
    <value>1</value>
  </property>
</configuration>
```

（6）修改 workers 文件。workers 文件中保存的是从节点（slave 节点）的信息，在 workers 文件中删除"localhost"，并添加代码 2-11 所示的内容。

代码 2-11　修改 workers 文件

```
slave1
slave2
slave3
```

（7）修改 hdfs-site.xml 文件。hdfs-site.xml 文件设置了 HDFS 相关的配置，dfs.namenode.name.dir 和 dfs.datanode.data.dir 分别指定了 NameNode 元数据和 DataNode 数据的存储位置。dfs.namenode.secondary.http-address 配置了 Secondary NameNode 的地址。dfs.replication 配置了数据块的副本数，默认为 3 个副本，不做修改。hdfs-site.xml 文件修改的内容如代码 2-12 所示。

代码 2-12　hdfs-site.xml 文件修改的内容

```
<configuration>
  <property>
    <name>dfs.namenode.name.dir</name>
    <value>file:///data/hadoop/hdfs/name</value>
  </property>
  <property>
    <name>dfs.datanode.data.dir</name>
    <value>file:///data/hadoop/hdfs/data</value>
  </property>
  <property>
    <name>dfs.namenode.secondary.http-address</name>
    <value>master:50090</value>
  </property>
  <property>
    <name>dfs.replication</name>
    <value>3</value>
  </property>
</configuration>
```

为了防止 Hadoop 集群启动失败，需要修改 Hadoop 集群启动和关闭服务的文件。启动和关闭服务的文件在/usr/local/hadoop-3.1.4/sbin/目录下，需要修改的文件分别是 start-dfs.sh、stop-dfs.sh、start-yarn.sh 和 stop-yarn.sh。

（1）修改 start-dfs.sh 和 stop-dfs.sh 文件，在文件开头添加代码 2-13 所示的内容。

第 2 章　Hadoop 集群的搭建及配置

代码 2-13　修改 start-dfs.sh 和 stop-dfs.sh 文件

```
HDFS_DATANODE_USER=root
HADOOP_SECURE_DN_USER=hdfs
HDFS_NAMENODE_USER=root
HDFS_SECONDARYNAMENODE_USER=root
```

（2）修改 start-yarn.sh 和 stop-yarn.sh 文件，在文件开头添加代码 2-14 所示的内容。

代码 2-14　修改 start-yarn.sh 和 stop-yarn.sh 文件

```
YARN_RESOURCEMANAGER_USER=root
HADOOP_SECURE_DN_USER=yarn
YARN_NODEMANAGER_USER=root
```

除此之外，还需要修改/etc/hosts 文件。/etc/hosts 文件配置的是主机名与 IP 地址的映射。设置主机名与 IP 地址的映射后即可通过主机名对各主机进行访问，从而简化访问操作。本书搭建的 Hadoop 集群共有 4 个节点，集群的节点主机名及 IP 地址如图 2-1 所示，因此可在/etc/hosts 文件的末尾添加代码 2-15 所示的内容。

代码 2-15　修改/etc/hosts 文件

```
192.168.128.130 master master.centos.com
192.168.128.131 slave1 slave1.centos.com
192.168.128.132 slave2 slave2.centos.com
192.168.128.133 slave3 slave3.centos.com
```

2.2.3　克隆虚拟机

在虚拟机 master 上配置完 Hadoop 集群的相关配置后，克隆虚拟机 master，生成 3 个新的虚拟机 slave1、slave2、slave3。

在虚拟机 master 的安装目录 "E:\VMware" 下建立 3 个文件 slave1、slave2、slave3。下面以克隆 master 生成虚拟机 slave1 为例，详细介绍虚拟机的克隆过程。

（1）右键单击虚拟机 master，选择 "管理" → "克隆" 命令，弹出 "克隆虚拟机向导" 对话框，直接单击 "下一步" 按钮。

（2）选择克隆源，选择 "虚拟机中的当前状态"，并单击 "下一步" 按钮，如图 2-42 所示。

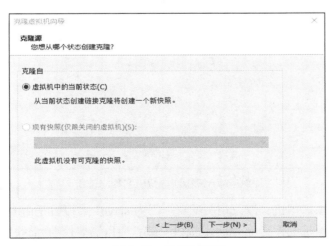

图 2-42　选择克隆源

（3）选择克隆类型，选择"创建完整克隆"，并单击"下一步"按钮，如图2-43所示。

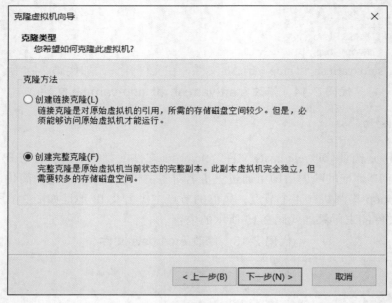

图2-43　选择克隆类型

（4）设置新虚拟机名称与位置，新虚拟机名称为"slave1"，位置为"E:\VMware\slave1"，如图2-44所示。单击"完成"按钮，虚拟机开始克隆，最后单击"关闭"按钮，如图2-45所示，完成虚拟机的克隆。

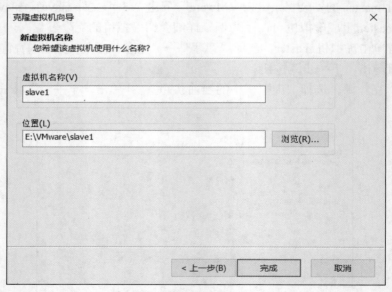

图2-44　设置新虚拟机名称与位置

（5）开启slave1虚拟机，修改相关配置。因为slave1虚拟机是由master虚拟机克隆产生的，即slave1虚拟机配置与master虚拟机一致，所以需要修改slave1的相关配置。修改过程如下。

第 2 章　Hadoop 集群的搭建及配置

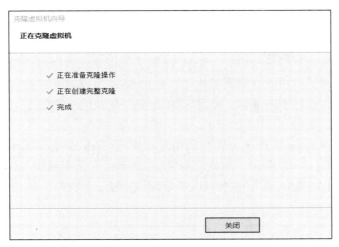

图 2-45　克隆虚拟机完成

① 修改 /etc/sysconfig/network-scripts/ifcfg-ens33 文件，将 IPADDR 的值修改为 "192.168.128.131"，如代码 2-16 所示。修改好后保存并退出。

代码 2-16　修改 slave1 的 ifcfg-ens33 文件的 IPADDR

```
IPADDR=192.168.128.131
```

② 重启网络服务，并查看 IP 地址是否修改成功，如代码 2-17 所示。

代码 2-17　重启网络服务和查看 IP 地址

```
# 重启网络服务
systemctl restart network
# 查看 IP 地址
ip addr
```

③ 因为 slave1 是 master 的克隆虚拟机，所以需要修改主机名称为 slave1，如代码 2-18 所示。

代码 2-18　修改 slave1 的主机名称

```
# 修改 slave1 的主机名称
hostnamectl set-hostname slave1
```

④ 重启虚拟机。使用 "reboot" 命令重新启动虚拟机。

⑤ 验证 slave1 是否配置成功。在 master 节点中，执行 "ping slave1" 命令，结果如图 2-46 所示，说明 slave1 配置成功。

```
[root@master ~]# ping slave1
PING slave1 (192.168.128.141) 56(84) bytes of data.
64 bytes from slave1 (192.168.128.141): icmp_seq=1 ttl=64 time=0.348 ms
64 bytes from slave1 (192.168.128.141): icmp_seq=2 ttl=64 time=0.362 ms
64 bytes from slave1 (192.168.128.141): icmp_seq=3 ttl=64 time=0.333 ms
64 bytes from slave1 (192.168.128.141): icmp_seq=4 ttl=64 time=0.363 ms
64 bytes from slave1 (192.168.128.141): icmp_seq=5 ttl=64 time=0.363 ms
64 bytes from slave1 (192.168.128.141): icmp_seq=6 ttl=64 time=0.216 ms
```

图 2-46　slave1 配置成功

（6）重复步骤（1）～（5），继续克隆 master 虚拟机生成 slave2、slave3 虚拟机，并修改 slave2、slave3 虚拟机的相关配置。

免密登录配置

2.2.4 配置 SSH 免密码登录

SSH（Secure Shell，安全外壳）是建立在 TCP/IP 的应用层和传输层基础上的安全协议。SSH 保障了远程登录和网络传输服务的安全性，起到了防止信息泄露等作用。通过 SSH 可以对文件进行加密处理。SSH 可以运行于多平台。配置 SSH 免密码登录的步骤如下（均是在 master 虚拟机上进行操作）。

（1）使用“ssh-keygen”产生公钥与私钥对。使用“ssh-keygen -t rsa”命令，接着按 3 次“Enter”键，如图 2-47 所示，生成私有密钥 id_rsa 和公有密钥 id_rsa.pub 两个文件。“ssh-keygen”用以生成 RSA 类型的密钥以及管理该密钥，参数“-t”用于指定要创建的 SSH 密钥的类型为 RSA。

```
[root@master ~]# ssh-keygen -t rsa
Generating public/private rsa key pair.
Enter file in which to save the key (/root/.ssh/id_rsa):
Created directory '/root/.ssh'.
Enter passphrase (empty for no passphrase):
Enter same passphrase again:
Your identification has been saved in /root/.ssh/id_rsa.
Your public key has been saved in /root/.ssh/id_rsa.pub.
The key fingerprint is:
03:a0:69:1d:c8:05:8d:60:ab:41:f6:7f:4f:44:43:44 root@master.centos.com
The key's randomart image is:
+--[ RSA 2048]----+
|.*.*+    +E      |
|+ *+.o  . .      |
|..+.. . .        |
|.o  .  ..        |
|.     . .S.      |
|       . o.      |
|         .       |
|                 |
|                 |
+-----------------+
```

图 2-47　设置 SSH 免密码登录

（2）使用“ssh-copy-id”命令将公钥复制到远程机器中，如代码 2-19 所示。

代码 2-19　将公钥复制到远程机器中的命令

```
# 依次输入 yes，123456（root 用户的密码）
ssh-copy-id -i /root/.ssh/id_rsa.pub master
ssh-copy-id -i /root/.ssh/id_rsa.pub slave1
ssh-copy-id -i /root/.ssh/id_rsa.pub slave2
ssh-copy-id -i /root/.ssh/id_rsa.pub slave3
```

（3）验证 SSH 是否能够免密码登录。在 master 主节点下分别输入“ssh slave1”“ssh slave2”“ssh slave3”，结果如图 2-48 所示，说明配置 SSH 免密码登录成功。

```
[root@master ~]# ssh slave1
Last login: Fri Apr 28 23:51:32 2017 from 192.168.128.1
[root@slave1 ~]# exit
logout
Connection to slave1 closed.
[root@master ~]# ssh slave2
Last login: Tue Apr 25 18:04:44 2017 from 192.168.128.1
[root@slave2 ~]# exit
logout
Connection to slave2 closed.
[root@master ~]# ssh slave3
Last login: Tue Apr 25 18:04:49 2017 from 192.168.128.1
[root@slave3 ~]# exit
logout
Connection to slave3 closed.
```

图 2-48　验证 SSH 免密码登录

2.2.5 配置时间同步服务

时间同步服务配置

NTP（Network Time Protocol，网络时间协议）是使计算机时间同步化的一种协议，可以使计算机对其服务器或时钟源进行同步化，提供高精准度的时间校正。Hadoop 集群对时间要求很高，主节点与各从节点的时间必须同步。配置时间同步服务主要是为了进行集群间的时间同步。Hadoop 集群配置时间同步服务的步骤如下。

（1）安装 NTP 服务。在 2.1 节中已经配置了本地 YUM 源，可以直接安装 NTP 服务，在各节点使用"yum install -y ntp"命令即可。若出现"Complete"信息，则说明安装 NTP 服务成功。若安装出现问题，则需要重新挂载本地 YUM 源，使用"mount /dev/sr0 /media"命令即可。

（2）设置 master 节点为 NTP 服务主节点，使用"vim /etc/ntp.conf"命令打开/etc/ntp.conf 文件，注释掉以 server 开头的行，并添加代码 2-20 所示的内容。

代码 2-20 修改 master 主节点的 ntp.conf 文件

```
restrict 192.168.0.0 mask 255.255.255.0 nomodify notrap
server 127.127.1.0
fudge 127.127.1.0 stratum 10
```

（3）分别在 slave1、slave2、slave3 节点中配置 NTP 服务，同样修改/etc/ntp.conf 文件，注释掉以 server 开头的行，并添加代码 2-21 所示的内容。

代码 2-21 修改从节点的 ntp.conf 文件

```
server master
```

（4）使用"systemctl stop firewalld"和"systemctl disable firewalld"命令关闭防火墙并禁止开机自动启动防火墙。注意，主节点和从节点均需要关闭。

（5）启动 NTP 服务。NTP 服务安装完成后，即可启动 NTP 服务。启动过程如下。

① 在 master 节点上使用"systemctl start ntpd"和"systemctl enable ntpd"命令启动 NTP 服务，再使用"systemctl status ntpd"命令查看 NTP 服务状态，如图 2-49 所示，若出现"active (running)"信息，说明 NTP 服务启动成功。

图 2-49 主节点启动 NTP 服务

② 分别在 slave1、slave2、slave3 节点上使用"ntpdate master"命令，即可同步时间，如图 2-50 所示。

```
[root@slave1 ~]# ntpdate master
23 Jun 14:54:21 ntpdate[3551]: adjust time server 192.168.128.130 offset 0.000011 sec
```

图 2-50　从节点执行"ntpdate master"命令

③ 分别在 slave1、slave2、slave3 节点上使用"systemctl start ntpd"和"systemctl enable ntpd"命令，即可永久启动 NTP 服务，使用"systemctl status ntpd"命令查看 NTP 服务状态，如图 2-51 所示，若出现"active (running)"信息，说明该从节点的 NTP 服务也启动成功。

```
[root@slave1 ~]# systemctl status ntpd
● ntpd.service - Network Time Service
   Loaded: loaded (/usr/lib/systemd/system/ntpd.service; enabled; vendor preset: disable
d)
   Active: active (running) since 三 2021-06-23 14:55:33 CST; 46s ago
  Process: 3621 ExecStart=/usr/sbin/ntpd -u ntp:ntp $OPTIONS (code=exited, status=0/SUCC
ESS)
 Main PID: 3622 (ntpd)
   CGroup: /system.slice/ntpd.service
           └─3622 /usr/sbin/ntpd -u ntp:ntp -g

6月 23 14:55:33 slave1 ntpd[3622]: Listen and drop on 0 v4wildcard 0.0.0.0 UDP 123
6月 23 14:55:33 slave1 ntpd[3622]: Listen and drop on 1 v6wildcard :: UDP 123
6月 23 14:55:33 slave1 ntpd[3622]: Listen normally on 2 lo 127.0.0.1 UDP 123
6月 23 14:55:33 slave1 ntpd[3622]: Listen normally on 3 ens33 192.168.128.131 UDP 123
6月 23 14:55:33 slave1 ntpd[3622]: Listen normally on 4 lo ::1 UDP 123
6月 23 14:55:33 slave1 ntpd[3622]: Listen normally on 5 ens33 fe80::1ab:4854:a21d...123
6月 23 14:55:33 slave1 ntpd[3622]: Listening on routing socket on fd #22 for inte...tes
6月 23 14:55:33 slave1 ntpd[3622]: 0.0.0.0 c016 06 restart
6月 23 14:55:33 slave1 ntpd[3622]: 0.0.0.0 c012 02 freq_set kernel 0.000 PPM
6月 23 14:55:33 slave1 ntpd[3622]: 0.0.0.0 c011 01 freq_not_set
Hint: Some lines were ellipsized, use -l to show in full.
```

图 2-51　从节点启动 NTP 服务

2.2.6　启动和关闭 Hadoop 集群

完成 Hadoop 集群的所有配置后，即可执行格式化 NameNode 操作。该操作会在 NameNode 所在机器节点中初始化一些 HDFS 的相关配置，并且该操作在集群搭建过程中只需执行一次。执行格式化操作之前可以先配置环境变量。

配置环境变量是在 master、slave1、slave2、slave3 节点上修改 /etc/profile 文件，在文件末尾添加代码 2-22 所示的内容，文件修改完后保存并退出，使用"source /etc/profile"命令使配置生效。

代码 2-22　配置环境变量

```
export HADOOP_HOME=/usr/local/hadoop-3.1.4
export JAVA_HOME=/usr/java/jdk1.8.0_281-amd64
export PATH=$HADOOP_HOME/bin:$PATH:$JAVA_HOME/bin
```

格式化只需使用"hdfs namenode -format"命令，若出现"Storage directory /data/hadoop/hdfs/name has been successfully formatted"，则表示格式化 NameNode 成功，如图 2-52 所示。

```
17/04/29 00:58:45 INFO util.GSet: Computing capacity for map NameNodeRetryCache
17/04/29 00:58:45 INFO util.GSet: VM type       = 64-bit
17/04/29 00:58:45 INFO util.GSet: 0.029999999329447746% max memory 966.7 MB = 297.0 KB
17/04/29 00:58:45 INFO util.GSet: capacity      = 2^15 = 32768 entries
17/04/29 00:58:45 INFO namenode.NNConf: ACLs enabled? false
17/04/29 00:58:45 INFO namenode.NNConf: XAttrs enabled? true
17/04/29 00:58:45 INFO namenode.NNConf: Maximum size of an xattr: 16384
17/04/29 00:58:45 INFO namenode.FSImage: Allocated new BlockPoolId: BP-299710164-192.168.128.130-1493398725649
17/04/29 00:58:45 INFO common.Storage: Storage directory /data/hadoop/hdfs/name has been successfully formatted.
17/04/29 00:58:46 INFO namenode.NNStorageRetentionManager: Going to retain 1 images with txid >= 0
17/04/29 00:58:46 INFO util.ExitUtil: Exiting with status 0
17/04/29 00:58:46 INFO namenode.NameNode: SHUTDOWN_MSG:
/************************************************************
SHUTDOWN_MSG: Shutting down NameNode at master.centos.com/192.168.128.130
************************************************************/
```

图 2-52　格式化 NameNode 成功

第 2 章　Hadoop 集群的搭建及配置

格式化完成后即可启动 Hadoop 集群。启动 Hadoop 集群只需要在 master 节点直接进入 Hadoop 安装目录，使用代码 2-23 所示的命令即可。

代码 2-23　启动 Hadoop 集群命令

```
cd $HADOOP_HOME   # 进入 Hadoop 安装目录
sbin/start-dfs.sh      # 启动 HDFS 相关服务
sbin/start-yarn.sh     # 启动 YARN 相关服务
sbin/mr-jobhistory-daemon.sh start historyserver   # 启动日志相关服务
```

Hadoop 集群启动之后，在主节点 master 以及从节点 slave1、slave2、slave3 上分别使用"jps"命令，若出现图 2-53 所示的信息，说明 Hadoop 集群启动成功。

```
[root@master sbin]# jps
2967 NameNode
3498 ResourceManager
3245 SecondaryNameNode
3853 Jps
[root@master sbin]# ssh slave1
Last login: Thu Apr 15 10:59:14 2021 from 192.168.128.1
[root@slave1 ~]# jps
7555 DataNode
7732 Jps
7655 NodeManager
```

图 2-53　Hadoop 集群启动成功

同理，关闭 Hadoop 集群也只需要在 master 节点直接进入 Hadoop 安装目录，使用代码 2-24 所示的命令即可。

代码 2-24　关闭 Hadoop 集群命令

```
cd $HADOOP_HOME   # 进入 Hadoop 安装目录
sbin/stop-yarn.sh   # 关闭 YARN 相关服务
sbin/stop-dfs.sh    # 关闭 HDFS 相关服务
sbin/mr-jobhistory-daemon.sh stop historyserver   # 关闭日志相关服务
```

2.2.7　监控 Hadoop 集群

Hadoop 集群有相关的服务监控端口，方便用户对 Hadoop 集群的资源、任务运行状态等信息有更直观的了解，具体如表 2-6 所示。

表 2-6　Hadoop 集群的相关服务监控

服务	Web 接口	默认端口
NameNode	http://namenode_host:port/	9870
ResourceManager	http://resourcemanager_host:port/	8088
MapReduce JobHistoryServer	http://jobhistoryserver_host:port/	19888

为了能够顺利在浏览器中打开 Hadoop 集群相关服务的监控界面，需要修改个人计算机上的 host 文件。该文件可在"C:\Windows\System32\drivers\etc\"目录下找到。host 是一个没有扩展名的系统文件，其作用是将一些常用的域名与其对应的 IP 地址建立一个关联"数据库"，当用户在浏览器的地址栏中输入一个网址并按 Enter 键时，系统会先自动从 host 文件中寻找对应的 IP 地址；一旦找到，系统将立即打开对应网页。系统以记事本的形式打开 host 文件，并在文件末尾添加代码 2-25 所示的内容。

代码 2-25　修改本地 host 文件

```
192.168.128.130 master master.centos.com
192.168.128.131 slave1 slave1.centos.com
192.168.128.132 slave2 slave2.centos.com
192.168.128.133 slave3 slave3.centos.com
```

1. HDFS 监控

在浏览器的地址栏中输入"http://master:9870",按 Enter 键即可看到 HDFS 的监控界面,如图 2-54 所示。图 2-54 所示的界面提供了如下重要信息。

(1)"Overview"记录了 NameNode 的启动时间、版本号、编译版本等一些基本信息。

(2)"Summary"是集群信息,提供了当前集群环境的一些有用的信息,从图 2-54 中可知所有 DataNode 节点的基本存储信息,如硬盘大小以及 HDFS 使用情况等一些数据信息;同时还标注了当前集群环境中 DataNode 的信息,对在线状态的 DataNode 也专门进行了记录。

(3)"NameNode Storage"提供了 NameNode 的信息,最后的"State"标示此节点为活动节点,可正常提供服务。

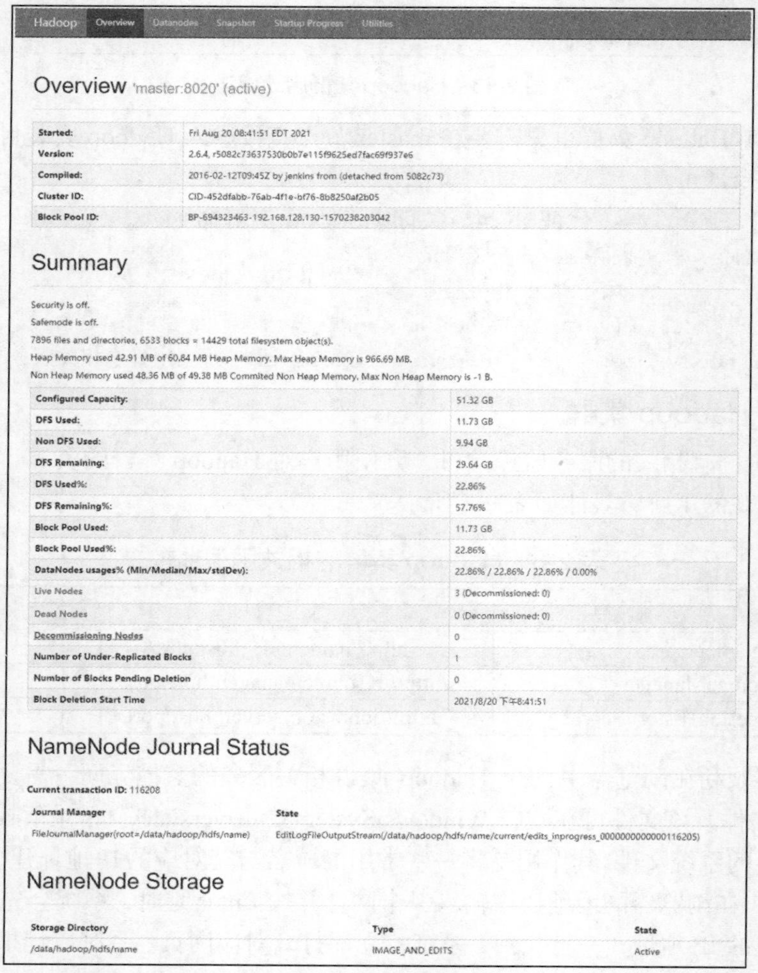

图 2-54　HDFS 的监控界面

第 2 章 Hadoop 集群的搭建及配置

在图 2-54 所示的界面中，选择"Utilities"→"Browse the file system"命令可以查看 HDFS 上的文件信息，如图 2-55 所示。

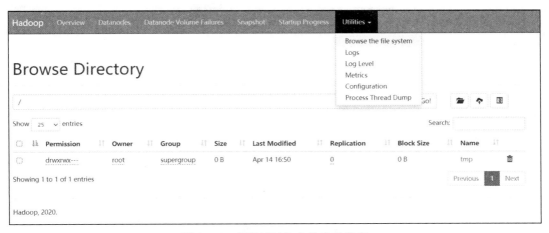

图 2-55 查看 HDFS 上的文件信息

2．YARN 监控

在浏览器的地址栏中输入"http://master:8088"，按 Enter 键即可看到 YARN 的监控界面，如图 2-56 所示。

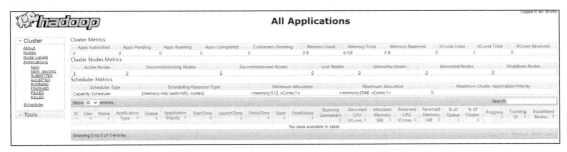

图 2-56 YARN 的监控界面

3．日志监控

在浏览器的地址栏中输入"http://master:19888"，按 Enter 键即可看到 Hadoop 的日志监控界面，如图 2-57 所示。

图 2-57 Hadoop 的日志监控界面

小结

本章首先介绍了虚拟机的安装及配置方法，重点介绍了设置固定 IP 地址、远程连接虚拟机以及配置本地 YUM 源及安装常用软件的方法；接着介绍了在 Linux 下 JDK 的安装过程；最后介绍了 Hadoop 完全分布式集群的搭建过程，详细讲解了如何修改 core-site.xml、hadoop-env.sh、yarn-env.sh、mapred-site.xml、yarn-site.xml、workers、hdfs-site.xml 配置文件，以及克隆虚拟机、配置 SSH 免密码登录、配置时间同步服务、启动和关闭 Hadoop 集群、监控 Hadoop 集群的操作。

实训

实训 1　修改 master 虚拟机的 IP 地址

1. 实训要点
（1）掌握 CentOS 7.8 的 Linux 系统网络配置方法。
（2）掌握 IP 地址的修改方法。

2. 需求说明
根据具体的集群搭建需求及不同的个人计算机，有些时候需要更改 Hadoop 集群的 IP 地址。请在搭建好的 master 虚拟机上修改 IP 地址，并测试修改 IP 地址后能否连接网络。

3. 实现思路及步骤
（1）开启 master 虚拟机。
（2）打开 master 虚拟机上的网络配置文件。
（3）修改 IP 地址。
（4）测试修改 IP 地址后能否连接网络。

实训 2　编写 Shell 脚本同步集群时间

1. 实训要点
（1）掌握 NTP 服务的启动与关闭方法。
（2）掌握集群同步时间的用法。

2. 需求说明
在集群节点较少的情况下，执行时间同步服务的操作并不会浪费多少时间，但是当集群节点非常多时，执行时间同步服务的操作所消耗的时间将变得很长。因此，为了简化时间同步服务的执行操作，请在 master 虚拟机的/usr/local/sbin 目录下，建立一个名称为 ntp_update 的空文件，编写同步集群时间服务的 Shell 脚本。

3. 实现思路及步骤
（1）以 master 节点作为 NTP 服务主节点。
（2）在从节点 slave1、slave2、slave3 上使用"systemctl stop ntpd"和"systemctl disable ntpd"命令，关闭 NTP 服务。
（3）在从节点 slave1、slave2、salve3 上使用"ntpdate master"命令，同步时间。
（4）在从节点 slave1、slave2、slave3 上使用"systemctl start ntpd"和"systemctl enable ntpd"命令，启动 NTP 服务。

第 2 章　Hadoop 集群的搭建及配置

课后习题

1. 选择题

（1）下列不属于 Hadoop 集群环境搭建模式的是（　　）。
  A. 单机环境　　　　　　　　　　B. 伪分布式环境
  C. 完全分布式环境　　　　　　　D. 嵌入式分布式环境

（2）配置 Hadoop 时，下列配置文件中包含 JAVA_HOME 变量的是（　　）。
  A. hadoop-default.xml　　　　　B. hadoop-env.sh
  C. hadoop-site.xml　　　　　　 D. configuration.xs

（3）在 CentOS 7.8 的 Linux 系统中，使用（　　）命令可以查看某个虚拟机的 IP 地址。
  A. service network restart　　B. ip addr
  C. service network start　　　D. ip

（4）yarn-site.xml 文件的作用是（　　）。
  A. 设置了 Hadoop 基本运行环境的配置
  B. 设置了 YARN 框架运行环境的配置
  C. 设置了 YARN 框架的相关配置
  D. 设置了 MapReduce 框架的相关配置

（5）现有一个节点，在节点中有解压的 Hadoop 安装包（未配置），若搭建包含 4 个节点的 Hadoop 集群，则下列选项中步骤正确的是（　　）。
  ① 克隆虚拟机
  ② 配置 SSH 免密码登录
  ③ 格式化 NameNode
  ④ 修改配置文件
  ⑤ 配置时间同步服务
  A. ④①②⑤③　　　　　　　　　　B. ③②①⑤④
  C. ⑤①③②④　　　　　　　　　　D. ②⑤④①③

（6）启动 Hadoop 集群的顺序是（　　）。
  ① start-dfs.sh
  ② start-yarn.sh
  ③ mr-jobhistory-daemon.sh start historyserver
  A. ①②③　　　B. ②①③　　　C. ③②①　　　D. ③①②

（7）下列关于 YUM 命令的 options 选项说法错误的是（　　）。
  A. -h：显示帮助信息　　　　　　B. -y：对所有的提问都回答 "yes"
  C. -c：指定配置文件　　　　　　D. -d：删除文件

（8）在 CentOS 7.8 的 Linux 系统中，ifcfg-ens33 配置文件的 BOOTPROTO 的值设置为 dhcp 时表示（　　）。
  A. 设置网卡绑定时通过动态主机配置协议的方法获得 IP 地址
  B. 设置网卡绑定时不使用任何协议

C. 设置网卡绑定时通过引导协议的方法获得 IP 地址

D. 设置网卡绑定时使用静态协议，此时 IP 地址需要自行设置

（9）以下不属于 Hadoop 配置文件的是（　　）。

  A. hadoop-site.xml   B. hdfs-site.xml

  C. mapred-site.xml   D. core-site.xml

（10）在 Hadoop 中，使用（　　）命令格式化 NameNode。

  A. hdfs namenode –format   B. start-format.sh

  C. start-mapred.sh   D. hadoop job -history outdir

2. 操作题

（1）请配置本地 YUM 源，使用本地 YUM 源查看所有可用的软件包信息，并检查是否有可用的 RPM 软件包有新的版本可以更新。

（2）启动 Hodoop 集群需要分别使用 "start-dfs.sh" "start-yarn.sh" "mr-jobhistory-daemon.sh start historyserver" 命令，关闭 Hodoop 集群则需要分别使用 "stop-yarn.sh" "stop-dfs.sh" "mr-jobhistory-daemon.sh stop historyserver" 命令，每次启动和关闭 Hadoop 集群都很烦琐。为了简化 Hodoop 集群的启动和关闭操作，请编写一个脚本控制 Hadoop 集群的启动与关闭。

第 3 章 Hadoop 基础操作

学习目标

（1）了解 Hadoop 安全模式。
（2）掌握查看、解除与开启 Hadoop 安全模式的操作。
（3）掌握查看 Hadoop 集群存储系统和计算资源信息的方法。
（4）了解 HDFS 分布式文件系统。
（5）掌握 HDFS 的基本操作。
（6）掌握提交 MapReduce 任务的基本操作。
（7）掌握多个 MapReduce 任务的管理方法。

任务背景

Hadoop 框架的核心设计为 HDFS 和 MapReduce，HDFS 负责数据的存储，MapReduce 则负责数据的计算。对海量数据进行计算前，数据的存储是一步必要的操作，因此，需要先掌握 HDFS 的基本操作方法。

通过网站用户日志的查询统计，可以有效遏制信息诈骗、网络诈骗等违法犯罪行为，推动建设平安中国，确保国家安全和社会稳定。某社交网站有数百万注册用户，网站的服务器上保留了用户登录网站的日志记录，用户每登录一次网站，服务器将在日志文件中记录一次用户的邮件地址。现有一份某社交网站在 2021 年某一天的原始日志文件 email_log.txt，共 800 万行记录，部分数据如表 3-1 所示。

表 3-1 某社交网站用户登录日志文件的部分数据

HillarSt@CardBlvdsnaase.no
p_b@Care2www.ro
su.h@UseNM.netloabat.no
adrienn_c@mailccszex.hu
CedricR@acmemail.com
Jilli_Cohen@NCTTA.orgpref.hyogo.jp
Robe_Peterson@AsianWiredVibo-Valentia.it
MClay@JesusAnswershorten.no
reginaada@FitMommiesoystre-slidre.no
vh@GAMPortlunner.no

Hadoop 大数据开发基础（第 2 版）（微课版）

社交网站的运营管理者希望能定期获得用户在某天的登录次数信息，将其作为用户行为分析的基础数据。因此，统计出日志文件中每个用户的登录次数，是一个急需实现的实际任务。日志文件中的数据是该社交网站一天的日志数据，如果处理一周或一个月的日志文件，那么数据量可能高达数千万或数亿条。当数据量较大时，传统数据库（如 MySQL）的处理能力局限性也比较大。对于海量数据的计算处理，以数据库服务器为主的传统方式已经难以满足需求。Hadoop 框架正是解决大数据计算的有效方案。Hadoop 有两大核心功能，即分布式存储与并行计算。即便在一般的服务器硬件环境下，Hadoop 也能发挥出积极的作用，因此本章将使用 Hadoop 框架实现社交网站的用户登录次数统计的任务。

搭建并配置好 Hadoop 集群后，本章将通过一个统计社交网站用户登录次数的实例任务，讲解 Hadoop 的基础操作。本章将首先介绍 Hadoop 的安全模式及其基本操作，包括查看、解除与开启安全模式；其次将介绍查看 Hadoop 集群基本信息的方法，重点介绍 HDFS 及其基本操作，再以 Hadoop 官方的示例程序包为例，介绍提交 MapReduce 任务至 Hadoop 集群运行的方法，并实现社交网站的用户登录次数统计任务；最后将介绍多个 MapReduce 任务运行时的管理方法，包括查询与中断 MapReduce 任务。

任务 3.1　认识 Hadoop 安全模式

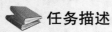

任务描述

安全模式是保证系统保密性、完整性及可使用性的一种机制，一定程度上可以防止系统里的资源遭到破坏、更改和泄露，使整个系统持续、可靠地正常运行。Hadoop 集群也有安全模式，在安全模式下可保证 Hadoop 集群中数据块的安全性。本节的任务是介绍 Hadoop 的安全模式，了解安全模式的作用，并学习查看、解除与开启安全模式的操作方法。

3.1.1　了解 Hadoop 安全模式

安全模式是 Hadoop 的保护机制，保障系统不受破坏。当处于安全模式时，文件系统只接收读数据的请求，而不接收删除、修改等变更请求。若没有安全模式，则 Hadoop 将处于不受保护的状态，可能存在如下安全风险。

（1）Hadoop 服务将不验证用户或其他服务。任何用户都可以访问 HDFS，这将使得 Hadoop 集群变成公共资源，所有用户都可以对集群里的目录或文件进行增、删、查、改，个人文件的私密性将毫无保障。

（2）攻击者可以伪装成 Hadoop 服务。例如，攻击者在 MapReduce 集群上运行的代码可以注册为一个新的任务跟踪器，潜入 Hadoop 集群，监控整个集群的文件或目录和监控集群的运行。

（3）DataNode 不会对节点上数据块的访问实施任何访问控制。未经授权的用户可以随时获取想要的数据块信息，只需要提供对应的数据块 ID，任何人都可以写任意数据到该节点。

如果没有安全模式，Hadoop 集群的使用风险是比较大的。因此，集群的安全机制是必要的。Hadoop 开发者设定了一个安全模式，说明如下。

- 用户只能访问有访问权限的 HDFS 目录或文件。
- 用户只能访问或修改自身的 MapReduce 任务。

第 3 章　Hadoop 基础操作

- 用户使用 Hadoop 集群的相关服务要进行身份验证，以防未经授权的 NameNode、DataNode、JobTracker 或 TaskTracker 服务。
- 服务与服务之间也需要相互认证，以防未经授权的服务。
- Kerberos 凭证的获取和使用对用户和应用程序是透明的，前提是操作系统在登录时为用户获取了 Kerberos 票证授予票证（Ticket-Granting Ticket，TGT）。（Kerberos 是一种计算机网络授权协议，使用在非安全网络中，对个人通信以安全的手段进行身份验证。）

3.1.2　查看、解除和开启 Hadoop 安全模式

Hadoop 安全模式可以保证集群中数据块的安全性，对 Hadoop 集群可以进行查看安全模式、解除和开启安全模式的操作。

1. 查看安全模式

当启动 Hadoop 集群时，集群会进入安全模式，主要是为了检查系统中 DataNode 上的数据块的数量和有效性。在 Linux 系统上启动 Hadoop 集群，启动完成后可以在本机浏览器的地址栏中输入 "http://master:9870" 并按 Enter 键，查看 HDFS 的监控服务，如图 3-1 所示。

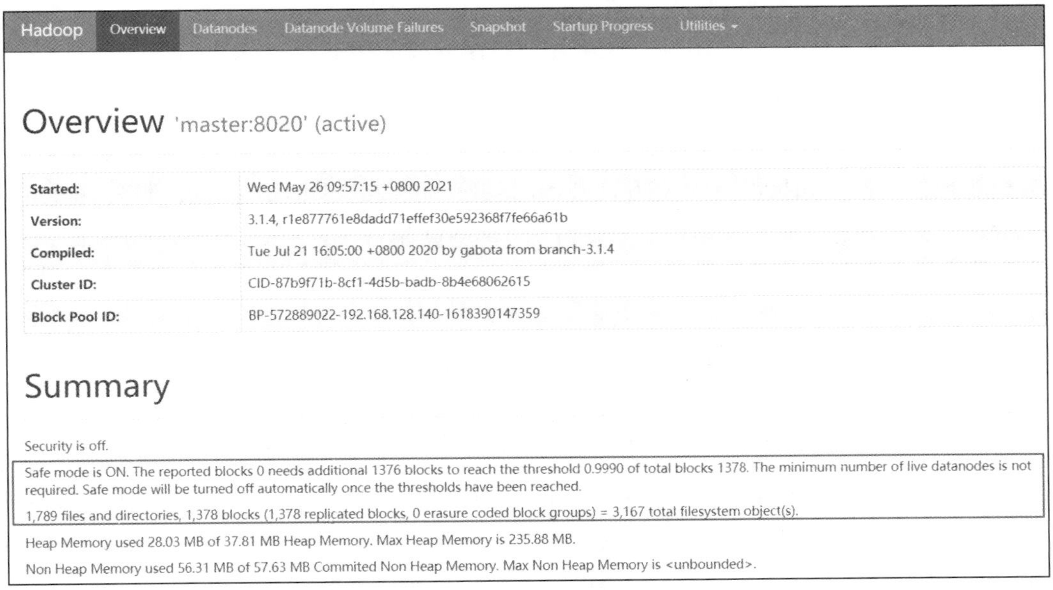

图 3-1　HDFS 的监控服务

图 3-1 中，Summary 模块下显示了安全模式信息，默认情况下刚开启集群时将自动开启安全模式，若显示"Safe mode is ON"，说明安全模式已启动。衔接的信息为"The reported blocks 0 needs additional 1376 blocks to reach the threshold 0.9990 of total blocks 1378. The minimum number of live datanodes is not required. Safe mode will be turned off automatically once the thresholds have been reached."，这段信息说明 "报告的数据块数是 0，如果要达到总数据块数 1378 中的 0.9990（即阈值）还需要额外的 1376 个数据块。不需要活动 DataNode 的最小数量。一旦达到阈值，即使用的数据块数达到总数据块数的 99.9%，安全模式将自动关闭。"

因为数据块还没有加载到阈值，所以集群处于安全模式。等待一段时间，再次刷新网

页，查看安全模式情况，将发现出现了"Safemode is off"，表示安全模式已自动关闭，如图 3-2 所示。

```
Summary
Security is off.
Safemode is off.
1,789 files and directories, 1,378 blocks (1,378 replicated blocks, 0 erasure coded block groups) = 3,167 total filesystem object(s).
Heap Memory used 20.54 MB of 39.93 MB Heap Memory. Max Heap Memory is 235.88 MB.
Non Heap Memory used 66.15 MB of 67.88 MB Commited Non Heap Memory. Max Non Heap Memory is <unbounded>.
```

图 3-2 刷新网页并查看安全模式情况

除了在 Web 端查看安全模式情况外，还可以在 Liunx 终端使用"hdfs dfsadmin -safemode get"命令查看安全模式情况，如图 3-3 所示。

```
[root@master ~]# hdfs dfsadmin -safemode get
Safe mode is OFF
[root@master ~]#
```

图 3-3 使用命令查看安全模式情况

2. 解除和开启安全模式

当启动 Hadoop 集群时，集群会开启安全模式，原因是 DataNode 的数据块数没有达到总数据块数的阈值。如果没有先关闭 Hadoop 集群，而直接关闭了虚拟机，那么 Hadoop 集群也会进入安全模式，保护系统。当再次开启 Hadoop 集群时，集群会一直处于安全模式，不会自动解除，这时使用"hdfs dfsadmin -safemode leave"命令可以解除安全模式，如图 3-4 所示。

```
[root@master ~]# hdfs dfsadmin -safemode leave
Safe mode is OFF
```

图 3-4 解除安全模式

使用"hdfs dfsadmin -safemode enter"命令则可以使集群进入安全模式。在安全模式中，用户只能读取 HDFS 上的数据，不能进行增加、修改等操作。例如，使用"hdfs dfs -mkdir /Hadoop"命令，在 HDFS 上创建一个/Hadoop 目录，系统将会提示集群处于安全模式，不能创建/Hadoop 目录，如图 3-5 所示。

```
[root@master ~]# hdfs dfsadmin -safemode enter
Safe mode is ON
[root@master ~]# hdfs dfs -mkdir /Hadoop
mkdir: Cannot create directory /Hadoop. Name node is in safe mode.
```

图 3-5 进入安全模式

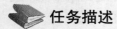 查看 Hadoop 集群的基本信息

任务描述

Hadoop 集群有两大核心功能，即分布式存储与并行计算。在向 Hadoop 集群提交任务

前，需要先了解集群的存储系统与计算资源。Hadoop 集群的数据存储是通过 HDFS 实现的。HDFS 是由一个 NameNode 与多个 DataNode 组成的。查看 HDFS 的信息有两种方式，分别是命令行方式与浏览器方式。Hadoop 集群的计算资源也是分布在集群的各个节点上的，通过 ResourceManager 与 NodeManager 协同调配。一般可以通过浏览器访问 ResourceManager 的监控服务端口查询 Hadoop 集群的计算资源信息。本节的任务是查询集群的存储系统信息与计算资源信息。

3.2.1 查询集群的存储系统信息

当 HDFS 启动时，在服务器集群上也将启动相关的监控服务。通过这些监控服务，即可查询到大量与 HDFS 相关的信息。HDFS 的监控服务默认是通过 NameNode 的 9870 端口进行访问的。

NameNode Web UI 界面说明

在本机浏览器的地址栏中输入"http://master:9870"并按 Enter 键，查看当前 HDFS 的基本统计信息，如图 3-6 所示。

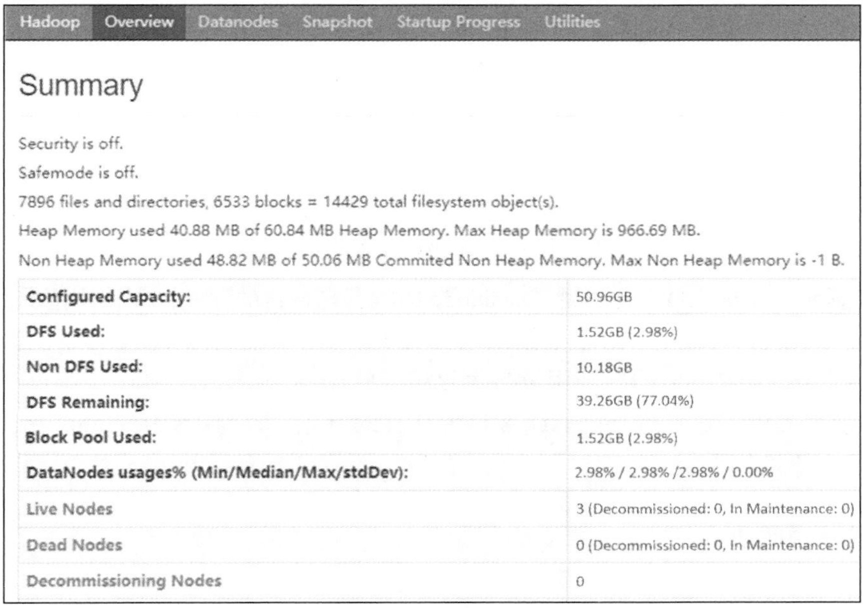

图 3-6　HDFS 的基本统计信息

图 3-6 所示的页面中，HDFS 的基本统计信息说明如下。

（1）Configured Capacity：表示已配置的文件系统存储总量，目前为 50.96GB。
（2）DFS Used：表示已使用的 HDFS 存储总量，目前为 1.52GB。
（3）Non DFS Used：表示被非 HDFS 的应用所占用的存储总量，目前为 10.18GB。
（4）DFS Remaining：表示 HDFS 可使用的存储总量，目前为 39.26GB。
（5）Live Nodes：表示在线 DataNode，目前共有 3 个。

各存储容量之间的关系为 Configured Capacity 的容量为 DFS Used、Non DFS Used 和 DFS Remaining 的容量之和。

继续单击页面中的"Datanodes"，可以查看各 DataNode 的存储信息，如图 3-7 所示。

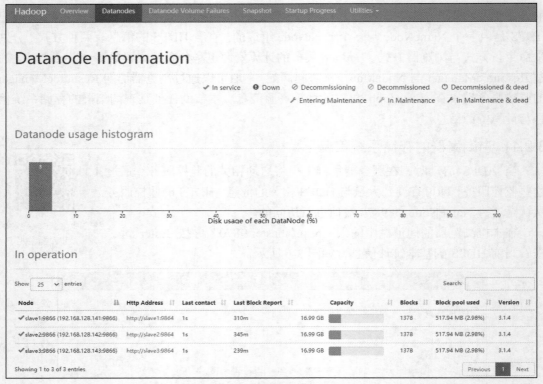

图 3-7 各 DataNode 的存储信息

图 3-7 显示了组成 HDFS 的 3 个 DataNode 的状态与各自的存储空间使用情况。在 HDFS 中，数据是分块进行存储的，每个数据块默认有 3 个副本，即每个 DataNode 上存储一份数据副本，因此各 DataNode 的存储用量是大致相等的。

Hadoop 也提供了命令行查询 HDFS 资源信息的方式，即"hdfs dfsadmin -report"命令，该命令的基本语法如下。

```
hdfs dfsadmin -report [-live] [-dead] [-decommissioning]
```

各子选项说明如下。

（1）-report：输出文件系统的基本信息及相关数据统计。

（2）-report -live：输出文件系统中在线节点的基本信息及相关数据统计。

（3）-report -dead：输出文件系统中失效节点的基本信息及相关数据统计。

（4）-report -decommissioning：输出文件系统中停用节点的基本信息及相关数据统计。

例如，在 master 节点中，使用"hdfs dfsadmin -report -live"命令查看 HDFS 在线 DataNode 的基本信息，结果如表 3-2 所示。

表 3-2 显示 HDFS 在线 DataNode 的基本信息

Configured Capacity: 54716792832 (50.96 GB)
Present Capacity: 43781386240 (40.77 GB)
DFS Remaining: 42152087552 (39.26 GB)
DFS Used: 1629298688 (1.52 GB)
DFS Used%: 3.72%

续表

Replicated Blocks:
    Under replicated blocks: 2
    Blocks with corrupt replicas: 0
    Missing blocks: 0
    Missing blocks (with replication factor 1): 0
    Low redundancy blocks with highest priority to recover: 0
    Pending deletion blocks: 0
Erasure Coded Block Groups:
    Low redundancy block groups: 0
    Block groups with corrupt internal blocks: 0
    Missing block groups: 0
    Low redundancy blocks with highest priority to recover: 0
    Pending deletion blocks: 0

Live datanodes (3):

Name: 192.168.128.131:9866 (slave1)
Hostname: slave1
Decommission Status : Normal
Configured Capacity: 18238930944 (16.99 GB)
DFS Used: 543096832 (517.94 MB)
Non DFS Used: 3656306688 (3.41 GB)
DFS Remaining: 14039527424 (13.08 GB)
DFS Used%: 2.98%
DFS Remaining%: 76.98%
Configured Cache Capacity: 0 (0 B)
Cache Used: 0 (0 B)
Cache Remaining: 0 (0 B)
Cache Used%: 100.00%
Cache Remaining%: 0.00%
Xceivers: 1
Last contact: Wed May 26 16:06:09 CST 2021
Last Block Report: Wed May 26 10:53:16 CST 2021
Num of Blocks: 1378

Name: 192.168.128.132:9866 (slave2)
Hostname: slave2
Decommission Status : Normal
Configured Capacity: 18238930944 (16.99 GB)
DFS Used: 543100928 (517.94 MB)
Non DFS Used: 3639062528 (3.39 GB)
DFS Remaining: 14056767488 (13.09 GB)
DFS Used%: 2.98%
DFS Remaining%: 77.07%
Configured Cache Capacity: 0 (0 B)
Cache Used: 0 (0 B)
Cache Remaining: 0 (0 B)
Cache Used%: 100.00%
Cache Remaining%: 0.00%
Xceivers: 1

续表

Last contact: Wed May 26 16:06:07 CST 2021
Last Block Report: Wed May 26 10:18:32 CST 2021
Num of Blocks: 1378

Name: 192.168.128.133:9866 (slave3)
Hostname: slave3
Decommission Status : Normal
Configured Capacity: 18238930944 (16.99 GB)
DFS Used: 543100928 (517.94 MB)
Non DFS Used: 3640037376 (3.39 GB)
DFS Remaining: 14055792640 (13.09 GB)
DFS Used%: 2.98%
DFS Remaining%: 77.06%
Configured Cache Capacity: 0 (0 B)
Cache Used: 0 (0 B)
Cache Remaining: 0 (0 B)
Cache Used%: 100.00%
Cache Remaining%: 0.00%
Xceivers: 1
Last contact: Wed May 26 16:06:09 CST 2021
Last Block Report: Wed May 26 12:04:35 CST 2021
Num of Blocks: 1378

表 3-2 显示了当前 HDFS 及在线 DataNode 的基本信息。
（1）文件系统的存储总量为 50.96GB。
（2）可使用的存储总量为 39.26GB。
（3）已使用的存储总量为 1.52GB。
（4）在线 DataNode 共有 3 个。
（5）各 DataNode 的 IP 地址与 Hostname 信息。
（6）各 DataNode 的可使用存储总量及所占比例。

通过查询 HDFS 在线 DataNode 的基本信息，可以确定在当前 Hadoop 集群的 HDFS 中共有 3 个可用的数据存储节点，即 3 个 DataNode，可使用的存储总量为 39.26GB。而每个 DataNode 的存储量则需要参考 HDFS 数据副本的备份策略，在 Hadoop 集群的搭建过程中，配置文件 hdfs-site.xml 已指定了数据块的副本数为 3，因此，可以推算出每个 DataNode 实际可供使用的存储点量约为 13GB。

通过查询 HDFS 在线 DataNode 的基本信息，可初步了解当前文件系统的基本情况。若发现 HDFS 的 NameNode 和 DataNode 有异常情况，则需要相关技术人员采取对应的措施。例如，若发现 HDFS 可使用的存储容量不足 5%，则需要考虑对 HDFS 的存储容量进行扩充。

3.2.2　查询集群的计算资源信息

Hadoop 集群的计算资源是由 YARN 资源管理器的 ResourceManager 进行管理的。通过 ResourceManager 的监控服务，可以方便地查询目前集群上的计算资源信息。在本机浏览器的地址栏中输入 http://master:8088/cluster/nodes 并按 Enter 键，查看当前 Hadoop 集群的计算资源信息，如图 3-8 所示。

第 3 章　Hadoop 基础操作

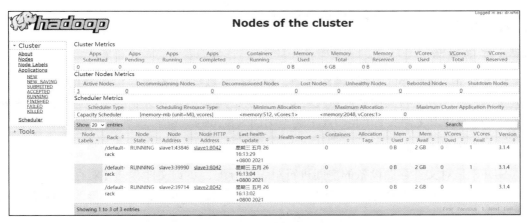

图 3-8　Hadoop 集群的计算资源信息

图 3-8 所示的页面中，Hadoop 集群的计算资源信息说明如下。

（1）Active Nodes：表示在线的计算节点，目前为 3 个。
（2）Memory Total：表示可使用的内存总量，目前为 6GB。
（3）VCores Total：表示总的 CPU 核心，目前为 3 个。
（4）Rack：表示机架名称，默认机架名称为 default-rack。
（5）Node Address：表示计算节点的名称及端口。
（6）Containers：表示执行计算任务的容器数量，无任务时值为 0。
（7）Mem Used 与 Mem Avail：表示实际内存使用空间与可用内存的空间。
（8）VCores Used 与 VCores Avail：表示实际 CPU 核心使用数量与可用 CPU 核心的数量。

根据图 3-8 所示的各项信息，即可初步了解当前 Hadoop 集群的计算资源情况，主要包括集群上的可用计算节点、可用的 CPU 核心与内存以及各个节点自身的 CPU 及内存资源。在该 Hadoop 集群中，有 3 个可用的计算节点，可用的内存总量为 6GB，可用的 CPU 核心有 3 个，其中每个节点各有 2GB 的内存与 1 个 CPU 核心。

继续单击图 3-8 所示的页面中的 "slave1:8042" 超链接，可以查看计算节点 slave1 的计算资源信息，如图 3-9 所示。

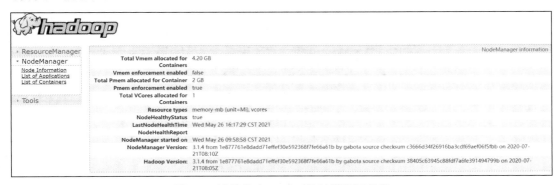

图 3-9　计算节点 slave1 的计算资源信息

任务 3.3　上传文件到 HDFS 目录

任务描述

HDFS 是 Hadoop 的核心组件之一，负责文件数据的存储。本节的任务首先是了解 HDFS，以及 HDFS 与其他文件系统之间的关系；其次介绍 HDFS 的基本操作并将存储在 Linux 本地的日志文件 email_log.txt 上传至 HDFS 的/user/root/目录下。

3.3.1　了解 HDFS

HDFS 是对文件存储设备的空间进行组织和分配，负责文件存储并对存入的文件进行保护和检索的系统。具体地说，HDFS 负责为用户创建、写入、读出、修改和存储文件，删除文件等。

个人计算机大部分使用 Windows 操作系统，其文件系统让使用者将文件存储在磁盘驱动器（如 D 盘、E 盘）中。在大部分企业服务器中，更多的是使用 Linux 操作系统，Linux 文件系统以及类 Linux 的文件系统均提供了树状的文件目录结构，可以供使用者存储或读取文件。Hadoop 集群也有专有的文件系统 HDFS，HDFS 也使用了类 Linux 的目录结构进行文件存储。这里以第 2 章搭建及配置的 Hadoop 集群为例，介绍 HDFS 与本地计算机的文件系统、Linux 本地的文件系统之间的关系，如图 3-10 所示。通过虚拟化软件 VMware，在本地磁盘上安装并配置了多台 Linux 虚拟机，不同的 Linux 虚拟机都有各自独立的文件系统，

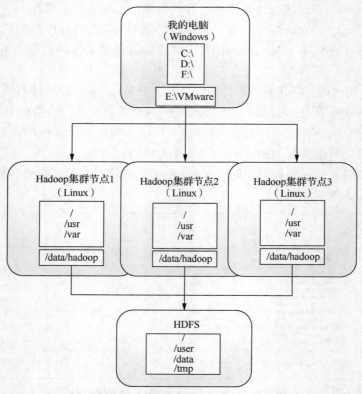

图 3-10　HDFS 与本地计算机的文件系统、Linux 本地的文件系统之间的关系

第 3 章　Hadoop 基础操作

其中包括"/""/var"与"/usr"等文件目录。再通过安装 Hadoop 软件，在这些服务器节点上搭建了 Hadoop 集群，集群的一个重要组件就是 HDFS，HDFS 则是构建在服务器节点指定的目录/data/hadoop 上的。在实际工作环境中，这 3 种文件系统是独立运行的，不同系统间的数据传输可以通过工具或命令实现。

在使用 HDFS 前，需要对 HDFS 所存储的内容有一定的了解，可以通过浏览 HDFS 目录结构与文件列表进行查看。在本机浏览器的地址栏中输入"http://master:9870"并按 Enter 键，远程访问 HDFS 的监控服务端口。当需要访问 HDFS 上的目录及文件时，可以单击网页中的"Utilities"，在下拉菜单中选择"Browse the file system"，如图 3-11 所示。

图 3-11　访问 HDFS 上的目录及文件

与 Linux 文件系统相似，根目录"/"是 HDFS 所有目录的起始点。HDFS 的根目录"/"下的目录列表如图 3-12 所示。

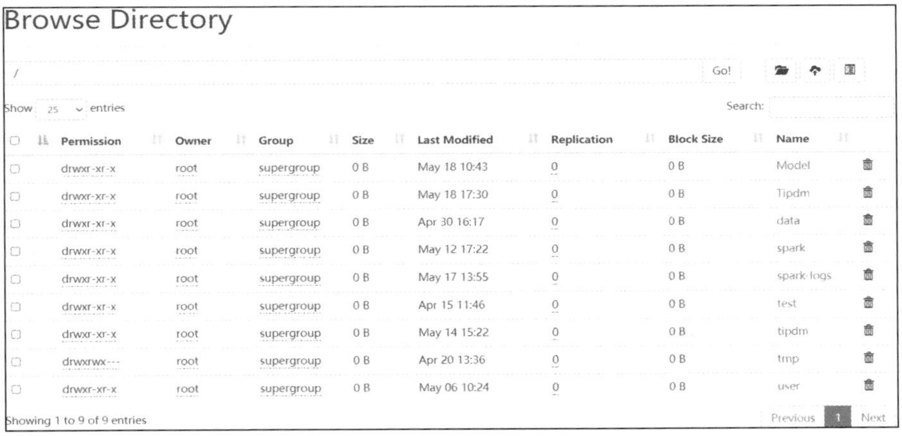

图 3-12　HDFS 的根目录"/"下的目录列表

继续单击图 3-12 中的"test"，可以浏览/test 目录下的内容，如图 3-13 所示。

图 3-13　HDFS 的/test 目录下的内容

63

图 3-13 显示了 HDFS 的/test 目录下的内容，此目录下有一个文件 1.txt。以此类推，可以通过单击界面上的目录链接，浏览更多的子目录。

继续单击图 3-13 中的"1.txt"，在弹出的新窗口中单击"Head the file(first 32K)"，将在窗口下方显示"File contents"文本框，该文本框中显示文件前 32KB 的内容，如图 3-14 所示。

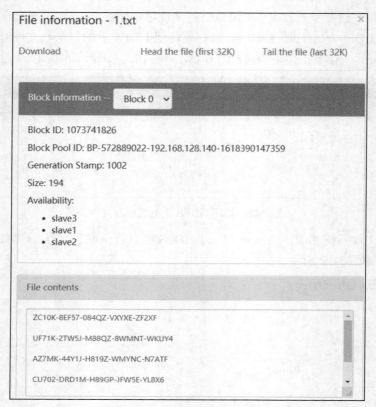

图 3-14　文件 1.txt 的部分内容

假定已有数据文件 data.txt，存储在本地计算机（Windows/macOS 系统）的 E 盘中，现需要将该数据文件上传至 HDFS 的/user/root 目录下，常用的方法如图 3-15 所示。

图 3-15　文件由本地计算机上传到 HDFS

文件上传的流程如下。

（1）在本地计算机中使用 SSH 或 FTP（File Transfer Protocol，文件传输协议）工具上传文件至 Linux 本地的目录（master 节点），如/root/hadoop/目录。

（2）在 master 节点终端，使用 HDFS 命令，上传文件至 HDFS 的/user/root/目录下。

同理，也可以通过逆向操作进行文件的下载，即将 HDFS 上的文件下载至本地计算机中。为实现第（2）步中的 HDFS 文件上传操作，将在 3.3.2 小节中继续学习 HDFS 的基本操作。

3.3.2　HDFS 的基本操作

对于 HDFS 的基本操作，可以通过 HDFS 命令行实现。在集群服务器的终端，通过"hdfs dfs"命令即可完成对 HDFS 目录及文件的管理操作，包括创建目录、上传文件与下载文件、查看文件内容、删除文件或目录等。

HDFS 基本操作

1. 创建目录

在集群服务器的终端，输入"hdfs dfs"命令，按 Enter 键后即可看到 HDFS 基础操作命令的使用帮助信息，其中的"[-mkdir [-p] <path>...]"命令可用于创建目录，参数 path 用以指定创建的新目录。在 HDFS 中创建/user/dfstest 目录，如代码 3-1 所示。

代码 3-1　创建目录

```
hdfs dfs -mkdir /user/dfstest
```

查看在 HDFS 目录/user/下的文件列表，结果如图 3-16 所示，可看到新创建的目录。

图 3-16　查看新创建的目录

"hdfs dfs -mkdir <path>"命令只能逐级地创建目录，如果父目录不存在，那么使用该命令将会报错。例如，创建/user/test/example 目录，若 example 的父目录 test 不存在，则执行"hdfs dfs -mkdir /user/test/example"命令将会报错。若加上-p，则可以同时创建多级目录。如代码 3-2 所示，同时创建父目录 test 和子目录 example。

代码 3-2　创建多级目录

```
hdfs dfs -mkdir -p /user/test/example
```

2. 上传文件与下载文件

创建新目录/user/dfstest 后，即可向该目录上传文件。通过"hdfs dfs"命令查看上传文件命令的使用帮助信息，如表 3-3 所示。

表 3-3　文件上传命令

命令	解释
hdfs dfs [-copyFromLocal [-f] [-p] [-l] <localsrc> ... <dst>]	将文件从本地文件系统复制到 HDFS，主要参数 localsrc 为本地文件路径，dst 为复制的目标路径

续表

命令	解释
hdfs dfs [-moveFromLocal <localsrc> ... <dst>]	将文件从本地文件系统移动到 HDFS，主要参数 localsrc 为本地文件路径，dst 为移动的目标路径
hdfs dfs [-put [-f] [-p] [-l] <localsrc> ... <dst>]	将文件从本地文件系统上传到 HDFS，主要参数 localsrc 为本地文件路径，dst 为上传的目标路径

分别使用表 3-3 中的 3 个命令，以 master 中的本地文件 a.txt 为例（文件内容如表 3-4 所示），将其上传至 HDFS 的/user/dfstest 目录下，如代码 3-3 所示，其中后两个命令对上传至 HDFS 的文件进行了重命名。

表 3-4　a.txt 文件内容

I have a pen
I have an apple

代码 3-3　文件上传

```
hdfs dfs -copyFromLocal a.txt /user/dfstest/
hdfs dfs -put a.txt /user/dfstest/c.txt
hdfs dfs -moveFromLocal a.txt /user/dfstest/b.txt
```

运行代码 3-3 后，在/user/dfstest 目录下可以看到图 3-17 所示的 3 个文件。注意，在代码 3-3 所示的第 3 个命令中，-moveFromLocal 用于将本地文件移动到 HDFS，即执行命令后 Linux 系统中的本地文件 a.txt 将被删除。

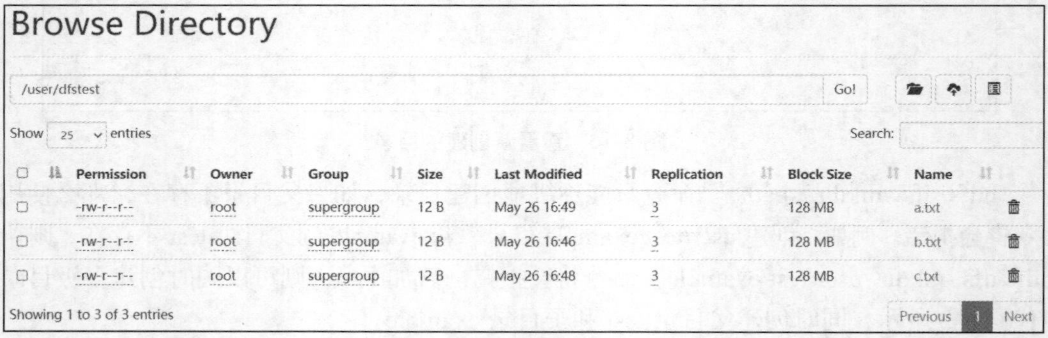

图 3-17　文件上传后的结果

同理，通过 "hdfs dfs" 命令可以查看下载文件命令的使用帮助信息，如表 3-5 所示。

表 3-5　文件下载命令

命令	解释
hdfs dfs [-copyToLocal [-p] [-ignoreCrc] [-crc] <src>... <localdst>]	将文件从 HDFS 复制到本地文件系统，主要参数 src 为 HDFS 文件路径，localdst 为本地系统文件路径
hdfs dfs [-get [-p] [-ignoreCrc] [-crc] <src>...<localdst>]	获取 HDFS 上指定路径的文件到本地文件系统，主要参数 src 为 HDFS 文件路径，localdst 为本地系统文件路径

第 3 章　Hadoop 基础操作

分别使用表 3-5 中的两个命令下载 HDFS 的/user/dfstest 目录中的 a.txt 和 c.txt 文件至 Linux 本地目录/data/hdfs_test/中，如代码 3-4 所示。

代码 3-4　文件下载

```
hdfs dfs -copyToLocal /user/dfstest/a.txt /data/hdfs_test/
hdfs dfs -get /user/dfstest/c.txt /data/hdfs_test/
```

3. 查看文件内容

当用户想查看某个文件内容时，可以直接使用 HDFS 命令。HDFS 提供了两个查看文件内容的命令，如表 3-6 所示。

表 3-6　查看文件内容命令

命令	解释
hdfs dfs [-cat [-ignoreCrc] <src> ...]	输出 HDFS 文件内容，主要参数 src 用于指定文件路径
hdfs dfs [-tail [-f] <file>]	输出 HDFS 文件最后 1024B 的内容，主要参数 file 用于指定文件

分别使用表 3-6 中的两个命令查看 HDFS 的/user/dfstest 目录下文件 a.txt 和 b.txt 的具体内容，如代码 3-5 所示。

代码 3-5　查看文件内容

```
hdfs dfs -cat /user/dfstest/a.txt
hdfs dfs -tail /user/dfstest/b.txt
```

结果如图 3-18 所示。

```
[root@master hdfs_test]# hdfs dfs -cat /user/dfstest/a.txt
I have a pen
I have an apple
[root@master hdfs_test]# hdfs dfs -tail /user/dfstest/b.txt
I have a pen
I have an apple
```

图 3-18　查看文件内容

4. 删除文件或目录

当 HDFS 上的某个文件或目录被确认不再需要时，可以选择删除，释放 HDFS 的存储空间。在 HDFS 的命令帮助文档中，HDFS 主要提供了两个删除文件或目录的命令，如表 3-7 所示。

表 3-7　删除文件或目录命令

命令	解释
hdfs dfs [-rm [-f] [-r|-R] [-skipTrash] <src> ...]	删除 HDFS 上的文件，主要参数 src 用于指定删除文件的路径
hdfs dfs [-rmdir [--ignore-fail-on-non-empty] <dir> ...]	若删除的是一个目录，则可以用该命令，主要参数 dir 用于指定目录路径

先在 HDFS 的/user/dfstest 目录下创建一个测试目录 rmdir，再使用表 3-7 中的两个命令分别删除/user/dfstest 目录下的 c.txt 文件和新创建的 rmdir 目录，如代码 3-6 所示。

代码3-6 删除文件或目录

```
hdfs dfs -mkdir /user/dfstest/rmdir
hdfs dfs -rm /user/dfstest/c.txt
hdfs dfs -rmdir /user/dfstest/rmdir
```

执行删除命令后，查看 HDFS 的/user/dfstest 目录下的内容，结果如图 3-19 所示，说明已成功删除 c.txt 文件和 rmdir 目录。

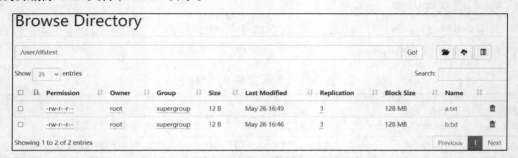

图 3-19 删除文件或目录后的结果

3.3.3 任务实现

将用户日志文件 email_log.txt 上传至 HDFS 的/user/root/目录，并在 Web 端查看上传结果，实现步骤如下。

（1）将本地计算机中的用户日志文件 email_log.txt 上传至 Linux 本地的/root/hadoop/目录。

（2）打开 Xmanager 附带的文件传输工具 Xftp，连接集群服务器的 master 节点，在左侧的本地计算机的文件系统中找到将要上传的文件，如图 3-20 所示。

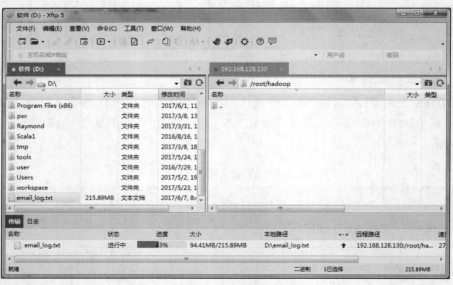

图 3-20 从本地计算机上传文件到集群服务器节点

（3）在 master 节点上执行 HDFS 命令，上传 email_log.txt 至 HDFS 的/user/root/目录，如代码 3-7 所示。

代码 3-7　上传 email_log.txt 至 HDFS 的/user/root/目录

```
hdfs dfs -put /root/hadoop/email_log.txt /user/root/
```

（4）查看 HDFS 的/user/root/目录，如图 3-21 所示，email_log.txt 文件上传成功。

Permission	Owner	Group	Size	Last Modified	Replication	Block Size	Name
drwxr-xr-x	root	supergroup	0 B	May 17 13:55	0	0 B	.sparkStaging
-rw-r--r--	root	supergroup	182.59 KB	Apr 25 15:26	3	128 MB	Employee_salary_first_half.csv
-rw-r--r--	root	supergroup	182.73 KB	Apr 25 15:26	3	128 MB	Employee_salary_second_half.csv
drwxr-xr-x	root	supergroup	0 B	May 13 17:02	0	0 B	Top10
-rw-r--r--	root	supergroup	54 B	Apr 27 14:56	3	128 MB	edges.txt
-rw-r--r--	root	supergroup	215.89 MB	May 26 17:09	3	128 MB	email_log.txt

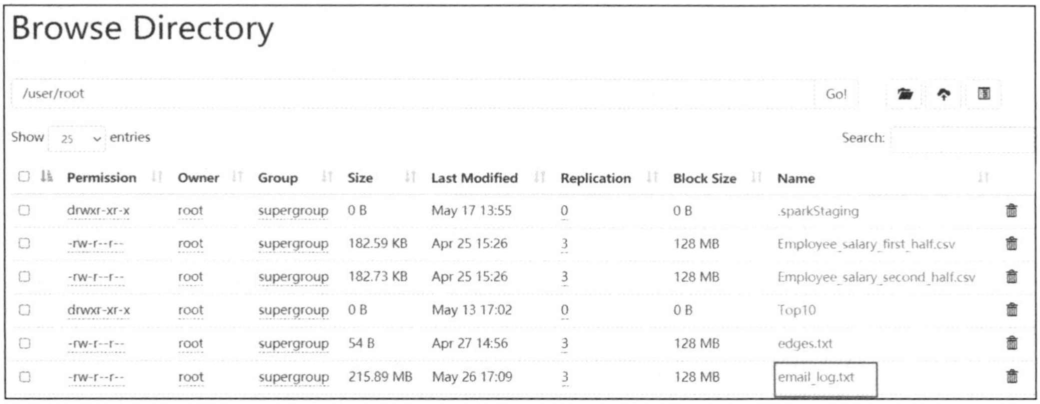

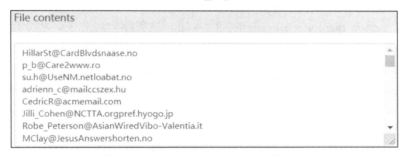

图 3-21　查看 HDFS 的/user/root/目录

（5）查看 HDFS 的/user/root/目录下 email_log.txt 文件的内容，如图 3-22 所示。

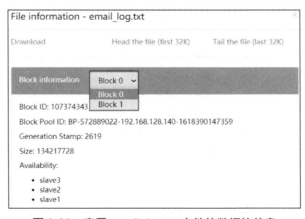

图 3-22　查看 email_log.txt 文件的内容

在该文件页面单击“Block information”旁边下拉列表框，可选择切换文件存储的板块，如图 3-23 所示。email_log.txt 文件上传时被分为 2 个数据块进行存储，每个数据块都有 3 个副本，分别存储在 3 个不同的 DataNode 上。

图 3-23　查看 email_log.txt 文件的数据块信息

Hadoop 3.x 默认设置的 HDFS 数据块大小为 128MB，email_log.txt 文件的原始大小为 216MB，因此 email_log.txt 文件被拆分为 2 个数据块。这 2 个数据块累计占用了 256MB 的存储空间。举一个极端的例子，如果需要存储一个只有 1KB 的文件，HDFS 也会分配一个 128MB 的数据块空间存储该文件。HDFS 本身的优势是存储大数据文件，若存储大量的小文件则会造成资源的浪费。

任务 3.4 运行首个 MapReduce 任务

任务描述

MapReduce 是 Hadoop 的数据处理引擎，是运算程序的核心。Hadoop 官方提供了一个 hadoop-mapreduce-examples-3.1.4.jar 示例程序包给使用者初步运行 MapReduce 任务。在该示例程序包中，存在一个词频统计模块，调用该模块即可完成用户登录次数统计任务。本节的任务是运行首个 MapReduce 任务，并对 HDFS 的/user/root/目录下的日志文件 email_log.txt 进行计算，调用官方示例程序包中的词频统计模块统计出每个用户的登录次数。

3.4.1 了解 Hadoop 官方的示例程序包

在 Linux 本地的$HADOOP_HOME/share/hadoop/mapreduce/目录下可以找到 Hadoop 官方示例程序包 hadoop-mapreduce-examples-3.1.4.jar。该程序包封装了一些常用的测试模块，如表 3-8 所示。

表 3-8 Hadoop 官方示例程序包中的测试模块

模块名称	内 容
multifilewc	统计多个文件中单词的数量
pi	应用拟蒙特卡罗（Quasi-Monte Carlo）方法估算圆周率 π 的值
randomtextwriter	在每个 DataNode 随机生成一个 10GB 的文本文件
wordcount	对输入文件中的单词进行频数统计
wordmean	计算输入文件中单词的平均长度
wordmedian	计算输入文件中单词长度的中位数
wordstandarddeviation	计算输入文件中单词长度的标准差

在测试模块列表中，模块 wordcount 正好适合对 email_log.txt 日志文件中的数据进行登录次数的统计。

MapReduce 任务
提交命令说明

3.4.2 提交 MapReduce 任务给集群运行

提交 MapReduce 任务，通常使用"hadoop jar"命令。"hadoop jar"命令的基本语法如下。

```
hadoop jar <jar> [mainClass] args
```

因为"hadoop jar"命令的附带参数较多，所以需要结合实际任务，对该命令的各项参数依次进行说明。使用"hadoop jar"命令对 email_log.txt 日志文件中的数据进行登录次数的统计，如代码 3-8 所示。

第 3 章　Hadoop 基础操作

代码 3-8　使用"hadoop jar"命令提交 MapReduce 任务

```
hadoop jar \
$HADOOP_HOME/share/hadoop/mapreduce/hadoop-mapreduce-examples-3.1.4.jar \
wordcount \
/user/root/email_log.txt \
/user/root/output
```

代码 3-8 所示的"hadoop jar"命令的常用参数说明如下。

（1）$HADOOP_HOME：指主机中设置的环境变量（参考/etc/profile 文件的内容）。此处的$HADOOP_HOME 指的是 Linux 本地的/usr/local/hadoop-3.1.4 目录。

（2）hadoop-mapreduce-examples-3.1.4.jar：Hadoop 官方提供的示例程序包，其中包括词频统计模块（wordcount）。

（3）wordcount：程序包中的主类名称。

（4）/user/root/email_log.txt：HDFS 上的输入文件名称。

（5）/user/root/output：HDFS 上的输出文件目录。

理解了"hadoop jar"命令的各项参数后，即可向集群提交 MapReduce 任务。

运行代码 3-8，输出的日志信息如表 3-9 所示。

表 3-9　输出的日志信息

2021-05-26　17:57:39,167　INFO　client.RMProxy: Connecting to ResourceManager at master/192.168.128.130:8032

2021-05-26　17:57:40,090　INFO　mapreduce.JobResourceUploader: Disabling Erasure Coding for path: /tmp/hadoop-yarn/staging/root/.staging/job_1621994265091_0001

2021-05-26 17:57:40,535 INFO input.FileInputFormat: Total input files to process : 1

2021-05-26 17:57:40,649 INFO mapreduce.JobSubmitter: number of splits:2

2021-05-26　17:57:40,966　INFO　mapreduce.JobSubmitter: Submitting tokens for job: job_1621994265091_0001

2021-05-26 17:57:40,968 INFO mapreduce.JobSubmitter: Executing with tokens: []

2021-05-26 17:57:41,209 INFO conf.Configuration: resource-types.xml not found

2021-05-26 17:57:41,209 INFO resource.ResourceUtils: Unable to find 'resource-types.xml'.

2021-05-26　17:57:41,733　INFO　impl.YarnClientImpl: Submitted application application_1621994265091_0001

2021-05-26　17:57:41,799　INFO　mapreduce.Job: The url to track the job: http://master:8088/proxy/application_1621994265091_0001/

2021-05-26 17:57:41,799 INFO mapreduce.Job: Running job: job_1621994265091_0001

2021-05-26 17:57:53,995 INFO mapreduce.Job: Job job_1621994265091_0001 running in uber mode : false

2021-05-26 17:57:53,999 INFO mapreduce.Job:　　map 0% reduce 0%

2021-05-26 17:58:14,187 INFO mapreduce.Job:　　map 28% reduce 0%

2021-05-26 17:58:15,201 INFO mapreduce.Job:　　map 61% reduce 0%

2021-05-26 17:58:18,233 INFO mapreduce.Job:　　map 78% reduce 0%

2021-05-26 17:58:20,260 INFO mapreduce.Job:　　map 85% reduce 0%

2021-05-26 17:58:23,279 INFO mapreduce.Job:　　map 100% reduce 0%

2021-05-26 17:58:33,795 INFO mapreduce.Job:　　map 100% reduce 100%

2021-05-26 17:58:33,807 INFO mapreduce.Job: Job job_1621994265091_0001 completed successfully

2021-05-26 17:58:33,913 INFO mapreduce.Job: Counters: 53

　　File System Counters

续表

    FILE: Number of bytes read=416431057
    FILE: Number of bytes written=585286936
    FILE: Number of read operations=0
    FILE: Number of large read operations=0
    FILE: Number of write operations=0
    HDFS: Number of bytes read=226383985
    HDFS: Number of bytes written=114167885
    HDFS: Number of read operations=11
    HDFS: Number of large read operations=0
    HDFS: Number of write operations=2
Job Counters
    Launched map tasks=2
    Launched reduce tasks=1
    Data-local map tasks=2
    Total time spent by all maps in occupied slots (ms)=189408
    Total time spent by all reduces in occupied slots (ms)=53324
    Total time spent by all map tasks (ms)=47352
    Total time spent by all reduce tasks (ms)=13331
    Total vcore-milliseconds taken by all map tasks=47352
    Total vcore-milliseconds taken by all reduce tasks=13331
    Total megabyte-milliseconds taken by all map tasks=96976896
    Total megabyte-milliseconds taken by all reduce tasks=27301888
Map-Reduce Framework
    Map input records=8000000
    Map output records=8000000
    Map output bytes=250379675
    Map output materialized bytes=168189616
    Input split bytes=214
    Combine input records=12301355
    Combine output records=9352725
    Reduce input groups=3896706
    Reduce shuffle bytes=168189616
    Reduce input records=5051370
    Reduce output records=3896706
    Spilled Records=17558337
    Shuffled Maps =2
    Failed Shuffles=0
    Merged Map outputs=2
    GC time elapsed (ms)=1209
    CPU time spent (ms)=41140
    Physical memory (bytes) snapshot=702377984
    Virtual memory (bytes) snapshot=10800414720
    Total committed heap usage (bytes)=521936896
    Peak Map Physical memory (bytes)=206540800
    Peak Map Virtual memory (bytes)=3598184448
    Peak Reduce Physical memory (bytes)=309469184
    Peak Reduce Virtual memory (bytes)=3604045824
Shuffle Errors

续表

```
        BAD_ID=0
        CONNECTION=0
        IO_ERROR=0
        WRONG_LENGTH=0
        WRONG_MAP=0
        WRONG_REDUCE=0
    File Input Format Counters
        Bytes Read=226383771
    File Output Format Counters
        Bytes Written=114167885
```

表 3-9 显示了执行 MapReduce 任务时的日志输出信息，其中的一些关键信息有助于用户检查 MapReduce 任务执行的过程与状态。

（1）job_1621994265091_0001：表示此项任务的 ID，通常也被称为作业号。

（2）2021-05-26 17:57:53,999 INFO mapreduce.Job: map 0% reduce 0%：表示将开始 Map 操作和 Reduce 操作。

（3）2021-05-26 17:58:23,279 INFO mapreduce.Job: map 100% reduce 0%：表示 Map 操作完成。

（4）2021-05-26 17:58:33,795 INFO mapreduce.Job: map 100% reduce 100%：表示 Reduce 操作完成。

（5）2021-05-26 17:58:33,807 INFO mapreduce.Job: Job job_1621994265091_0001 completed successfully：表示此任务成功完成。

（6）Map input records=8000000：表示输入的记录共有 800 万条（对应原始文件中的 800 万行记录）。

（7）Reduce output records=3896706：表示输出的结果共有 3896706 条。

执行整个任务累计用时 40s 左右。在相同硬件资源的条件下，基于 Hadoop 集群的并行计算的执行效率是很高的。

任务执行完成后，在 HDFS 的/user/output/目录下将生成两个新文件，一个是_SUCCESS 文件，表示任务执行完成；另一个是 part-r-00000 文件，即任务执行完成后产生的结果文件。part-r-00000 文件的内容如图 3-24 所示。

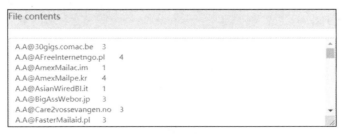

图 3-24 统计用户登录次数的结果

图 3-24 显示了两列数据，第 1 列为用户的邮件地址，第 2 列为该用户的登录次数。统计用户登录次数的任务到此已完成。

任务 3.5　管理多个 MapReduce 任务

任务描述

Hadoop 是一个多任务系统，可以同时为多个用户、多个作业处理多个数据集。用户可以在本机浏览器的地址栏中输入“http://master:8088/” 并按 Enter 键，打开 Hadoop 集群的资源管理器的监控服务主界面，对提交到 Hadoop 集群上的多个 MapReduce 任务进行管理。本节的任务是查询和中断 MapReduce 任务，掌握 MapReduce 任务的管理方法。

YARN Web UI
界面说明

3.5.1　查询 MapReduce 任务

当向集群提交 MapReduce 任务后，对 MapReduce 任务进行查询的基本操作如下。

调用 Hadoop 官方的示例程序包估算 pi 值，如代码 3-9 所示。命令最后的两个参数 10 和 100 分别代表 Map 数量与每个 Map 的测算次数，参数的值越大，计算的结果精度越高。

代码 3-9　估算 pi 值

```
hadoop jar \
/usr/local/hadoop-3.1.4/share/hadoop/mapreduce/hadoop-mapreduce-examples-3.1
.4.jar \
pi \
10 \
100
```

查看代码 3-9 所示的 MapReduce 任务的计算资源使用情况。在本机浏览器的地址栏中输入“http://master:8088/” 并按 Enter 键，打开 Hadoop 集群的资源管理器的监控服务主界面，单击左侧菜单栏中的“Nodes”选项（也可以直接访问“http://master:8088/ cluster/nodes”），结果如图 3-25 所示。

Cluster Metrics

Apps Submitted	Apps Pending	Apps Running	Apps Completed	Containers Running	Memory Used	Memory Total	Memory Reserved	VCores Used	VCores Total	VCores Reserved
2	0	1	1	3	5.50 GB	6 GB	0 B	3	3	0

Cluster Nodes Metrics

Active Nodes	Decommissioning Nodes	Decommissioned Nodes	Lost Nodes	Unhealthy Nodes	Rebooted Nodes	Shutdown Nodes
3	0	0	0	0	0	0

Scheduler Metrics

Scheduler Type	Scheduling Resource Type	Minimum Allocation	Maximum Allocation	Maximum Cluster Application Priority
Capacity Scheduler	[memory-mb (unit=Mi), vcores]	<memory:512, vCores:1>	<memory:2048, vCores:1>	0

Show 20 entries　Search:

Node Labels	Rack	Node State	Node Address	Node HTTP Address	Last health-update	Health-report	Containers	Allocation Tags	Mem Used	Mem Avail	VCores Used	VCores Avail	Version
	/default-rack	RUNNING	slave1:38264	slave1:8042	星期四 五月 27 11:20:25 +0800 2021		1		1.50 GB	512 MB	1	0	3.1.4
	/default-rack	RUNNING	slave3:41520	slave3:8042	星期四 五月 27 11:19:41 +0800 2021		1		2 GB	0 B	1	0	3.1.4
	/default-rack	RUNNING	slave2:41945	slave2:8042	星期四 五月 27 11:19:43 +0800 2021		1		2 GB	0 B	1	0	3.1.4

Showing 1 to 3 of 3 entries　First Previous 1 Next Last

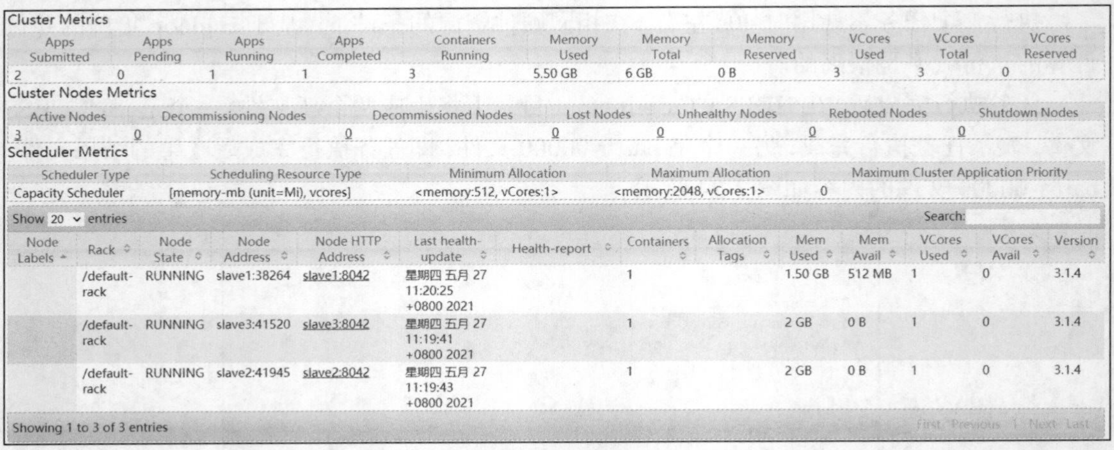

图 3-25　集群计算资源的使用情况

在图 3-25 中，可以看到集群的总的内存为 6GB，被使用了 5.5GB，剩余 512MB；可用的 CPU 核心共 3 个，全部已被使用。由此可见，该 MapReduce 任务已占用了当前集群的大部分计算资源。

继续查询当前任务的信息。在资源管理器的监控服务主界面，单击左侧菜单栏中的"Applications"选项（或直接访问"http://master:8088/cluster/apps"），结果如图 3-26 所示。

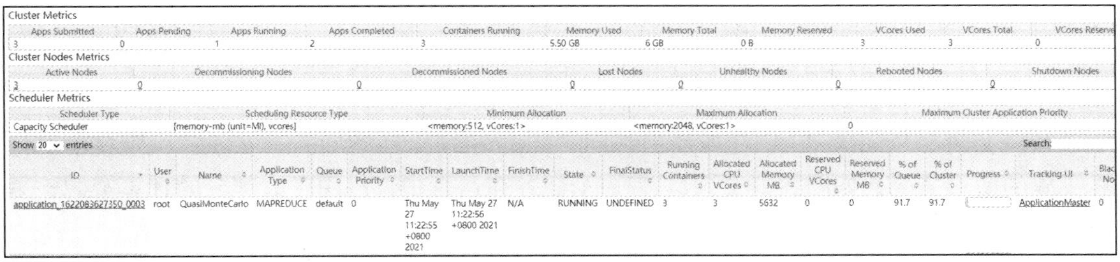

图 3-26　资源管理器显示 MapReduce 任务列表

图 3-26 显示了 ID 为 application_1622083627350_0003、任务名称为 QuasiMonteCarlo 的 MapReduce 任务，该 MapReduce 任务目前的状态为"RUNNING"，表示这个任务正在执行中。继续单击这个任务的 ID，可以获取到关于该 MapReduce 任务更详细的信息，如图 3-27 所示。

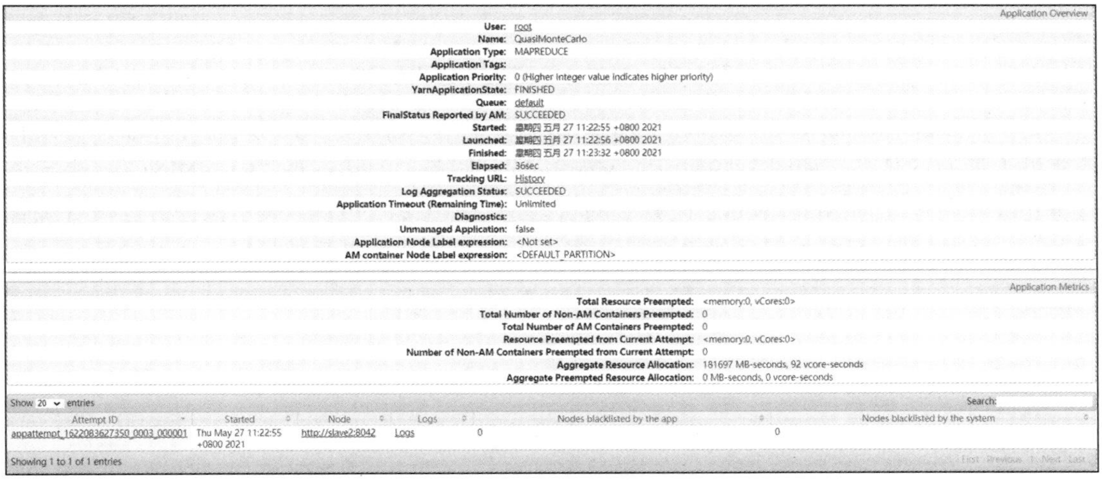

图 3-27　任务 application_1622083627350_0003 的详细信息

掌握了 MapReduce 任务的查询方法后，试着同时向集群提交多个 MapReduce 任务，并对集群的计算资源与任务状态进行观察。同时启动两个 master 终端，依次提交如下两个 MapReduce 任务。

（1）统计用户登录次数，如代码 3-10 所示。

代码 3-10　统计用户登录次数

```
hadoop jar \
$HADOOP_HOME/share/hadoop/mapreduce/hadoop-mapreduce-examples-3.1.4.jar \
wordcount \
/user/root/email_log.txt \
/user/root/output1
```

（2）估算 pi 值，如代码 3-11 所示。

代码 3-11　估算 pi 值

```
hadoop jar \
/usr/local/hadoop-3.1.4/share/hadoop/mapreduce/hadoop-mapreduce-examples-3.1.4.jar \
pi \
10 \
100
```

在提交两个 MapReduce 任务后，访问"http://master:8088/cluster/nodes"，观察集群计算资源的使用情况，如图 3-28 所示。有一个任务在运行中，占用了大部分的计算资源，另一个任务则处于等待状态。

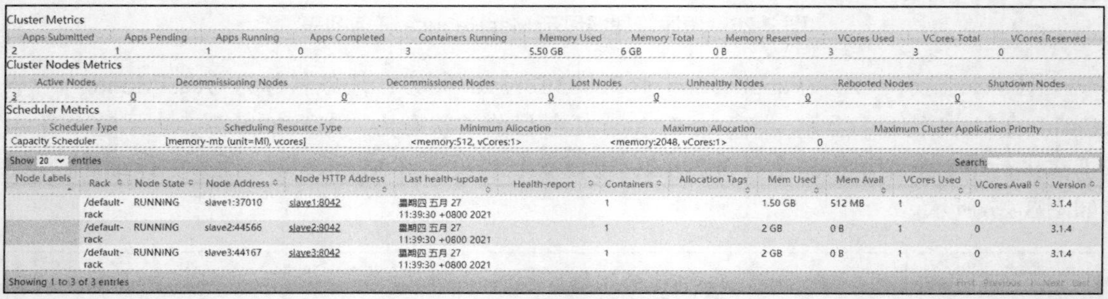

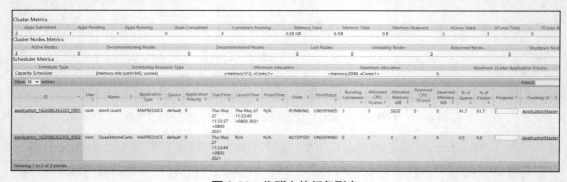

图 3-28　集群计算资源的使用情况

访问"http://master:8088/cluster/apps"，进入资源管理器的任务列表监控界面，可以看到集群上所有的任务，如图 3-29 所示。MapReduce 任务 1 的状态是"RUNNING"，表示该任务正在执行中。而 MapReduce 任务 2 的状态是"ACCEPTED"，表示该任务已被资源管理器 YARN 接受，目前在等待被分配计算资源，只有当计算资源满足后，才开始执行。

图 3-29　集群上的任务列表

3.5.2　中断 MapReduce 任务

对于已提交的 MapReduce 任务，在某些特殊情况下需要中断它，如发现过程有异常、某个任务执行时间过长、占用大量计算资源等。

依次提交两个 MapReduce 任务，第 1 个任务占用大部分集群资源且执行时间长，第 2 个任务一直处于等待状态。人为中断第 1 个任务，观察第 2 个任务是否从等待状态切换为执行状态，步骤如下。

（1）提交 MapReduce 任务 1，估算 pi 值，如代码 3-12 所示。为提高结果的计算精度，增加了 Map 数量与每个 Map 的测算次数。

代码 3-12　估算 pi 值

```
hadoop jar \
/usr/local/hadoop-3.1.4/share/hadoop/mapreduce/hadoop-mapreduce-examples-3.1.4.jar \
pi \
30 \
5000
```

（2）提交 MapReduce 任务 2，统计用户登录次数，如代码 3-13 所示。

代码 3-13　统计用户登录次数

```
hadoop jar \
$HADOOP_HOME/share/hadoop/mapreduce/hadoop-mapreduce-examples-3.1.4.jar \
wordcount \
/user/root/email_log.txt \
/user/root/output2
```

（3）通过本机浏览器，在资源管理器的监控服务主界面中单击 MapReduce 任务 1 对应的 ID 号，将弹出 MapReduce 任务 1 的执行信息窗口，如图 3-30 所示。

图 3-30　MapReduce 任务 1 的当前状态

（4）在图 3-30 所示的界面中，单击界面左上角的"Kill Application"选项，并在弹出的对话框中单击"确定"按钮，如图 3-31 所示。

图 3-31　单击"Kill Application"选项中断 MapReduce 任务 1

（5）刷新任务 1 的执行信息窗口，显示 MapReduce 任务 1 在执行了 51s 后被中断，如图 3-32 所示。

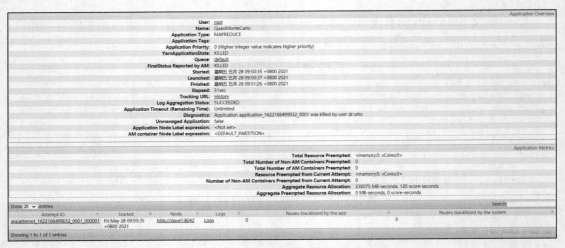

图 3-32 MapReduce 任务 1 被中断后的状态

(6)刷新资源管理器的任务列表监控界面,可以发现 MapReduce 任务 1 已被中断,MapReduce 任务 2 正在执行中,如图 3-33 所示。

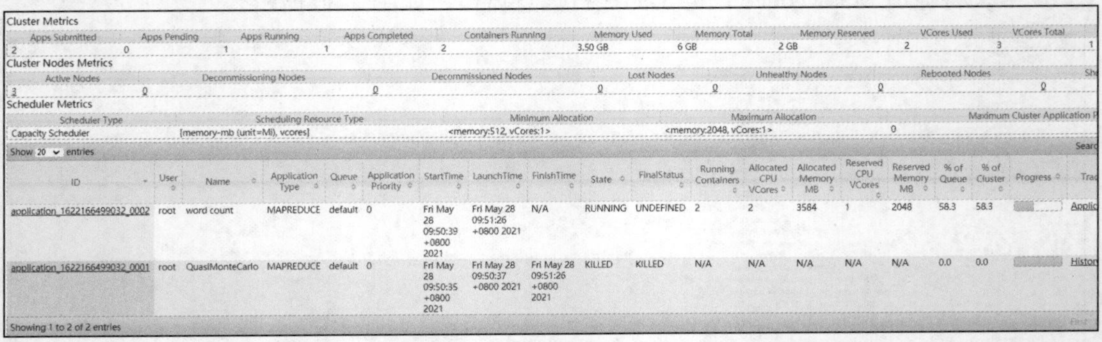

图 3-33 任务列表中的 MapReduce 任务 2 正在执行中

MapReduce 任务的查询与中断将使用在多个 MapReduce 任务的开发调试中。如果有任务在执行过程中发生异常,则可查询任务的运行状态与相关日志信息,并进行分析、判断,若有必要,可以中断相关 MapReduce 任务。

小结

本章首先介绍了 Hadoop 的安全模式,Hadoop 的安全模式会影响数据文件的操作,因此读者需要了解 Hadoop 安全模式的机制和作用,掌握 Hadoop 安全模式的查看、解除和开启方法。接着结合实际任务及多个示例,介绍了 Hadoop 集群的文件系统与计算资源信息的查询,再重点介绍了 HDFS 的基本操作。最后通过使用 Hadoop 官方的示例程序包执行 MapReduce 任务,使读者对提交与管理 MapReduce 任务有初步的了解。通过本章的学习,希望读者能够掌握 HDFS 的基本操作及 MapReduce 任务的运行和管理方法,为后续正式进行 MapReduce 编程奠定基础。

第 3 章　Hadoop 基础操作

实训

实训 1　统计文件中所有单词长度的标准差

1．实训要点

（1）掌握上传文件至 HDFS 的操作方法。

（2）掌握使用 "hadoop jar" 命令提交 MapReduce 任务的方法。

2．需求说明

Hadoop 官方的示例程序包 hadoop-mapreduce-examples-3.1.4.jar 封装了一些常用的测试模块，可以帮助初学者快速熟悉提交 MapReduce 任务的过程。使用 hadoop-mapreduce-examples-3.1.4.jar 包中的模块，统计 master 节点下的 NameNode 日志文件（日志文件存放的位置为/usr/local/hadoop-3.1.4/logs/hadoop-root-namenode-master.log）中所有单词长度的标准差。

3．实现思路及步骤

（1）上传 NameNode 日志文件至 HDFS 的/Tipdm/Hadoop 目录下。

（2）使用 Hadoop 官方的示例程序包 hadoop-mapreduce-examples-3.1.4.jar，并通过 "hadoop jar" 命令提交 MapReduce 任务，将结果输出至 HDFS 的/Tipdm/Hadoop 目录下。

（3）在 HDFS 的服务监控界面查看输出结果。

实训 2　查询与中断 MapReduce 任务

1．实训要点

（1）掌握查询 MapReduce 任务信息的方法。

（2）掌握查询集群的计算资源信息的方法。

（3）掌握中断执行中的 MapReduce 任务的方法。

2．需求说明

对于被执行的 MapReduce 任务，通过查看任务的执行状态和集群的计算资源使用情况可以更好地监控任务的执行。查看在实训 1 中执行过的 MapReduce 任务的执行情况，并依次提交 3 个统计单词长度标准差的 MapReduce 任务，查看当前集群的计算资源使用情况，以及任务列表信息。中断第 2 个任务，观察后续任务的执行情况。

3．实现思路及步骤

（1）在浏览器的地址栏中输入 "http://master:8088/cluster/apps" 并按 Enter 键，打开 MapReduce 任务监控界面。

（2）单击 MapReduce 任务监控列表中实训 1 中提交的任务链接，可查询该任务的执行时间与完成状态。

（3）在集群服务器终端中，分别提交 3 个统计单词长度标准差的 MapReduce 任务。注意，3 个任务的输出目录必须重新指定，并且 3 个任务对应的输出目录是不相同的。

（4）在浏览器的地址栏中输入 "http://master:8088/cluster/nodes" 并按 Enter 键，查看当

前集群及各节点的资源使用情况。

（5）在 MapReduce 任务监控列表中找到第 2 个任务并中断该任务。

课后习题

1. 选择题

（1）Hadoop 3.x 的 HDFS 的监控服务，默认是通过 NameNode 的（　　）端口访问的。

　　A. 9000　　　　B. 8088　　　　C. 8020　　　　D. 9870

（2）仅查看集群在线节点的基本信息可以使用（　　）命令。

　　A. hdfs dfsadmin -report

　　B. hdfs dfsadmin -report -live

　　C. hdfs dfsadmin -report -dead

　　D. hdfs dfsadmin -report -decommissioning

（3）使用（　　）命令可以在 HDFS 上创建一个 /Tipdm/Hadoop 目录。

　　A. hdfs dfs -mkdir /Tipdm/Hadoop　　　　B. hdfs dfs mkdir -C /Tipdm/Hadoop

　　C. hdfs dfs -mkdir -p /Tipdm/Hadoop　　　D. hdfs dfs mkdir /Tipdm/Hadoop

（4）下列可以下载 HDFS 上的 /user/root/live.txt 文件至 Linux 本地的 /opt 目录下的命令是（　　）。

　　A. hdfs dfs -get /user/root/live.txt /opt/

　　B. hdfs dfs -download /user/root/live.txt /opt/

　　C. hdfs dfs -put /user/root/live.txt /opt/

　　D. hdfs dfs -move /user/root/live.txt /opt/

（5）下列不能将 Linux 本地的 /opt/a.txt 文件上传至 HDFS 的 /user/root 目录下的命令是（　　）。

　　A. hdfs dfs -copyFromLocal /opt/a.txt /user/root/

　　B. hdfs dfs -moveFromLocal /opt/a.txt /user/root/

　　C. hdfs dfs -put /opt/a.txt /user/root/

　　D. hdfs dfs -copyToLocal /opt/a.txt /user/root/

（6）在 HDFS 上创建了一个错误的目录 /Tipdm/Spark，现需要删除这个目录，可以使用的命令是（　　）。

　　A. hdfs dfs -rm /Tipdm/Spark　　　　B. hdfs dfs -delete /Tipdm/Spark

　　C. hdfs dfs -drop /Tipdm/Spark　　　D. hdfs dfs -rmdir /Tipdm/Spark

（7）使用 Hadoop 官方的示例程序包 hadoop-mapreduce-examples-3.1.4.jar 中的 wordcount 模块，对 HDFS 上的 /opt/data.txt 文件进行单词计数，将结果保存至 HDFS 的 /Tipdm/Hadoop 目录下，下列命令正确的是（　　）。

　　A. hadoop jar \

　　　　$HADOOP_HOME/share/hadoop/mapreduce/hadoop-mapreduce-examples-3.1.4.jar

　　　　wordcount /opt/data.txt /Tipdm/Hadoop/

B. hadoop dfs \
   $HADOOP_HOME/share/hadoop/mapreduce/hadoop-mapreduce-examples-3.1.4.jar wordcount /opt/data.txt /Tipdm/Hadoop/
C. hdfs -jar \
   $HADOOP_HOME/share/hadoop/mapreduce/hadoop-mapreduce-examples-3.1.4.jar wordcount /opt/data.txt /Tipdm/Hadoop/
D. hdfs dfs \
   $HADOOP_HOME/share/hadoop/mapreduce/hadoop-mapreduce-examples-3.1.4.jar wordcount /opt/data.txt /Tipdm/Hadoop/

（8）当提交某个 MapReduce 任务后，在任务列表中显示该任务的状态为"RUNNING"，这表示该任务当前的运行状态是（　　）。

　　A．正在接受中　　B．正在执行中　　C．等待执行中　　D．任务恢复中

2．操作题

（1）为了让多个用户共享同一份文件，可以选择将文件上传至 HDFS。现有一份文言文集锦的文本数据 Classical_Chinese.txt，为方便所有用户可以同时阅读文言文，请将 Classical_Chinese.txt 文件上传至 HDFS 的/Tipdm/Hadoop/Article 目录下，上传后分别通过 HDFS 命令和服务监控界面的方式查看 Classical_Chinese.txt 文件的内容。最后删除该文件和目录。（提示：HDFS 的/Tipdm/Hadoop/Article 目录并不存在，因此需要先创建该目录。）

（2）在 Hadoop 官方的示例程序包 hadoop-mapreduce-examples-3.1.4.jar 中，包括计算 pi 值的测试模块。自定义计算参数，在 Xshell 中打开 4 个 master 节点窗口并使用"hadoop jar"命令依次在 4 个窗口中提交计算 pi 值的 MapReduce 任务。通过 Hadoop 集群的服务监控界面查看计算资源的使用情况，检查任务的执行信息。中断第 1 个任务，继续观察其他任务的执行情况。

第 4 章 MapReduce 入门编程

学习目标

（1）掌握在 Windows 下安装 Java 和 IntelliJ IDEA 的方法。
（2）掌握在 IntelliJ IDEA 中创建 MapReduce 工程和配置 MapReduce 环境的方法。
（3）熟悉 MapReduce 的工作原理及执行流程。
（4）了解 Hadoop 官方示例中的 WordCount 源码。
（5）了解 MapReduce 编程的基本思路。
（6）熟悉 map()方法与 reduce()方法的处理逻辑。
（7）掌握编写基础的 MapReduce 程序处理简单任务的方法。

任务背景

随着互联网的发展，加入互联网的用户越来越多，互联网的用户规模已不容小觑。互联网市场潜力巨大，各大网站的运营商都在积极采取措施，分析用户的特征，根据不同的用户群体向其提供差异化的服务，进而达到精准营销的目的。随着一些网站用户的增加，企业越来越难把握用户的需求。为了能更好地满足用户需求，应依据用户的历史浏览记录研究用户的兴趣偏好，分析用户的需求和行为，发现用户的兴趣点，从而将用户分成不同的群体。企业再根据不同的群体提供差异化的服务，改善用户体验。

某竞赛网站每年都会开展数据挖掘的竞赛，深入实施科教兴国战略、人才强国战略、创新驱动发展战略。在竞赛期间，网站会有大量的用户访问，当用户访问网站时，系统会记录用户访问网站时的日志数据，数据字段及其说明如表 4-1 所示，共 6 个数据字段。

表 4-1 某竞赛网站用户访问日志数据字段及其说明

字段名称	说明
Id	序号
Content_id	网页 ID
Userid	用户 ID
Sessionid	缓存生成 ID
Date_time	访问时间
Page_path	网址

网站运营商的工作重点之一是向目标用户提供更优质的服务。要提高服务品质，必须

第 4 章　MapReduce 入门编程

根据服务对象的特点设计有针对性的服务方案。因此对用户访问网站的日志进行数据分析，是一项非常重要的工作任务。

网站的访问次数分布情况对网站运营商而言也是非常重要的指标之一，网站运营商从数据库中抽取了网站 2020 年 5 月至 2021 年 2 月用户登录网站的行为日志数据，针对用户访问网站的日志数据，网站运营商提出了两个统计需求。

（1）根据访问时间统计网站每日的总访问次数，按访问日期输出结果。
（2）对统计需求（1）的结果再进行处理，将结果按访问次数进行升序排序。

通常，网站的用户访问日志文件的数据量非常庞大，记录数较多，大多数为文本格式。为了保证较高的处理效率与灵活性，将选用 MapReduce 编程进行数据处理。

本章将详细讲解如何使用 MapReduce 编程解决实际问题，首先介绍 MapReduce 开发环境的搭建过程；接着介绍 MapReduce 工作原理与执行流程，并结合 Hadoop 官方的示例源码 WordCount 介绍 MapReduce 编程的基本思路与处理逻辑；最后通过编写 MapReduce 程序实现竞赛网站每日访问次数的统计，并对统计的结果根据访问次数进行升序排序。

任务 4.1　在 IntelliJ IDEA 中搭建 MapReduce 开发环境

任务描述

Hadoop 框架是基于 Java 语言开发的，而 IntelliJ IDEA 是一个常用的 Java 集成开发工具，因此通常选用 IntelliJ IDEA 作为 MapReduce 的编程工具。为了能够成功地进行 MapReduce 编程，本节的任务是在本机系统（通常是 Windows 系统）安装 Java，再安装 IntelliJ IDEA 工具，在 IntelliJ IDEA 中创建一个 MapReduce 工程，并配置 MapReduce 开发环境。

4.1.1　在 Windows 下安装 Java

JDK 是 Java 语言的软件开发工具包，主要用于移动设备、嵌入式设备上的 Java 应用程序。JDK 是整个 Java 开发的核心，包含 Java 的运行环境、Java 工具和 Java 基础的类库。本书后续章节的 Hadoop 开发是基于 Java 语言的，因此需要在 Windows 系统下安装 JDK。本书使用的 JDK 版本为 JDK 1.8，具体安装步骤如下。

（1）双击 JDK 安装包 jdk-8u281-windows-x64.exe，打开"Java SE 开发工具包 8-安装"窗口，如图 4-1 所示。单击"下一步"按钮进入安装。

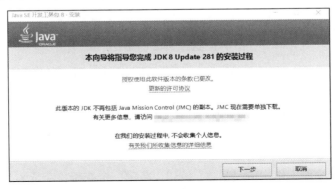

图 4-1　安装 JDK

（2）单击"更改"按钮，选择 JDK 的安装目录，用户可以根据本机的磁盘空间自定义安装目录，如图 4-2 所示。单击"下一步"按钮，等待 JDK 安装完成。

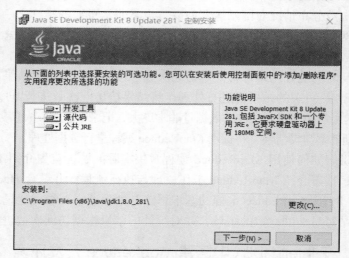

图 4-2　选择 JDK 的安装目录

（3）安装 JDK 后，将弹出一个提示对话框，如图 4-3 所示，需选择 JRE 的安装位置。单击"更改"按钮，用户可以根据本机的磁盘空间自定义 JRE 的安装目录。需要注意，JDK 和 JRE 的安装目录最好在同一个目录下，如均安装在"C:\Program Files\Java\"目录下。单击"下一步"按钮进行 JRE 的安装。JRE 安装完成后单击"关闭"按钮即可完成 JDK 的安装。

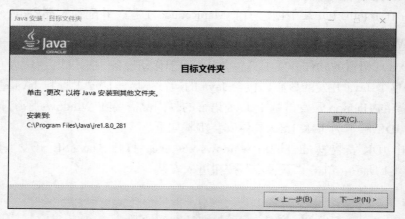

图 4-3　选择 JRE 的安装目录

（4）安装完 JDK 后，需要在 Windows 系统配置环境变量，只有配置了环境变量，JDK 编译环境才可以正常使用。在 Windows 系统配置环境变量的步骤如下。

① 右键单击"此电脑"，在弹出的快捷菜单中选择"属性"，在打开的"系统"窗口中选择"高级系统设置"，打开"系统属性"对话框，单击"环境变量"按钮，打开"环境变量"对话框，如图 4-4 所示。

② 单击"系统变量"组中的"新建"按钮，新建一个变量，变量名为"JAVA_HOME"，变量值为 JDK 实际的安装目录，如图 4-5 所示。单击"确定"按钮即可。

第 4 章　MapReduce 入门编程

图 4-4　"环境变量"对话框

图 4-5　新建 JAVA_HOME 变量

③ 在图 4-4 所示的"环境变量"对话框中,选择"系统变量"组中的"Path"变量,并单击"编辑"按钮,在弹出的"编辑环境变量"对话框中,单击右侧的"新建"按钮,输入"%JAVA_HOME%\bin",再次单击"新建"按钮,输入"%JAVA_HOME%\jre\bin",如图 4-6 所示。最后单击"确定"按钮完成 Path 变量的编辑,返回"环境变量"对话框。

图 4-6　编辑 Path 变量

④ 在图 4-4 所示的"环境变量"对话框中,单击"系统变量"组中的"新建"按钮,新建一个变量,变量名为"ClassPath",变量值为".;%JAVA_HOME%\lib\dt.jar;%JAVA_HOME%\lib\tools.jar",如图 4-7 所示。单击"确定"按钮即可。

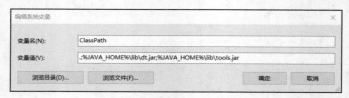

图 4-7　新建 ClassPath 变量

⑤ 测试环境变量是否配置成功。在个人计算机的"开始"菜单的搜索文本框中输入"cmd"关键字,单击"命令提示符",打开"命令提示符"窗口,输入"java -version"并按 Enter 键,若出现图 4-8 所示的信息,则说明环境变量配置成功。

```
C:\Users\10740>java –version
java version "1.8.0_281"
Java(TM) SE Runtime Environment (build 1.8.0_281-b11)
Java HotSpot(TM) 64-Bit Server VM (build 25.281-b11, mixed mode)
```

图 4-8　测试环境变量是否配置成功

4.1.2　下载与安装 IntelliJ IDEA

IntelliJ IDEA 是一个常用的 Java 集成开发工具。本书将使用 IntelliJ IDEA 作为 MapReduce 编程的开发工具。IntelliJ IDEA 的下载和安装步骤如下。

1. 下载与安装 IntelliJ IDEA

在 IntelliJ IDEA 官网中下载 IntelliJ IDEA 的安装包,安装包名称为 ideaIC-2018.3.6.exe (Community 版)。Community 版即社区版,是免费开源的,读者也可以自行购买发行版。

双击下载好的 IntelliJ IDEA 安装包,在弹出的安装向导窗口中单击"Next"按钮,并设置 IntelliJ IDEA 的安装目录,用户可根据本机的磁盘空间自定义 IntelliJ IDEA 的安装目录,单击"Next"按钮,如图 4-9 所示。

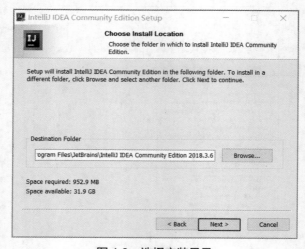

图 4-9　选择安装目录

第 4 章　MapReduce 入门编程

弹出图 4-10 所示的窗口，单击"Finish"按钮完成 IntelliJ IDEA 的安装。

图 4-10　安装完成

2. 启动 IntelliJ IDEA

双击桌面生成的 IntelliJ IDEA 工具图标，或从个人计算机的"开始"菜单中，选择"JetBrains"→"IntelliJ IDEA Community Edition 2018.3.6"，启动 IntelliJ IDEA。启动过程中将询问是否导入以前的设定，选择"Do not import settings"，表示不导入，如图 4-11 所示并单击"OK"按钮进入下一步。

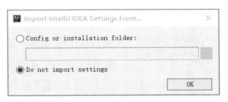

图 4-11　询问是否导入以前的设定

弹出图 4-12 所示的对话框，选择 IntelliJ IDEA 设计界面的主题，可以选择白色或黑色背景。考虑代码和结果展示的清晰度，单击"Light"，并单击对话框左下角的"Skip Remaining and Set Defaults"按钮，跳过剩余步骤并采用默认设置。

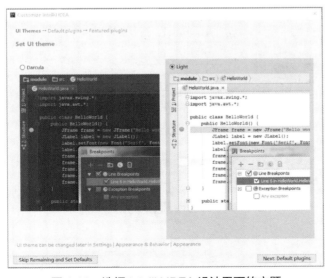

图 4-12　选择 IntelliJ IDEA 设计界面的主题

设置完成后，即可进入 IntelliJ IDEA 的欢迎界面，如图 4-13 所示。

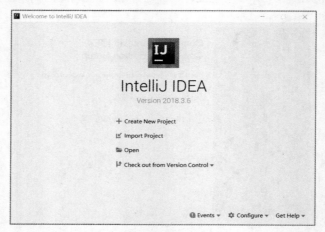

图 4-13 欢迎界面

4.1.3 创建 MapReduce 工程

Maven 开源项目管理工具介绍

安装好 IntelliJ IDEA 开发工具后，即可在 IntelliJ IDEA 中创建 MapReduce 工程。本书选择使用 Maven 创建及管理 MapReduce 工程。Maven 是 Apache 软件基金会下的一个顶级项目，Maven 是一个用 Java 编写的开源项目管理工具，用于对 Java 项目进行项目构建、依赖管理以及信息管理。使用 Maven 创建 MapReduce 工程能够有效地对工程进行管理。MapReduce 工程的创建步骤如下。

（1）在图 4-13 所示的界面中，单击"Create New Project"选项，弹出图 4-14 所示的"New Project"对话框，在左侧列表栏中选择"Maven"，并单击右上方的"New"按钮，在弹出的对话框中选择 JDK 的安装目录，单击"OK"按钮后，再单击"Next"按钮。

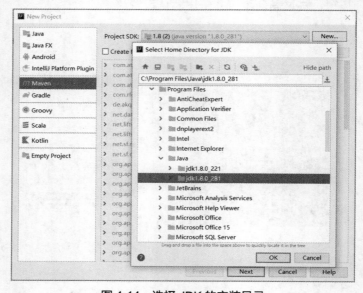

图 4-14 选择 JDK 的安装目录

第 4 章　MapReduce 入门编程

（2）设置工程属性（见图 4-15），"GroupId"是项目组织唯一的标识符，实际对应 Java 的包的结构，将其设置为"hadoop.tipdm.com"；"ArtifactId"是项目唯一的标识符，实际对应项目的名称，将其设置为"Hadoop"；"Version"是项目的版本号，将其设置为"1.0-SNAPSHOT"，其中 1.0 是版本号，SNAPSHOT 代表不稳定、尚处于开发中的版本。单击"Next"按钮，填写工程的名称并选择工程保存的位置（见图 4-16），单击"Finish"按钮完成创建。

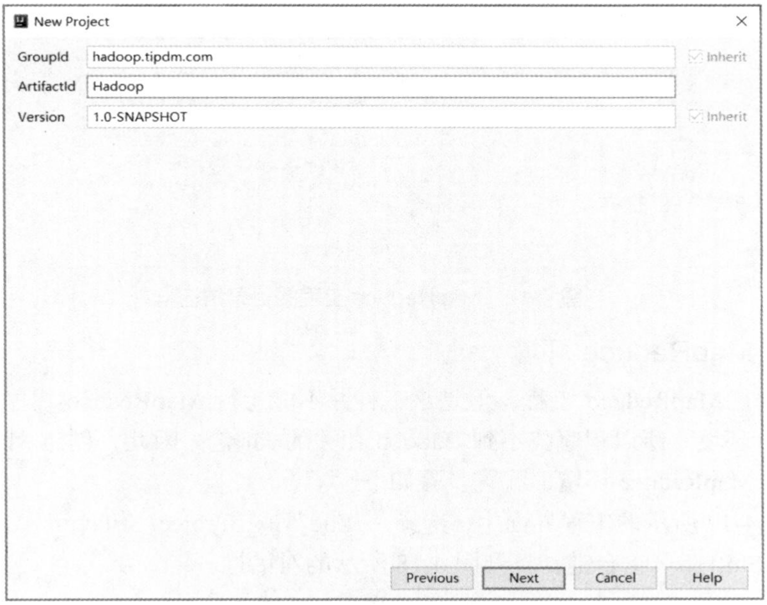

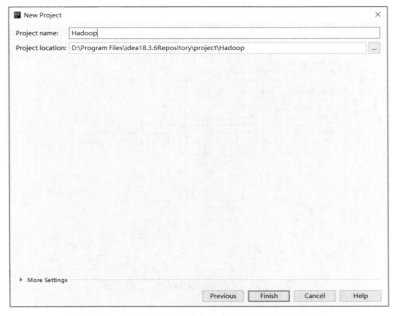

图 4-15　设置工程属性

图 4-16　填写工程的名称并选择工程保存的位置

（3）MapReduce 工程创建完成后，在 IntelliJ IDEA 的主界面中可以查看该工程的目录结构，如图 4-17 所示。

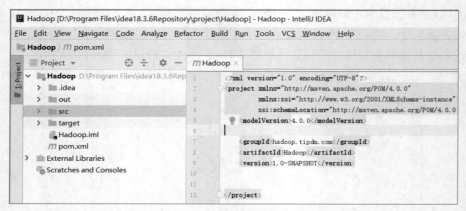

图 4-17　MapReduce 工程的目录结构

4.1.4　配置 MapReduce 环境

虽然创建了 MapReduce 工程，但是该工程并不能运行 MapReduce 程序，因为没有配置 MapReduce 环境，所以程序找不到 Hadoop 相关的 Jar 包。因此，创建 MapReduce 工程后，需要配置 MapReduce 环境，配置步骤如下。

（1）在图 4-17 所示的工程界面中，选择 "File"→"Project Structure"，也可以直接使用 "Ctrl+Alt+Shift+S" 组合键，打开图 4-18 所示的对话框。

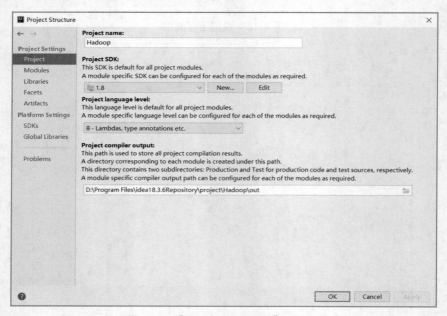

图 4-18　"Project Structure" 对话框

（2）单击图 4-18 所示的左侧的 "Libraries" 选项，再单击右侧的 "+"，选择 "Java" 选项，如图 4-19 所示。

第 4 章　MapReduce 入门编程

图 4-19　添加 Jar 包

（3）在弹出图 4-20 所示的对话框中选择要添加的 Jar 包，这里需要将 Hadoop 的/share/hadoop 目录下的全部 Jar 包导入，单击"OK"按钮进入下一步（也可通过图 4-18 所示的对话框左侧的"Modules"选项导入 Hadoop 相关的 Jar 包）。注意，Hadoop 安装包需要先在本地解压。

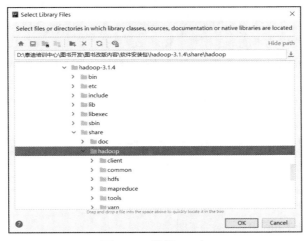

图 4-20　选择 Jar 包

（4）全部 Jar 包导入后，单击"Apply"按钮，再单击"OK"按钮，如图 4-21 所示，即可完成 MapReduce 环境配置。

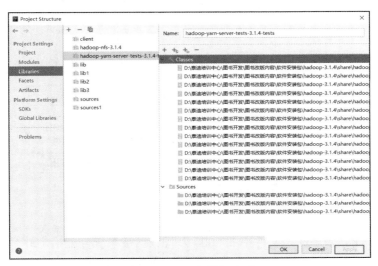

图 4-21　Jar 包添加完成

任务 4.2 通过源码初识 MapReduce 编程

任务描述

进行 MapReduce 编程前，需要先了解 MapReduce 的基本原理，对 MapReduce 的核心模块 Mapper 与 Reducer 的执行流程有一定的认识。Hadoop 官方提供了一些示例源码，十分适合初学者学习。因此本节的任务是先理解 MapReduce 的工作原理、核心组成和 MapReduce 的执行流程，再通过 Hadoop 官方示例源码 WordCount（词频统计）掌握 MapReduce 的编程方法。

4.2.1 了解 MapReduce 工作原理及核心组成

MapReduce Shuffle

MapReduce 在名称上即体现出了它的核心组成，即由 Map 和 Reduce 两个阶段组成。Map 表示"映射"，在 Map 阶段进行的一系列数据处理任务被称为 Mapper 模块。Reduce 表示"归约"，在 Reduce 阶段进行的一系列数据处理任务被称为 Reducer 模块。MapReduce 通常也被简称为 MR。

用比喻的方式解读 MapReduce 的核心组成。MapReduce 可以被视为一个专业处理大数据的"工程队"，主要成员如下。

（1）Mapper：映射器。
（2）Mapper 助理 InputFormat：输入文件读取器。
（3）Shuffle：运输器。
（4）Shuffle 助理 Sorter：排序器。
（5）Reducer：归约器。
（6）Reducer 助理 OutputFormat：输出结果写入器。

假设有一份文件，需要处理的数据记录非常多，总数量达到 8000 万行，如果使用 MapReduce 对数据进行处理，首先需要了解 MapReduce 处理数据的基本原理以及 MapReduce 的核心组成，才能够成功地进行 MapReduce 编程。

一个基本完整的 MapReduce 程序，其处理流程如图 4-22 所示。

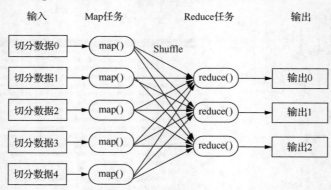

图 4-22 简化的 MapReduce 处理流程

（1）数据分片。如果原始文件中的 8000 万行数据被系统分配给 100 个 Mapper 处理，那么每个 Mapper 将处理 80 万行数据。因此，MapReduce 通过数据分片的方式切分数据，

第 4 章　MapReduce 入门编程

将数据分发给多个单元进行处理，这也是分布式计算的第一步。

（2）数据映射。在数据分片完成后，由 Mapper 助理 InputFormat 从文件的输入目录中读取数据，再由 Mapper 中的 map()方法对文件的数据进行解析，并重新组织成新的格式，Mapper 会将数据转换为<键,值>的键值对形式，再进行处理。最后 Mapper 将处理结果输出，等待 Shuffle 取走结果。

（3）数据混洗。由 Shuffle 将获取的结果按照相同的键进行汇集，再将结果发送至 Shuffle 助理 Sorter，由 Shuffle 助理 Sorter 负责对汇集的结果进行排序，Shuffle 助理 Sorter 是根据键对结果进行排序的，再将排序后的结果提交给 Reducer。

（4）数据归约。Reducer 接收已排序的结果后，由 Reducer 中的 reduce()方法对结果进行汇总与计算，得到最终结果。最后由 Reducer 助理 OutputFormat 将最终结果输出至指定位置。

（5）数据输出。Reduce 阶段处理完数据后即可将数据文件输出到 HDFS，输出的数据文件个数和 Reduce 任务的个数一致，图 4-22 中有 3 个 Reduce 任务，将输出 3 个数据文件。

通过对简化的 MapReduce 处理流程进行分析，初步描述了 MapReduce "工程队" 是如何进行工作的，其中核心的部分是 Map 任务与 Reduce 任务，分别在 Mapper 模块和 Reducer 模块执行。通过 Map 任务，将一个大任务分为多个小任务，且多个小任务是同时运行的。再通过 Reduce 任务，将多个小任务的结果进行汇总，最后输出汇总后的结果。MapReduce "工程队" 的工作过程与 MapReduce 分布式运算过程是基本对应的，理解了 MapReduce "工程队" 的工作过程也就初步理解了 MapReduce 的基本工作原理。

4.2.2　了解 MapReduce 实现词频统计的执行流程

理解 MapReduce 的工作原理和核心组成后，这里以词频统计为例，进一步了解 MapReduce 各阶段的执行流程。单词的输入与词频统计输出内容如表 4-2 所示。

表 4-2　单词的输入与词频统计输出内容

输入	输出
Hello World Our World Hello BigData Real BigData Hello Hadoop Great Hadoop Hadoop MapReduce	BigData　2 Great　　1 Hadoop　3 Hello　　3 MapReduce　1 Our　1 Real　1 World　2

下面通过示意图的方式，依次分析 Map 阶段与 Reduce 阶段的处理过程。

1．Map 阶段的处理过程

键值对是一种数据格式，每个键都有一个对应的值。输入文件的每一行记录经过映射处理后输出为若干组键值对，如图 4-23 所示。在<Hello, 1>中，Hello 是键，1 是值，因为需要统计单词的频数，所以 1 代表每个单词的初始频数。Map 阶段生成键值对后，提交中间输出结果，进入 Reduce 阶段。

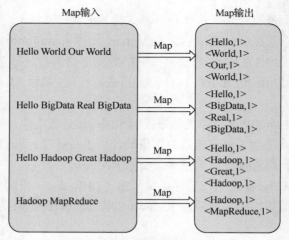

图 4-23 Map 阶段的处理过程

2. Reduce 阶段的处理过程

在 Map 阶段输出与 Reduce 阶段输入之间有一个 Shuffle 过程。Shuffle 过程也被称为数据混洗过程，作用是将键相同的键值对进行汇集，并将键相同的值存入同一列表中，如图 4-24 所示。例如，<World,1>与<World,1>，经过 Shuffle 后生成了<World, <1,1>>。混洗后的键值对根据键进行了排序。Reduce 任务将处理所有的键值对数据，对键相同的值进行求和汇总（将各个单词对应的初始频数进行累加），得到每个单词的频数，最后将统计结果。

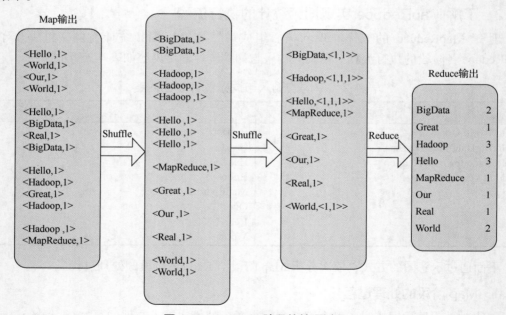

图 4-24 Reducer 阶段的处理过程

4.2.3 读懂官方提供的 WordCount 源码

4.2.1 小节和 4.2.2 小节主要从理论上介绍 MapReduce 的基本工作原理与执行流程。但

第 4 章 MapReduce 入门编程

实际编写一个 MapReduce 的词频统计程序，只了解工作原理与执行流程是远远不够的，还需要掌握 MapReduce 编程的具体规范。本小节的任务是以 Hadoop 官方提供的示例源码中的 WordCount 程序为例，进行代码级别的分析和说明。

首先获取 WordCount 源码。在 Hadoop 3.1.4 的安装目录中，进入\share\hadoop\mapreduce\sources 目录，该目录下面有一个 hadoop-mapreduce-examples-3.1.4-sources.jar 文件，解压该文件。在 org/apache/hadoop/examples 目录中即可找到一个 WordCount.java 文件，即 WordCount 源码，如图 4-25 所示。

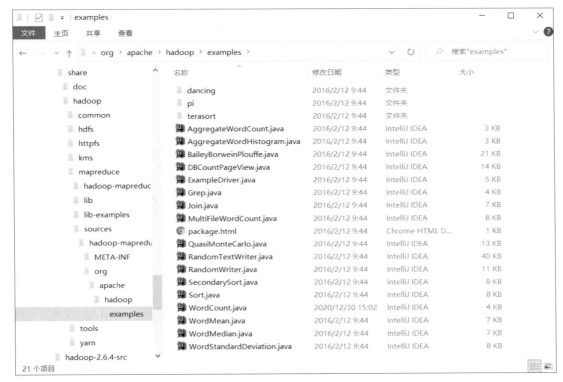

图 4-25　WordCount 源码的存储路径

使用文本编辑器或 IDE（Integrated Development Environment，集成开发环境）工具（IntelliJ IDEA）打开文件 WordCount.java，完整的源码如代码 4-1 所示。

代码 4-1　WordCount 源码

```java
import org.apache.hadoop.conf.Configuration;
import org.apache.hadoop.fs.Path;
import org.apache.hadoop.io.IntWritable;
import org.apache.hadoop.io.Text;
import org.apache.hadoop.mapreduce.Job;
import org.apache.hadoop.mapreduce.Mapper;
import org.apache.hadoop.mapreduce.Reducer;
import org.apache.hadoop.mapreduce.lib.input.FileInputFormat;
import org.apache.hadoop.mapreduce.lib.output.FileOutputFormat;
import org.apache.hadoop.util.GenericOptionsParser;
```

```java
import java.io.IOException;
import java.util.StringTokenizer;

public class WordCount {

    public static class TokenizerMapper
            extends Mapper<Object, Text, Text, IntWritable> {

        private final static IntWritable one = new IntWritable(1);
        private Text word = new Text();

        public void map(Object key, Text value, Context context
        ) throws IOException, InterruptedException {
            StringTokenizer itr = new StringTokenizer(value.toString());
            while (itr.hasMoreTokens()) {
                word.set(itr.nextToken());
                context.write(word, one);
            }
        }
    }

    public static class IntSumReducer
            extends Reducer<Text, IntWritable, Text, IntWritable> {
        private IntWritable result = new IntWritable();

        public void reduce(Text key, Iterable<IntWritable> values,
                           Context context
        ) throws IOException, InterruptedException {
            int sum = 0;
            for (IntWritable val : values) {
                sum += val.get();
            }
            result.set(sum);
            context.write(key, result);
        }
    }

    public static void main(String[] args) throws Exception {
        Configuration conf = new Configuration();
        String[] otherArgs = new GenericOptionsParser(conf, args)
                .getRemainingArgs();
        if (otherArgs.length < 2) {
            System.err.println("Usage: wordcount <in> [<in>...] <out>");
            System.exit(2);
        }
        Job job = Job.getInstance(conf, "word count");
        job.setJarByClass(WordCount.class);
        job.setMapperClass(TokenizerMapper.class);
        job.setCombinerClass(IntSumReducer.class);
        job.setReducerClass(IntSumReducer.class);
        job.setOutputKeyClass(Text.class);
```

第 4 章　MapReduce 入门编程

```
    job.setOutputValueClass(IntWritable.class);
    for (int i = 0; i < otherArgs.length - 1; ++i) {
        FileInputFormat.addInputPath(job, new Path(otherArgs[i]));
    }
    FileOutputFormat.setOutputPath(job,
        new Path(otherArgs[otherArgs.length - 1]));
    System.exit(job.waitForCompletion(true) ? 0 : 1);
    }
}
```

WordCount 源码非常简单，从结构上可以分为 3 部分，分别是应用程序 Driver 模块、Mapper 模块（执行 Map 任务）与 Reducer 模块（执行 Reduce 任务）。下面依次对这 3 部分的代码块进行解读。

1. 应用程序 Driver 模块

WordCount 的 Driver 程序如图 4-26 所示。Driver 程序主要指的是 main() 方法，即 MapReduce 程序的入口，在 main() 方法中进行 MapReduce 程序的初始化设置，并提交任务，等待程序运行完成。

```
68    public static void main(String[] args) throws Exception {
69        Configuration conf = new Configuration();
70        String[] otherArgs = new GenericOptionsParser(conf, args).getRemainingArgs();
71        if (otherArgs.length < 2) {
72            System.err.println("Usage: wordcount <in> [<in>...] <out>");
73            System.exit( status: 2);
74        }
75        Job job = Job.getInstance(conf, jobName: "word count");
76        job.setJarByClass(WordCount.class);
77        job.setMapperClass(TokenizerMapper.class);
78        job.setCombinerClass(IntSumReducer.class);
79        job.setReducerClass(IntSumReducer.class);
80        job.setOutputKeyClass(Text.class);
81        job.setOutputValueClass(IntWritable.class);
82        for (int i = 0; i < otherArgs.length - 1; ++i) {
83            FileInputFormat.addInputPath(job, new Path(otherArgs[i]));
84        }
85        FileOutputFormat.setOutputPath(job,
86            new Path(otherArgs[otherArgs.length - 1]));
87        System.exit(job.waitForCompletion( verbose: true) ? 0 : 1);
88    }
```

图 4-26　Driver 程序

（1）第 69 行代码：初始化相关 Hadoop 配置，通过 new 关键字创建一个实例即可。

（2）第 75 行代码：新建 Job 并设置主类。Job 实例化需要两个参数，第 1 个参数 conf 是 Configuration 的实例对象，第 2 个参数 word count 指的是 MapReduce 任务的任务名称。

（3）第 77~79 行代码：设置 Mapper、Combiner、Reducer。这一部分的代码为固定写法，里面的类名可以改变。一般情况下，圆括号里的类名为实际任务的 Mapper、Combiner、Reducer。其中，Mapper 与 Reducer 是必须设置的类，而 Combiner 是可选项。因为在这个示例中 Combiner 和 Reducer 的处理逻辑是完全相同的，所以在本例的词频统计中 Combiner 的设置与 Reducer 完全相同。关于 Combiner 的作用，将在第 5 章中继续讲解。

（4）第80～81行代码：设置输出键值对格式。在MapReduce任务中涉及4个键值对格式：Mapper输入键值对格式<K1,V1>，Mapper输出键值对格式<K2,V2>，Reducer输入键值对格式<K2,V2>，Reducer输出键值对格式<K3,V3>。当Mapper输出键值对格式<K2,V2>和Reducer输出键值对格式<K3,V3>一样时，可以只设置Reducer输出键值对格式。关于输入与输出的键值对格式的选择，在后续章节中还会进一步说明。

（5）第82～86行代码：设置输入与输出路径。若有必要，则可以增加对文件输入与输出格式的设置。文件输入与输出格式的设置将在第5章中进行介绍。

（6）第87行代码：提交任务，等待运行。提交MapReduce任务运行，并等待任务运行结束（为固定写法）。

综合应用程序Driver模块的代码块描述，可以总结出MapReduce任务初始化的通用代码，如代码4-2所示。开发者可以根据具体应用需求修改其中的参数，直接使用即可。

代码4-2　MapReduce任务初始化的通用代码

```
Configuration conf = new Configuration();
Job job = Job.getInstance(conf);
job.setMapperClass(MyMapper.class);
job.setReducerClass(MyReducer.class);
job.setCombinerClass(MyCombiner.class);
job.setMapOutputKeyClass(MyMapKeyWritable.class);
job.setMapOutputValueClass(MyMapValueWritable.class);
job.setOutputKeyClass(MyKeyWritable.class);
job.setOutputValueClass(MyValueWritable.class);
job.setInputFormatClass(MyInputFormat.class);
job.setOutputFormatClass(MyOutputFormat.class);
for (int i = 0; i < args.length - 1; ++i) {
    FileInputFormat.addInputPath(job, new Path(args[i]));
}
FileOutputFormat.setOutputPath(job,new Path(args[args.length - 1]));
job.waitForCompletion(true);
```

2. Mapper模块

MapReduce将复杂的、运行在Hadoop集群上的并行计算过程集成到了Mapper与Reducer两个模块中，开发者只需要将业务处理逻辑通过Mapper模块中的map()方法与Reducer模块中的reduce()方法实现，即可达到分布式并行编程目的。

在MapReduce程序中，主要的代码实现包括Mapper模块中的map()方法以及Reducer模块中的reduce()方法。在WordCount源码中，Mapper模块对应源码中的TokenizerMapper类，如图4-27所示。

（1）自定义TokenizerMapper类（第36～37行代码），需要继承Mapper父类，同时需要设置输入/输出键值对格式，其中输入键值对格式需要与输入格式设置的类读取生成的键值对格式匹配，而输出键值对格式需要与Driver中设置的Mapper输出键值对格式匹配。

（2）Mapper类共有3个方法，分别是setup()、map()、cleanup()。若TokenizerMapper类要使用Mapper类中的方法，则需要重写Mapper类中的方法。Mapper任务启动后首先执行setup()方法，该方法主要用于初始化工作。map()方法对每条输入键值对按执行方法中定义的逻辑进行处理，并按规定的键值对格式输出。在所有键值对处理完成后，再调用cleanup()方法，cleanup()方法主要用于关闭资源等操作。

```
36      public static class TokenizerMapper
37              extends Mapper<Object, Text, Text, IntWritable> {
38
39          private final static IntWritable one = new IntWritable(value: 1);
40          private Text word = new Text();
41
42          public void map(Object key, Text value, Context context
43          ) throws IOException, InterruptedException {
44              StringTokenizer itr = new StringTokenizer(value.toString());
45              while (itr.hasMoreTokens()) {
46                  word.set(itr.nextToken());
47                  context.write(word, one);
48              }
49          }
50      }
```

图 4-27　Mapper 模块

（3）map()方法的代码实现要与实际业务逻辑挂钩，由开发者自行编写。因为实际业务需求是词频统计，所以处理逻辑是将每个输入键值对（键值对为<行的偏移量,行字符串>）的值（行字符串）按照分隔符进行分隔，得到每个单词，再对每个单词进行处理，输出<单词,1>键值对形式的中间结果。

3. Reducer 模块

在 WordCount 源码中，Reducer 模块对应源码中的 IntSumReducer 类，如图 4-28 所示。

```
52      public static class IntSumReducer
53              extends Reducer<Text, IntWritable, Text, IntWritable> {
54          private IntWritable result = new IntWritable();
55
56          public void reduce(Text key, Iterable<IntWritable> values,
57                             Context context
58          ) throws IOException, InterruptedException {
59              int sum = 0;
60              for (IntWritable val : values) {
61                  sum += val.get();
62              }
63              result.set(sum);
64              context.write(key, result);
65          }
66      }
```

图 4-28　Reducer 模块

（1）自定义 IntSumReducer 类（第 52～53 行代码），需要继承 Reducer 父类，和 Mapper 一样，需要设置输入/输出键值对格式。其中输入键值对格式需要与输入格式设置的类读取生成的键值对格式保持一致，输出键值对格式需要和 Driver 中设置的输出键值对格式保持一致。

（2）Reducer 类也有 3 个方法：setup()、cleanup()、reduce()。且 IntSumReducer 类如果需要使用 Reducer 类中的方法，那么需要重写 Reducer 类中的方法。setup()、cleanup()方法和 Mapper 类中的同名方法功能一致，并且 setup()方法也是在最开始执行一次，而 cleanup()方法在最后执行一次。

（3）核心部分是reduce()方法的实现，reduce()方法需要实现实际业务相关的处理逻辑。在reduce()方法中需要将相同键对应的列表值全部进行累加，最后输出<单词,词频>键值对形式的结果。

经过对WordCount源码的解读，相信读者已经对使用MapReduce编程实现词频统计有更加全面的认识。进行MapReduce编程时，开发者主要实现Mapper与Reducer这两个模块，其中包括定义输入/输出键值对格式、编写map()与reduce()方法中定义的处理逻辑等。

任务4.3 统计网站每日的访问次数

任务描述

访问次数源码解析

网站的访问次数分布情况对网站运营商而言是十分重要的指标，网站运营商可以根据实际的访问情况总结用户可能感兴趣的内容，从而调整网站的版块和内容设计。本节的任务是通过MapReduce编程实现网站每日的访问次数统计，编写MapReduce程序首先需要考虑Map阶段和Reduce阶段各自的处理逻辑，再根据处理逻辑编写Mapper模块与Reducer模块的代码，最后将完整的代码编译并打包后提交至Hadoop集群运行。

4.3.1 分析思路与处理逻辑

使用MapReduce编程统计网站每日的访问次数，必须重点考虑以下3个要素。

1. 定义输入/输出格式

竞赛网站用户的访问日期在格式上都属于文本格式，访问次数为整型数值格式，组成的键值对为<访问日期,访问次数>，因此Map阶段与Reduce阶段的输出键值对类型均为<Text,IntWritable>。

2. Mapper模块的逻辑实现

根据Map阶段的处理逻辑编写Mapper模块的代码，Mapper模块中主要实现的部分为map()方法。map()方法的主要任务是读取用户访问日志文件中的数据，输出所有访问日期与初始次数的键值对。访问日期是数据文件中的第5列，因此先定义一个数组，再提取第5个元素的前9个字符，与初始次数1一起构成输出键值对，即<访问日期,1>。

根据Map阶段的处理逻辑，使用伪代码编写Mapper模块的代码，如表4-3所示。

表4-3 Mapper处理逻辑伪代码

Begin
自定义MyMap类继承Mapper类；
覆写map()方法；
定义初始次数为1；
读取用户访问日志文件；
以每一行为单位，以逗号为分隔符进行拆分；
将结果存入Array数组；
将Array数组中的第5个元素的前9个字符与初始次数组合后输出，格式为<访问日期,1>；
End

3. Reducer 模块的逻辑实现

根据 Reduce 阶段的处理逻辑编写 Reducer 模块的代码，Reducer 模块中主要实现的部分为 reduce()方法。reduce()方法的主要任务就是读取 Map 阶段的输出键值对，即<访问日期,1>。Reduce 阶段的处理逻辑与官方示例 WordCount 中 Reduce 阶段的处理逻辑完全相同，因此 Reducer 类的主要代码也与其相同，在此不详述。根据 Reduce 阶段的处理逻辑，使用伪代码编写 Reducer 模块的代码，如表 4-4 所示。

表 4-4　Reducer 处理逻辑伪代码

```
Begin
    自定义 MyReduce 类继承 Reducer 类；
        覆写 reduce()方法；
            读取 Mapper 类的输出键值对；
            将相同键的值进行累加；
            输出<访问日期,总访问次数>；
End
```

4.3.2　编写核心模块代码

理解了 Map 阶段和 Reduce 阶段的处理逻辑后，即可编写代码实现网站每日的访问次数统计，实现步骤如下。

（1）编写 Mapper 模块的代码，读取日志数据并以","为分隔符分隔数据，以日期作为键，以 1 作为值，如代码 4-3 所示。

代码 4-3　Mapper 模块的代码

```java
// Mapper 模块
public static class MyMap extends Mapper<Object, Text, Text, IntWritable> {
    public void map(Object key, Text value, Context context)
            throws IOException, InterruptedException {
        String line = value.toString();
        String arr[] = line.split(",");
        context.write(new Text(arr[4].substring(0, 9)), new IntWritable(1));
    }
}
```

（2）编写 Reducer 模块的代码，读取 Mapper 模块的输出键值对，并将相同键的值进行累加，即可统计出网站每日的访问次数，如代码 4-4 所示。

代码 4-4　Reducer 模块的代码

```java
// Reducer 模块
public static class MyReduce extends Reducer<Text, IntWritable, Text, IntWritable> {
    public void reduce(Text key, Iterable<IntWritable> values, Context context)
            throws IOException, InterruptedException {
        int count = 0;
        for (IntWritable value : values) {
            count++;
        }
```

```
        context.write(key, new IntWritable(count));
    }
}
```

（3）编写 Driver 模块的代码，设置 Hadoop 集群的初始化配置，如代码 4-5 所示。

代码 4-5　Driver 模块的代码

```
public static void main(String[] args) throws Exception {
    Configuration conf = new Configuration();
    String[] otherArgs = new GenericOptionsParser(conf, args)
        .getRemainingArgs();
    if (otherArgs.length < 2) {
        System.err.println("必须输入读取文件路径和输出路径");
        System.exit(2);
    }
    Job job = Job.getInstance(conf, "visits count");
    job.setJarByClass(dailyAccessCount.class);
    job.setMapperClass(MyMap.class);
    job.setReducerClass(MyReduce.class);
    job.setOutputKeyClass(Text.class);
    job.setOutputValueClass(IntWritable.class);
    for (int i = 0; i < otherArgs.length - 1; ++i) {
        FileInputFormat.addInputPath(job, new Path(otherArgs[i]));
    }
    FileOutputFormat.setOutputPath(job,
        new Path(otherArgs[otherArgs.length - 1]));
    System.exit(job.waitForCompletion(true) ? 0 : 1);
}
```

4.3.3　任务实现

第一部分，根据网站每日访问次数的统计需求，分析 Map 阶段和 Reduce 阶段的处理逻辑，编写 Mapper 模块、Reducer 模块和 Driver 模块的代码。定义一个 dailyAccessCount 类，封装 Mapper 模块、Reducer 模块和 Driver 模块的实现，完整代码如代码 4-6 所示。

代码 4-6　dailyAccessCount.java 文件

```
package Text.NO4;

import org.apache.hadoop.conf.Configuration;
import org.apache.hadoop.fs.Path;
import org.apache.hadoop.io.IntWritable;
import org.apache.hadoop.io.Text;
import org.apache.hadoop.mapreduce.Job;
import org.apache.hadoop.mapreduce.Mapper;
import org.apache.hadoop.mapreduce.Reducer;
import org.apache.hadoop.mapreduce.lib.input.FileInputFormat;
import org.apache.hadoop.mapreduce.lib.output.FileOutputFormat;
import org.apache.hadoop.util.GenericOptionsParser;

import java.io.IOException;

public class dailyAccessCount {
    public static class MyMap
```

```java
        extends Mapper<Object, Text, Text, IntWritable> {
    public void map(Object key, Text value, Context context)
            throws IOException, InterruptedException {
        String line = value.toString();
        String arr[] = line.split(",");
        context.write(new Text(arr[4].substring(0, 9)),
                new IntWritable(1));
    }
}

public static class MyReduce
        extends Reducer<Text, IntWritable, Text, IntWritable> {
    public void reduce(Text key, Iterable<IntWritable> values,
                Context context)
            throws IOException, InterruptedException {
        int count = 0;
        for (IntWritable value : values) {
            count++;
        }
        context.write(key, new IntWritable(count));
    }
}

public static void main(String[] args) throws Exception {
    Configuration conf = new Configuration();
    String[] otherArgs = new GenericOptionsParser(conf, args)
            .getRemainingArgs();
    if (otherArgs.length < 2) {
        System.err.println("必须输入读取文件路径和输出路径");
        System.exit(2);
    }
    Job job = Job.getInstance(conf, "visits count");
    job.setJarByClass(dailyAccessCount.class);
    job.setMapperClass(MyMap.class);
    job.setReducerClass(MyReduce.class);
    job.setOutputKeyClass(Text.class);
    job.setOutputValueClass(IntWritable.class);
    for (int i = 0; i < otherArgs.length - 1; ++i) {
        FileInputFormat.addInputPath(job, new Path(otherArgs[i]));
    }
    FileOutputFormat.setOutputPath(job,
            new Path(otherArgs[otherArgs.length - 1]));
    System.exit(job.waitForCompletion(true) ? 0 : 1);
    }
}
```

第二部分，编译生成 Jar 包，并提交至 Hadoop 集群运行，步骤如下。

（1）编译生成 dailyAccessCount.jar。

（2）上传 dailyAccessCount.jar 至 master 节点。

（3）在 master 节点中，通过"hadoop jar"命令提交 MapReduce 任务给集群，如代码 4-7 所示。

代码 4-7　通过"hadoop jar"命令提交 MapReduce 任务给集群

```
hadoop jar /opt/jars/Hadoop/dailyAccessCount.jar \
Text.NO4.dailyAccessCount \
/Tipdm/Hadoop/MapReduce/raceData.csv \
/Tipdm/Hadoop/MapReduce/Result/dailyAccessCount
```

（4）在 HDFS 的服务监控端口中，进入 HDFS 的/Tipdm/Hadoop/MapReduce/Result/dailyAccessCount 目录下查看输出结果，如图 4-29 所示。结果包含两列数据，第一列是访问日期，已自动按日期进行排序；第二列是每个访问日期对应的总访问次数。

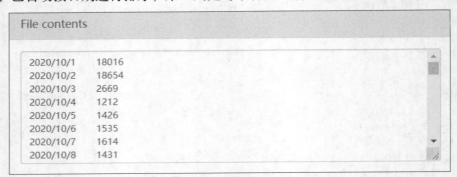

图 4-29　统计网站每日访问次数的结果

任务 4.4　将网站每日访问次数根据访问次数进行升序排序

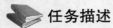 任务描述

在 4.3 节中虽然实现了网站每日访问次数的统计，并将输出结果保存至 HDFS，但是网站每日的访问次数是根据访问日期进行升序排序的，不能直观地看出访问次数大致的分布情况。为了更利于分析，本节的任务是读取/Tipdm/Hadoop/MapReduce/Result/dailyAccessCount 目录中的输出结果，按照访问次数进行升序排序，并将排序后的结果存储至 HDFS。

4.4.1　分析思路与处理逻辑

首先，对需要处理的数据文件进行分析，网站每日访问次数的数据有两个字段，即访问日期与访问次数，部分数据如表 4-5 所示，现需要根据第二列即访问次数对文件中的数据进行升序排序。

表 4-5　输入数据的内容及格式

2020/10/1	18016
2020/10/2	18654
2020/10/3	2669
2020/10/4	1212
2020/10/5	1426

在 4.2 节中介绍了 MapReduce 的工作原理及执行流程，数据经过 Mapper 处理后输出键值对，经过 Shuffle 后再传递给 Sorter，Sorter 根据键对键值对进行排序后，再传递给 Reducer 进行处理，最后的输出结果是按键进行升序排序的。因此，利用 MapReduce 的 Sorter 根据键进行排序的特性，即可对需要排序的数据列进行处理。需要特别注意的是，

第 4 章　MapReduce 入门编程

MapReduce 仅对键进行排序，而不对值进行排序，因此必须将需要进行排序的数据列设置为键。对网站每日访问次数的数据按照访问次数进行升序排序的处理流程如图 4-30 所示。

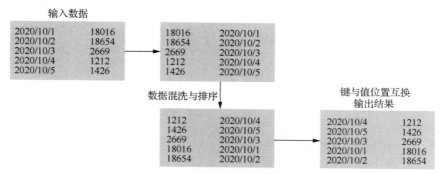

图 4-30　根据键值对中的键进行排序的处理流程

Mapper 模块的处理逻辑相对简单，对于输入的键值对，将键与值位置进行交换，即由 <访问日期,访问次数> 转换为 <访问次数,访问日期>。在 Mapper 输出后，键值对经过 Shuffle 与 Sorter 的处理，已根据键自动进行了排序，输出格式依然为 <访问次数,访问日期>。

Reducer 模块的处理逻辑与 Mapper 模块相反，对于输入的键值对，将键与值位置进行交换，即由 <访问次数,访问日期> 重新转换为 <访问日期,访问次数>。

对于数据输入与输出格式的选择，需要根据其在键值对中的具体位置进行配置，需设置访问日期为对应的 Text 类，访问次数为对应的 IntWritable 类。

4.4.2　编写核心模块代码

分析了 Map 阶段和 Reduce 阶段的处理逻辑后，即可编写核心模块代码。注意，需要设置 Reduce 任务数为 1，将所有排序结果都输出到同一个文件里。设置 Reduce 任务数，可在驱动类中添加代码 4-8 所示的代码。

代码 4-8　设置 Reduce 任务数

```
job.setNumReduceTasks(num);
```

其中，num 是指 Reduce 任务数，例如要设置 Reduce 任务数为 2，则 num 为 2。一般情况下，MapReduce 默认的 Reduce 任务数是 1。因此，如果 Reduce 任务数为 1，则不必在驱动类中设置 Reduce 任务数。

（1）编写 Mapper 模块的代码，实现键和值位置交换，如代码 4-9 所示。

代码 4-9　Mapper 模块的代码

```java
// Mapper 模块
public static class MyMap extends Mapper<Object, Text, IntWritable, Text> {
    public void map(Object key, Text value, Context context)
            throws IOException, InterruptedException {
        String line = value.toString();
        // 指定制表符为分隔符
        String arr[] = line.split("\t");
        // 键：访问次数，值：访问日期
        context.write(new IntWritable(Integer.parseInt(arr[1])),
```

```
            new Text(arr[0]));
    }
}
```

（2）编写 Reducer 模块的代码，实现键和值位置交换，如代码 4-10 所示。

代码 4-10 Reducer 模块的代码

```
// Reducer 模块
public static class MyReduce extends Reducer<IntWritable, Text, Text, IntWritable> {
    public void reduce(IntWritable key, Iterable<Text> values,
                Context context)
        throws IOException, InterruptedException {
        for (Text value : values) {
            context.write(value, key);
        }
    }
}
```

（3）编写 Driver 模块的代码，重点是输入键值对与输出键值对的配置，如代码 4-11 所示。

代码 4-11 Driver 模块的代码

```
public static void main(String[] args) throws Exception {
    Configuration conf = new Configuration();
    String[] otherArgs = new GenericOptionsParser(conf, args)
            .getRemainingArgs();
    if (otherArgs.length < 2) {
        System.err.println("必须输入读取文件路径和输出路径");
        System.exit(2);
    }
    Job job = Job.getInstance(conf, "Visits Sort");
    job.setJarByClass(accessTimesSort.class);
    job.setMapperClass(MyMap.class);
    job.setReducerClass(MyReduce.class);
    job.setMapOutputKeyClass(IntWritable.class);
    job.setMapOutputValueClass(Text.class);
    job.setOutputKeyClass(Text.class);
    job.setOutputValueClass(IntWritable.class);
    for (int i = 0; i < otherArgs.length - 1; ++i) {
        FileInputFormat.addInputPath(job, new Path(otherArgs[i]));
    }
    FileOutputFormat.setOutputPath(job,
            new Path(otherArgs[otherArgs.length - 1]));
    System.exit(job.waitForCompletion(true) ? 0 : 1);
}
```

4.4.3 任务实现

日访问量升序排序

第一部分，根据访问次数进行升序排序的统计网站每日访问次数的需求，分析 Map 阶段和 Reduce 阶段的处理逻辑，编写 Mapper 模块、Reducer 模块和 Driver 模块的代码。定义一个 accessTimesSort 类，封装

第 4 章 MapReduce 入门编程

Mapper 模块、Reducer 模块和 Driver 模块的实现，完整代码如代码 4-12 所示。

代码 4-12 accessTimesSort.java 文件

```java
package Text.NO4.test2;

import org.apache.hadoop.conf.Configuration;
import org.apache.hadoop.fs.Path;
import org.apache.hadoop.io.IntWritable;
import org.apache.hadoop.io.Text;
import org.apache.hadoop.mapreduce.Job;
import org.apache.hadoop.mapreduce.Mapper;
import org.apache.hadoop.mapreduce.Reducer;
import org.apache.hadoop.mapreduce.lib.input.FileInputFormat;
import org.apache.hadoop.mapreduce.lib.output.FileOutputFormat;
import org.apache.hadoop.util.GenericOptionsParser;

import java.io.IOException;

public class accessTimesSort {
    public static class MyMap extends Mapper<Object, Text, IntWritable, Text> {
        public void map(Object key, Text value, Context context)
                throws IOException, InterruptedException {
            String line = value.toString();
            // 指定制表符为分隔符
            String arr[] = line.split("\t");
            // 键：访问次数，值：访问日期
            context.write(new IntWritable(Integer.parseInt(arr[1])),
                    new Text(arr[0]));
        }
    }

    public static class MyReduce extends Reducer<IntWritable, Text, Text, IntWritable> {
        public void reduce(IntWritable key, Iterable<Text> values,
                    Context context)
                throws IOException, InterruptedException {
            for (Text value : values) {
                context.write(value, key);
            }
        }
    }

    public static void main(String[] args) throws Exception {
        Configuration conf = new Configuration();
        String[] otherArgs = new GenericOptionsParser(conf, args)
                .getRemainingArgs();
        if (otherArgs.length < 2) {
            System.err.println("必须输入读取文件路径和输出路径");
            System.exit(2);
        }
        Job job = Job.getInstance(conf, "Visits Sort");
```

```
        job.setJarByClass(accessTimesSort.class);
        job.setMapperClass(MyMap.class);
        job.setReducerClass(MyReduce.class);
        job.setMapOutputKeyClass(IntWritable.class);
        job.setMapOutputValueClass(Text.class);
        job.setOutputKeyClass(Text.class);
        job.setOutputValueClass(IntWritable.class);
        for (int i = 0; i < otherArgs.length - 1; ++i) {
            FileInputFormat.addInputPath(job, new Path(otherArgs[i]));
        }
        FileOutputFormat.setOutputPath(job,
            new Path(otherArgs[otherArgs.length - 1]));
        System.exit(job.waitForCompletion(true) ? 0 : 1);
    }
}
```

第二部分，编译生成 Jar 包并上传到 Hadoop 集群上运行，步骤如下。

（1）编译生成 accessTimesSort.jar。

（2）上传 accessTimesSort.jar 至 master 节点。

（3）在 master 节点中，通过"hadoop jar"命令提交 MapReduce 任务给集群，如代码 4-13 所示。

代码 4-13　通过"hadoop jar"命令提交 MapReduce 任务给集群

```
hadoop jar /opt/jars/Hadoop/accessTimesSort.jar \
Text.NO4.test2.accessTimesSort \
/Tipdm/Hadoop/MapReduce/Result/dailyAccessCount \
/Tipdm/Hadoop/MapReduce/Result/accessTimesSort
```

（4）在 HDFS 中查看输出结果，如图 4-31 所示。结果包含两列数据：第一列是访问日期；第二列是访问日期对应的总访问次数，且所有的数据记录根据访问次数按从小到大的顺序进行排序。

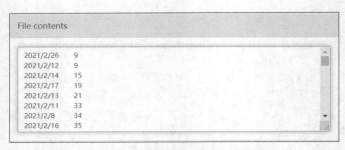

图 4-31　按访问次数进行排序的结果

小结

本章首先介绍了在 Windows 下 Java 和 IntelliJ IDEA 开发工具的安装过程，并介绍了在 IntelliJ IDEA 中创建 MapReduce 工程及配置 MapReduce 环境的过程。接着介绍了 MapReduce 编程的基础知识，通过对 Hadoop 官方的示例 WordCount 源码的解读，使读者深入了解 MapReduce 的工作原理与执行流程。最后结合竞赛网站每日访问次数的统计任务，分析了 MapReduce 编程的基本思路和处理逻辑，实现了核心代码的编写。

第 4 章　MapReduce 入门编程

实训

实训 1　使用 MapReduce 编程统计某超市 1 月商品被购买的次数

1．实训要点

（1）掌握基础 MapReduce 程序的核心代码编写方法。

（2）掌握读取输入文件的方法。

（3）掌握 MapReduce 程序 Map 与 Reduce 阶段输入、输出键值对的设置方法。

2．需求说明

超市如果不根据客户实际的消费需求进货，那么极有可能造成成本浪费和货物堆积。因此，根据用户的购买记录，合理分析超市商品的销售情况，更有利于超市盈利。现有一份某超市 1 月的订单数据，包含订单 ID（ID）和商品名称（Goods）两个数据字段，部分订单数据如表 4-6 所示，每个用户有可能购买多种商品。为了分析超市 1 月的商品销售情况，现需要使用 MapReduce 编程统计该超市 1 月每种商品被购买的次数。

表 4-6　某超市 1 月的部分订单数据

ID	Goods
1	柑橘类水果
1	人造黄油
1	即食汤
1	半成品面包
2	咖啡
2	热带水果
2	酸奶

3．实现思路及步骤

（1）在 Mapper 模块中，使用 map()方法读取超市订单数据，并将读取的数据按","进行分隔，以商品名称作为键，以 1 作为值，组成键值对<商品名称,1>，设置 Map 阶段的输出键值对类型为<Text,IntWritable>。

（2）在 Reducer 模块中，由于 Map 阶段的输出键值对类型是<Text,IntWritable>，所以 Reduce 阶段接收的键值对类型是<Text,Iterable<IntWritable>>。针对相同的键（商品名称），遍历比较每个键对应的值（初始购买次数 1）并进行求和，最后输出键值对<商品名称,购买次数>。

实训 2　使用 MapReduce 编程统计各科目的平均成绩

1．实训要点

（1）熟悉 MapReduce 的执行流程。

（2）掌握基础 MapReduce 程序的编写方法。

（3）掌握 MapReduce 程序 Map 与 Reduce 阶段输入、输出键值对的设置方法。

2. 需求说明

某中学每月都需要进行一次考试，考察学生的学习情况，对学生成绩进行总结、分析，查漏补缺，优化教育方法。经过一次月考后，现有一份某班级的学生成绩表 subject_score，即成绩表 A，记录该班级所有学生在本次月考中所有科目的成绩，如表 4-7 所示。表中包含 3 个字段，学号（sno）、科目（course）和成绩（grade）。现要求统计这次月考的各科目平均成绩，并将结果输出到各科目平均成绩表 B，示例内容如表 4-8 所示。

表 4-7 成绩表 A 的部分内容

sno	course	grade	sno	course	grade
202101	语文	96	202102	语文	109
202101	数学	149	202102	数学	118
202101	英语	130	202102	英语	141
202101	物理	90	202102	物理	72
202101	化学	44	202102	化学	99
202101	生物	99	202102	生物	70

表 4-8 各科目平均成绩表 B 的示例内容

course	avg_grade	course	avg_grade
化学	74	生物	53
数学	75	英语	69
物理	50	语文	59

3. 实现思路及步骤

（1）在 Mapper 模块中，使用 map()方法读取成绩表 A 中的数据，并将读取的数据按","分隔，以科目作为键，以成绩作为值，组成键值对<科目,成绩>，设置 Map 阶段的输出键值对类型为<Text,IntWritable>。

（2）在 Reducer 模块中，由于 Map 阶段的输出键值对类型是<Text,IntWritable>，所以 Reduce 阶段接收的键值对类型是<Text,Iterable<IntWritable>>。针对相同的键（科目），遍历每个键对应的值（成绩），相加计算科目总成绩，再计算平均成绩，最后输出键值对<科目,平均成绩>。

课后习题

1. 选择题

（1）对于 Hadoop 官方示例源码 WordCount，从结构上可以分为 3 个部分，下列不属于程序核心模块的是（　　）。

　　A．Driver 模块　　B．Mapper 模块　　C．Reducer 模块　　D．Main 模块

第 4 章　MapReduce 入门编程

（2）在 Hadoop 官方示例源码 WordCount 中，（　　）模块负责进行 Hadoop 集群的初始化设置，提交任务并等待程序运行完成。

　　A. Mapper　　　B. Reducer　　　C. Driver　　　D. Main

（3）如果在 Reduce 阶段需要将结果都输出到同一个文件里，那么需要设置 Reduce 任务数，下列设置方法正确的是（　　）。

　　A. job.setNumreduceTasks() = 0;　　　B. job.setNumReduceTasks(0);
　　C. job.setNumreduceTasks() = 1;　　　D. job.setNumReduceTasks(1);

（4）当 MapReduce 处理数据时，下列执行流程正确的是（　　）。

　　A. Map—Shuffle—Sort—Reduce　　　B. Shuffle—Map—Sort—Reduce
　　C. Map—Reduce—Shuffle—Sort　　　D. Map—Sort—Shuffle—Reduce

（5）使用 MapReduce 查询某个部门中薪资最高的员工姓名，如果输出结果的格式为"薪资　员工姓名"，例如"8000　Alice"（假设薪资均为整数），那么输出键值对格式应该为（　　）。

　　A. job.setOutputKeyClass(IntWritable.class);job.setOutputValueClass(Text.class);
　　B. job.setOutputKeyClass(IntWritable.class);job.setOutputValueClass(LongWritable.class);
　　C. job.setOutputKeyClass(Text.class);job.setOutputValueClass(IntWritable.class);
　　D. job.setOutputKeyClass(Text.class);job.setOutputValueClass(FloatWritable.class);

（6）在 MapReduce 程序中，Reducer 模块中的自定义 MaxReducer 类继承（　　）父类。

　　A. Map　　　B. Reducer　　　C. Reduce　　　D. Partitioner

（7）在 MapReduce 程序中，Mapper 类中的方法有（　　）。

　　A. startup()、map()、end()　　　B. startup()、run()、end()
　　C. setup()、end()、map()　　　D. setup()、map()、cleanup()

（8）在 MapReduce 框架中，在 Mapper 和 Reducer 之间的 Shuffle 的作用是（　　）。

　　A. 对 Map 的输出结果排序
　　B. 对 Map 的输出结果再次进行映射
　　C. 对中间结果进行混洗，将相同键的键值对数据进行汇集
　　D. 对中间输出结果进行压缩

（9）在驱动类中，需要使用（　　）方法设置输出数据的格式。

　　A. setJarByClass()　　　B. setOutputKeyValueClass()
　　C. setInputFormatClass()　　　D. setOutputFormatClass()

（10）当在 Job 类中设置输出键值对格式时，如果 Mapper 模块的输出键值对格式与 Reducer 模块的输出键值对格式一致，那么下列说法正确的是（　　）。

　　A. job.setOutputKeyClass()与 job.setOutputValueClass()可以不进行设置
　　B. job.setMapOutputKeyClass()与 job.setMapOutputValueClass()可以不进行设置
　　C. job.setReduceOutputKeyClass()与 job.setReduceOutputValueClass()可以不进行设置
　　D. 以上都不能省略

2．操作题

对于网站运营商而言，用户对网站内各网址的访问次数是进行用户分析常用的指标之一，统计用户对网址的访问次数可以反映该用户对网站的兴趣度，但是如果存在用户对于某个网址的访问次数远远高于正常值，那么该用户极有可能是网络爬虫用户，而网络爬虫用户不但对分析无意义，而且会影响分析的准确性，因此对于这类数据应删除。根据本章使用的竞赛网站用户访问日志数据，完成以下操作。

（1）使用 MapReduce 编程统计用户对网站内各网址的访问次数。

（2）根据操作（1）的统计结果，并结合实际，若存在网站用户对某些网址访问次数过高的情况，则删除这些用户。

第 5 章 MapReduce 进阶编程

学习目标

（1）掌握 MapReduce 输入和输出格式的设置方法。
（2）掌握 Hadoop Java API 的使用方法。
（3）掌握自定义键值类型的方法。
（4）了解 Combiner 的工作原理。
（5）掌握 Combiner、Partitioner 和自定义计数器的使用方法。
（6）熟悉 MapReduce 参数传递流程。
（7）掌握使用 IntelliJ IDEA 自动打包并提交 MapReduce 任务的方法。

任务背景

通过对 MapReduce 入门编程的学习，我们实现了对某竞赛网站每日访问次数的统计任务。2021 年 3 月，网站运营商提出了新的需求，为了比较今年与去年同期的用户访问数据，要求分别统计出 2021 年 1 月与 2 月的用户访问次数，并输出到不同的目录中。对于网站运营商提出的新需求，本章将继续带领读者通过 MapReduce 编程实现。本章将逐步引入一些高级的编程技巧，使得整个编程过程更加高效。

统计访问竞赛网站的次数情况，可以适时加强赛事的宣传，进一步激发青年学子敢于参赛、直面挑战的进取精神，青年强，则国家强。本章结合竞赛网站每日访问次数的统计任务，将首先介绍 MapReduce 中输入和输出格式的设置过程；接着介绍 Hadoop Java API 的使用方法，方便 HDFS 的文件及目录操作；然后重点介绍自定义键值类型、Combiner、Partitioner、自定义计数器的使用方法，对统计竞赛网站每日访问次数的 MapReduce 程序进行优化，提高程序运行的效率；最后介绍在 IntelliJ IDEA 中直接提交并运行 MapReduce 任务的操作过程，简化程序运行的操作。

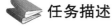 筛选日志文件并生成序列化文件

任务描述

在大数据文件的分析处理中，尤其是在处理逻辑比较复杂的情况下，需要使用多个 MapReduce 程序连续进行处理，因此需要在 HDFS 上保存大量

MapReduce 输入格式与输出格式说明

的中间结果。提高中间结果的存取效率，对于整个数据处理流程具有重要意义。Hadoop 序列化具有紧凑、快速、可扩展以及多语言交互操作的特点，十分适合作为 MapReduce 任务的输入与输出格式。本节的任务基于竞赛网站 2020 年 5 月至 2021 年 2 月用户登录网站的行为日志数据，从中筛选出 1 月与 2 月的数据，以序列化的格式保存，为后续的数据处理任务做准备。

5.1.1 设置 MapReduce 输入格式

一般而言，HDFS 的一个文件对应多个数据块，每个数据块对应一个输入分片（InputSplit），而每个 Map 任务只处理一个输入分片，每个输入分片包含一批记录，每条记录是一个键值对。编写 Mapper 模块时只需关注输入键值对，而无需关注输入数据块。输入数据块主要是由 Hadoop 自带的输入格式进行处理的。

Hadoop 自带多个输入格式，其中有一个抽象类为 FileInputFormat，所有操作文件的 InputFormat 类均从 FileInputFormat 类继承方法和属性。当启动 Hadoop 作业时，FileInputFormat 类的方法将得到一个路径参数，这个路径内包含所需要处理的文件，FileInputFormat 类的方法会读取这个路径内的所有文件，再将这些文件拆分成一个或多个输入分片。InputFormat 类的继承结构如图 5-1 所示。

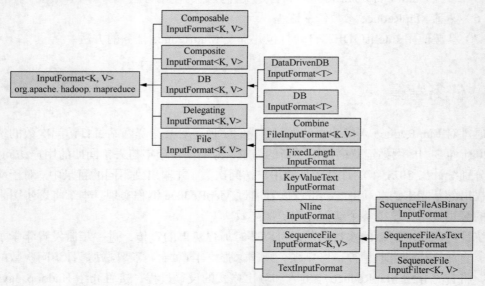

图 5-1 InputFormat 类的继承结构

几个常用的输入格式如表 5-1 所示。

表 5-1 常用的输入格式

输入格式	描述	键类型	值类型
TextInputFormat	默认格式，读取文件的行	行的字节偏移量（LongWrible）	行的内容（Text）
SequenceFileInputFormat	Hadoop 定义的高性能二进制格式	用户自定义	用户自定义
KeyValueTextInputFormat	将行解析为键值对	第一个制表符前的所有字符（Text）	行剩下的内容（Text）

第 5 章　MapReduce 进阶编程

在表 5-1 中，TextInputFormat 是默认的输入格式。每条记录是一行输入，键是 LongWritable 类型，存储该行在整个文件中的字节偏移量，值是该行的内容。但是有时将每一行在文件中的字节偏移量作为键并不奏效。在某些情况下，文件中的每一行是一个键值对，使用某个分隔符进行分隔，在这种情况下可使用 KeyValueTextInputFormat 输入格式。KeyValueTextInputFormat 输入格式可以将行解析为键值对，默认分隔符为制表符，也可以通过 mapreduce.input.keyvaluelinerecordreader.key.value.separator 属性指定分隔符。此外，Hadoop 的 MapReduce 不仅可以处理文本信息，而且可以处理二进制格式的数据。二进制格式也称序列化格式。Hadoop 序列化有如下特点。

（1）紧凑：高效使用存储空间。
（2）快速：读取数据的额外开销小。
（3）可扩展：可透明地读取旧格式的数据。
（4）多语言交互操作：可以使用不同的语言读/写永久存储的数据。

处理序列化格式的数据需要使用 SequenceFileInputFormat 作为 MapReduce 的输入格式。

可在驱动类中使用 job 对象的 setInputFormatClass()方法设置 MapReduce 的输入格式。例如，读取某竞赛网站 2021 年用户登录的信息，需要在驱动类中设置输入格式为 TextInputFormat，如代码 5-1 所示。由于 TextInputFormat 是默认的输入格式，所以当输入格式是 TextInputFormat 时，驱动类可以不设置输入格式。若使用其他输入格式，则要在驱动类中设置输入格式。

代码 5-1　设置输入格式

```
job.setInputFormatClass(TextInputFormat.class)
```

5.1.2　设置 MapReduce 输出格式

Hadoop 既有输入格式也有对应的输出格式，输出格式对应的抽象类为 OutputFormat。输出格式其实是输入格式的逆过程，即将键值对写入 HDFS 中。OutputFormat 类的继承结构如图 5-2 所示。默认的输出格式是 TextOutputFormat，TextOutputFormat 输出格式将每条记录写为文本行。由于 TextOutputFormat 输出格式调用 toString()方法将键和值转换为字符串，所以 TextOutputFormat 输出格式的键和值可以是任意类型。每个键值对由制表符进行分隔或通过设定 mapreduce.output.textoutputformat.separator 属性改变默认的分隔符。

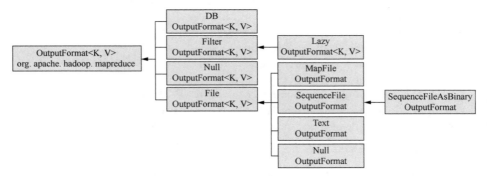

图 5-2　OutputFormat 类的继承结构

几个常用的输出格式如表 5-2 所示。

表 5-2 常用的输出格式

输出格式	描述
TextOutputFormat	默认的输出格式,以键值对的方式输出行
SequenceFileOutputFormat	输出二进制文件(序列化文件),适合作为子 MapReduce 作业的输入
NullOutputFormat	忽略收到的数据,即没有输出

TextOutputFormat 输出格式是以键值对的方式输出行。SequenceFileOutputFormat 输出格式则是输出序列化文件,如果输出需要作为后续 MapReduce 任务的输入,序列化的格式是一种较好的输出格式,因为序列化的格式紧凑,所以很容易被压缩。NullOutputFormat 输出格式将忽略收到的数据,即没有输出。可在驱动类中使用 job 对象的 setOutputFormatClass()方法设置 MapReduce 的输出格式。在驱动类中将输出格式设置为以序列化的格式输出,如代码 5-2 所示。

代码 5-2 设置输出格式

```
job.setOutputFormatClass(SequenceFileOutputFormat.class);
```

5.1.3 任务实现

筛选日志文件并生成序列化文件

筛选出某竞赛网站 2021 年 1 月和 2 月的用户日志数据,将其以序列化的格式输出,并查看输出结果,实现步骤如下。

(1)以文本格式读取文件。

(2)在 Mapper 模块的 map()方法中判断读取的数据是否是 1 月或 2 月的数据。若是,则将该数据输出;若不是,则不输出。

(3)以序列化的格式输出数据。由于本任务不需要对数据进行汇总计算,因此不需要实现 Reducer 模块的代码,只需完成 Mapper 模块即可,即 Map 阶段的输出结果可以直接保存至 HDFS。在驱动类中设置 Reduce 任务数为 0,实现 Driver 模块和 Mapper 模块,如代码 5-3 所示。

代码 5-3 筛选日志文件并生成序列化文件

```java
package No5.Text.test1;

import org.apache.hadoop.conf.Configuration;
import org.apache.hadoop.fs.Path;
import org.apache.hadoop.io.Text;
import org.apache.hadoop.mapreduce.Job;
import org.apache.hadoop.mapreduce.Mapper;
import org.apache.hadoop.mapreduce.lib.input.FileInputFormat;
import org.apache.hadoop.mapreduce.lib.input.TextInputFormat;
import org.apache.hadoop.mapreduce.lib.output.FileOutputFormat;
import org.apache.hadoop.mapreduce.lib.output.SequenceFileOutputFormat;
import org.apache.hadoop.util.GenericOptionsParser;

import java.io.IOException;

public class SelectData {
    public static class MyMap extends Mapper<Object, Text, Text, Text> {
```

```java
    public void map(Object key, Text value, Context context)
            throws IOException, InterruptedException {
        String line = value.toString();
        String arr[] = line.split(",");
        if (arr[4].contains("2021/1") || arr[4].contains("2021/2")) {
            context.write(new Text(arr[2]),
                    new Text(arr[4].substring(0, 9)));
        }
    }
}

public static void main(String[] args) throws Exception {
    Configuration conf = new Configuration();
    String[] otherArgs = new GenericOptionsParser(conf, args)
            .getRemainingArgs();
    if (otherArgs.length < 2) {
        System.err.println("必须输入读取文件路径和输出路径");
        System.exit(2);
    }
    Job job = Job.getInstance(conf, "Select Data");
    job.setJarByClass(SelectData.class);
    job.setMapperClass(MyMap.class);
    job.setOutputKeyClass(Text.class);
    job.setOutputValueClass(Text.class);
    // 设置输入格式
    job.setInputFormatClass(TextInputFormat.class);
    // 设置输出格式
    job.setOutputFormatClass(SequenceFileOutputFormat.class);
    // 设置 Reduce 任务数为 0
    job.setNumReduceTasks(0);
    for (int i = 0; i < otherArgs.length - 1; ++i) {
        FileInputFormat.addInputPath(job, new Path(otherArgs[i]));
    }
    FileOutputFormat.setOutputPath(job,
            new Path(otherArgs[otherArgs.length - 1]));
    System.exit(job.waitForCompletion(true) ? 0 : 1);
}
}
```

（4）将代码文件打包成 SelectData.jar 的 JAR 包，并将其上传至 master 节点中。将日志文件上传至/Tipdm/Hadoop/MapReduce 目录下，使用"hadoop jar"命令执行该 MapReduce 任务，读取 HDFS 的/Tipdm/Hadoop/MapReduce/raceData.csv 文件，并将其输出至 HDFS 的/Tipdm/Hadoop/MapReduce/Result/Select_Data 目录。

（5）在 HDFS 中查看输出结果，如图 5-3 所示。其中，结果的第一行指出了该文件数据的键是 Text 类型，值也是 Text 类型，后续若有子程序读取这个序列化文件，则该子程序的 Mapper 模块的输入键值对类型必须是<Text,Text>。

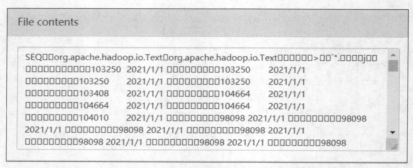

图 5-3　2021 年 1 月和 2 月用户登录信息输出的序列化结果

任务 5.2　使用 Hadoop Java API 读取序列化文件

任务描述

对 HDFS 上的文件操作大多数是通过在终端执行 HDFS 命令进行的。从本地计算机上传文件至 HDFS 时，还需要经过集群节点这个中转站，操作过程不但烦琐，而且占用了不必要的存储空间。通过 Hadoop Java API 对 HDFS 中的文件进行操作，不但能够轻松进行各类常规的文件操作，而且能够轻松处理文本、键值对、序列化等多种文件格式。本节的任务是使用 Hadoop Java API 读取 5.1 节的用户日志序列化文件，并将读取的数据保存到本地文件系统中。

Java 远程连接 HDFS 解析

5.2.1　使用 FileSystem API 管理文件夹

通过 "hdfs dfs -ls" 命令可以查看 HDFS 上某个文件夹下的所有文件。用户可以使用 Hadoop Java API 对 HDFS 目录进行相关操作。FileSystem 是其中一个通用的文件系统 API，使用 FileSystem 的第 1 步是获取 FileSystem 的一个实例，获取 FileSystem 实例的静态方法如表 5-3 所示。

表 5-3　获取 FileSystem 实例的静态方法

public static FileSystem get(Configuration conf) throws IOException
public static FileSystem get(URI uri, Configuration conf) throws IOException
public static FileSystem get(URI uri, Configuration conf, String user) throws IOException

在表 5-3 中，Configuration 对象封装了客户端或服务器的配置信息。表 5-3 中的 3 个获取 FileSystem 实例的静态方法说明如下。

（1）第 1 个方法返回一个默认的文件系统，可以在 Hadoop 的 core-site.xml 配置文件中通过设置 fs.defaultFS 属性指定。若在 core-site.xml 配置文件中没有自定义设置，则返回本地文件系统。

（2）第 2 个方法通过 uri 指定要返回的文件系统。如果 uri 是以 "hdfs" 标识开头的，则返回 HDFS；如果 uri 中没有相应的标识，则返回本地文件系统。

（3）第 3 个方法返回文件系统的原理与第 2 个方法相同，但第 3 个方法同时限定了该文件系统的用户，保证了安全性。

在 Hadoop 官网的框架源码的 org.apache.hadoop.fs 包中可以查看 FileSystem，通过查看

FileSystem 可以找到 FileSystem 类的相关方法，如图 5-4 所示。

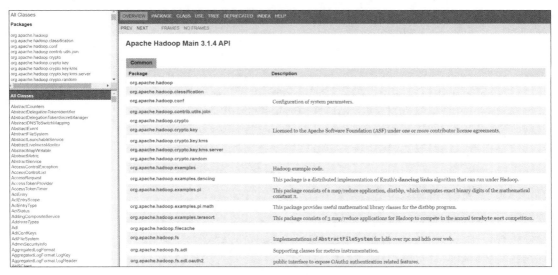

图 5-4　查看 FileSystem 类

使用 listStatus()方法可以查看 HDFS 中的目录信息，如表 5-4 所示。listStatus()方法的相关参数说明如下。

（1）f：给定路径。
（2）files：存储路径的一个数组。
（3）filter：用户提供的路径过滤器。

表 5-4　listStatus()方法

返回类型	方法
FileStatus[]	listStatus(Path f)
FileStatus[]	listStatus(Path[] files)
FileStatus[]	listStatus(Path[] files,PathFilter filter)
FileStatus[]	listStatus(Path f,PathFilter filter)

listStatus()方法返回的是一个文件列表，若需要列举出一个目录下的子目录，可以使用 listStatus(Path f)方法。例如，查看/user/root/目录下的子目录，使用 listStatus(Path f)方法得到一个文件列表，通过遍历该文件列表，判断列表中的元素是不是文件夹，若是文件夹则输出文件夹的名称。

声明一个 Configuration 对象获取集群配置，可以将 core-site.xml 文件复制至当前工程的/src/main/resources 目录下，或在代码中设置"fs.defaultFS"属性的值为"master:8020"（master 为 NameNode 所在机器的主机名称，进行配置后获取 FileSystem 实例，返回的才是 HDFS），再使用 listStatus()方法查看/user/root 目录下的子目录，如代码 5-4 所示。

代码 5-4　列举子目录

```
package No5.Text.test2;
```

```java
import org.apache.hadoop.conf.Configuration;
import org.apache.hadoop.fs.FileStatus;
import org.apache.hadoop.fs.FileSystem;
import org.apache.hadoop.fs.Path;

public class view_folders {
    public static void main(String[] args) throws Exception {
        Configuration conf = new Configuration();
        conf.set("fs.defaultFS", "master:8020");
        // 获取文件系统
        FileSystem fs = FileSystem.get(conf);
        // 声明文件路径
        Path path = new Path("/user/root");
        // 获取文件列表
        FileStatus[] fileStatuses = fs.listStatus(path);
        // 遍历文件列表
        for (FileStatus file : fileStatuses) {
            // 判断是否是文件夹
            if (file.isDirectory()) {
                System.out.println(file.getPath().toString());
            }
        }
        // 关闭文件系统
        fs.close();
    }
}
```

与查看目录下的子目录的方法类似，可以使用同样的方法查看一个目录下的所有文件。例如，查看/user/root 目录下的所有文件，使用 fileStatus(Path f)方法得到一个文件列表，通过遍历该文件列表，判断列表中的元素是不是文件，若是文件则输出文件名，如代码 5-5 所示。

代码 5-5　列举文件

```java
package No5.Text.test2;

import org.apache.hadoop.conf.Configuration;
import org.apache.hadoop.fs.FileStatus;
import org.apache.hadoop.fs.FileSystem;
import org.apache.hadoop.fs.Path;

public class view_files {
    public static void main(String[] args) throws Exception {
        Configuration conf = new Configuration();
        conf.set("fs.defaultFS", "master:8020");
        // 获取文件系统
        FileSystem fs = FileSystem.get(conf);
        // 声明文件路径
        Path path = new Path("/user/root");
        // 获取文件列表
        FileStatus[] fileStatuses = fs.listStatus(path);
        // 遍历文件列表
```

```
        for (FileStatus file : fileStatuses) {
            // 判断是否是文件
            if (file.isFile()) {
                System.out.println(file.getPath().toString());
            }
        }
        // 关闭文件系统
        fs.close();
    }
}
```

开发者可以在命令行直接使用 HDFS 命令创建目录。除了这种方式之外，开发者还可以通过 Hadoop Java API 创建目录。在 FileSystem API 中，创建目录使用的是 mkdirs()方法，如表 5-5 所示。

表 5-5 mkdirs()方法

返回类型	方法
boolean	mkdirs(FileSystem fs,Path dir,FsPermission permission)
boolean	mkdirs(Path f)
boolean	mkdirs(Path f,FsPermission permission)

mkdirs()方法的相关参数说明如下。

（1）fs：文件系统对象。

（2）dir：要创建的目录名称。

（3）permission：为该目录设置的权限。

使用 mkdirs(Path f)方法在 HDFS 上创建目录/user/root/view_log，如代码 5-6 所示。

代码 5-6 创建目录

```
package No5.Text.test2;

import org.apache.hadoop.conf.Configuration;
import org.apache.hadoop.fs.FileSystem;
import org.apache.hadoop.fs.Path;

public class mkdir_folders {
    public static void main(String[] args) throws Exception {
        // 获取配置
        Configuration conf = new Configuration();
        conf.set("fs.defaultFS", "master:8020");
        // 获取文件系统
        FileSystem fs = FileSystem.get(conf);
        // 声明创建的目录
        Path path = new Path("/user/root/view_log");
        // 调用mkdirs()方法创建目录
        fs.mkdirs(path);
        // 关闭文件系统
        fs.close();
    }
}
```

Hadoop Java 基础命令解析

5.2.2 使用 FileSystem API 操作文件

通过命令行直接使用 HDFS 命令可以删除 HDFS 上的文件，也可以使用 Hadoop Java API 删除 HDFS 上的文件。在 Hadoop Java API 中，FileSystem 类提供了多种用于删除文件的方法，这里主要介绍 delete()方法，如表 5-6 所示。

表 5-6 delete()方法

返回类型	方法
boolean	delete(Path f)
boolean	delete(Path f,boolean recursive)

delete()方法的相关参数说明如下。

（1）f：删除文件的路径。

（2）recursive：若路径是一个目录并且不为空，则需要将 recursive 设置为 true，表示该目录将被删除，否则会引发异常。在路径是文件的情况下，recursive 可以设置为 true 或 false。

将 raceData.csv 文件上传至 master 节点的/opt 目录下，并使用 "hdfs dfs -put /opt/raceData.csv /user/root/"命令将 raceData.csv 文件上传至 HDFS 中。使用 delete(Path f, boolean recursive)方法删除 HDFS 的/user/root/目录下的 raceData.csv 文件，如代码 5-7 所示。

代码 5-7 删除文件

```
package No5.Text.test2;

import org.apache.hadoop.conf.Configuration;
import org.apache.hadoop.fs.FileSystem;
import org.apache.hadoop.fs.Path;

public class delete_files {
    public static void main(String[] args) throws Exception {
        // 获取配置
        Configuration conf = new Configuration();
        conf.set("fs.defaultFS", "master:8020");
        // 获取文件系统
        FileSystem fs = FileSystem.get(conf);
        // 声明文件路径
        Path path = new Path("/user/root/raceData.csv");
        // 删除文件
        fs.delete(path, true);
        // 关闭文件系统
        fs.close();
    }
}
```

FileSystem 类提供了 copyFromLocalFile()方法，用于将本地文件上传至 HDFS，如表 5-7 所示。

表 5-7 copyFromLocalFile()方法

类型	方法
void	copyFromLocalFile(boolean delSrc,boolean overwrite,Path[] srcs,Path dst)

第 5 章　MapReduce 进阶编程

续表

类型	方法
void	copyFromLocalFile(boolean delSrc,boolean overwrite,Path src,Path dst)
void	copyFromLocalFile(boolean delSrc,Path src,Path dst)
void	copyFromLocalFile(Path src,Path dst)

FileSystem 类也提供了 copyToLocalFile()方法，用于将 HDFS 上的文件下载至本地，如表 5-8 所示。

表 5-8　copyToLocalFile()方法

类型	方法
void	copyToLocalFile(boolean delSrc,Path src,Path dst)
void	copyToLocalFile(boolean delSrc,Path src,Path dst,boolean useRawLocalFileSystem)
void	copyToLocalFile(Path src,Path dst)

copyFromLocalFile()方法与 copyToLocalFile()方法的相关参数说明如下。

（1）delSrc：是否删除源文件。
（2）overwrite：是否覆盖已经存在的文件。
（3）srcs：存储源文件路径的数组。
（4）dst：目标路径。
（5）src：源文件路径。
（6）useRawLocalFileSystem：是否使用原始文件系统作为本地文件系统。

将本地磁盘的竞赛网站日志文件 raceData.csv 上传至 HDFS 的/user/root/view_log 目录下，可使用 copyFromLocalFile(Path src,Path dst)方法，如代码 5-8 所示。其中，src 是指源文件路径，dst 是指文件上传的目标路径。

代码 5-8　上传文件至 HDFS

```java
package No5.Text.test2;

import org.apache.hadoop.conf.Configuration;
import org.apache.hadoop.fs.FileSystem;
import org.apache.hadoop.fs.Path;

public class put_files {
    public static void main(String[] args) throws Exception {
        // 获取配置
        Configuration conf = new Configuration();
        conf.set("fs.defaultFS", "master:8020");
        // 获取文件系统
        FileSystem fs = FileSystem.get(conf);
        // 声明源文件路径和目标路径
        Path fromPath = new Path("E:/raceData.csv");
        Path toPath = new Path("/user/root/view_log");
        // 调用copyFromLocalFile()方法上传文件
        fs.copyFromLocalFile(fromPath, toPath);
```

```
        // 关闭文件系统
        fs.close();
    }
}
```

使用copyToLocalFile(boolean delSrc,Path src,Path dst,boolean useRawLocalFileSystem)方法将HDFS的/user/root/view_log目录下的文件raceData.csv下载至本地磁盘,如代码5-9所示。其中,若delSrc为false,则不删除HDFS上的源文件/user/root/view_log/raceData.csv;src是指源文件路径,dst是指下载文件存放的目标路径;若useRawLocalFileSystem为true,则表示使用原始文件系统作为本地文件系统。

代码5-9　下载HDFS上的文件至本地

```java
package No5.Text.test2;

import org.apache.hadoop.conf.Configuration;
import org.apache.hadoop.fs.FileSystem;
import org.apache.hadoop.fs.Path;

public class load_files {
    public static void main(String[] args) throws Exception {
        // 获取配置
        Configuration conf = new Configuration();
        conf.set("fs.defaultFS", "master:8020");
        // 获取文件系统
        FileSystem fs = FileSystem.get(conf);
        // 声明源文件路径和目标路径
        Path fromPath = new Path("/user/root/view_log/raceData.csv");
        Path toPath = new Path("D:/");
        // 调用copyToLocalFile()方法下载文件到本地
        fs.copyToLocalFile(false, fromPath, toPath, true);
        // 关闭文件系统
        fs.close();
    }
}
```

5.2.3　使用FileSystem API读/写数据

使用Hadoop Java API可以查看文件内容。FileSystem类提供了一个获取指定文件的数据流的open()方法,该方法返回一个FSDataInputStream对象,如表5-9所示。

表5-9　open()方法

返回类型	方法
FSDataInputStream	open(Path f)
FSDataInputStream	open(Path f,int bufferSize)

open()方法的相关参数说明如下。

（1）f：选择打开的文件。

（2）bufferSize：使用的缓冲区的大小。

读取HDFS上的/user/root/view_log/raceData.csv文件的内容,如代码5-10所示。

代码 5-10　读取文件内容

```java
package No5.Text.test2;

import org.apache.hadoop.conf.Configuration;
import org.apache.hadoop.fs.FSDataInputStream;
import org.apache.hadoop.fs.FileSystem;
import org.apache.hadoop.fs.Path;

import java.io.BufferedReader;
import java.io.InputStreamReader;

public class read_files {
    public static void main(String[] args) throws Exception {
        // 获取配置
        Configuration conf = new Configuration();
        conf.set("fs.defaultFS", "master:8020");
        // 获取文件系统
        FileSystem fs = FileSystem.get(conf);
        // 声明查看的路径
        Path path = new Path("/user/root/view_log/raceData.csv");
        // 获取指定文件的数据流
        FSDataInputStream is = fs.open(path);
        // 读取文件内容并输出
        BufferedReader br = new BufferedReader(new InputStreamReader(is,
                "utf-8"));
        String line = "";
        while ((line = br.readLine()) != null) {
            System.out.println(line);
        }
        // 关闭数据流
        br.close();
        is.close();
        // 关闭文件系统
        fs.close();
    }
}
```

与读取数据类似，写入数据可以理解为读取数据的逆过程。向 HDFS 写入数据，首先需要创建一个新文件。FileSystem 类提供了多种方法创建文件，常用的方法是调用以创建文件的 Path 对象为参数的 create(Path f)方法，该方法返回一个写入数据的输出流 FSDataOutputStream。除了创建一个新文件写入数据之外，还可以使用 append()方法向一个已存在的文件中添加数据，同样返回一个写入数据的输出流 FSDataOutputStream。例如，在 /user/root/view_log/目录下创建一个新文件 new_raceData.csv，读取该目录下的 raceData.csv 文件并写入新文件 new_raceData.csv 中，如代码 5-11 所示。

代码 5-11　写入数据

```java
package No5.Text.test2;

import org.apache.hadoop.conf.Configuration;
```

```java
import org.apache.hadoop.fs.FSDataInputStream;
import org.apache.hadoop.fs.FSDataOutputStream;
import org.apache.hadoop.fs.FileSystem;
import org.apache.hadoop.fs.Path;

import java.io.BufferedReader;
import java.io.BufferedWriter;
import java.io.InputStreamReader;
import java.io.OutputStreamWriter;

public class write_files {
    public static void main(String[] args) throws Exception {
        // 获取配置
        Configuration conf = new Configuration();
        conf.set("fs.defaultFS", "master:8020");
        // 获取文件系统
        FileSystem fs = FileSystem.get(conf);
        // 声明查看的路径
        Path path = new Path("/user/root/view_log/raceData.csv");
        // 创建新文件
        Path newPath = new Path("/user/root/view_log/new_raceData.csv");
        fs.delete(newPath, true);
        FSDataOutputStream os = fs.create(newPath);
        // 获取指定文件的数据流
        FSDataInputStream is = fs.open(path);
        // 读取文件内容并写入新文件
        BufferedReader br = new BufferedReader(new InputStreamReader(is,
                "utf-8"));
        BufferedWriter bw = new BufferedWriter(new OutputStreamWriter(os,
                "utf-8"));
        String line = "";
        while ((line = br.readLine()) != null) {
            bw.write(line);
            bw.newLine();
        }
        // 关闭数据流
        bw.close();
        os.close();
        br.close();
        is.close();
        //关闭文件系统
        fs.close();

    }
}
```

5.2.4 任务实现

Hadoop Java API 提供了读取 HDFS 上的序列化文件的方法。不同于普通文件的读取方法，读取序列化文件需要获取 SequenceFile.Reader 对象。表 5-10 列出了 SequenceFile.Reader

对象提供的 5 个重要方法。

表 5-10　SequenceFile.Reader 对象提供的方法

方法	描述
getKeyClassName()	返回文件中的键类型
getValueClassName()	返回文件中的值类型
next(Writable key)	读取文件中的键，若存在下一个键则返回 true，读到文件末尾则返回 false
next(Writable key,Writable value)	读取文件中的键和值，若存在下一个键和值则返回 true，读到文件末尾则返回 false
toString()	返回文件的路径名称

读取 5.1.3 小节生成的序列化文件，将读取的数据写入本地文件系统的"E:/janfeb.txt"文件中，如代码 5-12 所示。

代码 5-12　读取序列化文件

```java
package No5.Text.test2;

import org.apache.hadoop.conf.Configuration;
import org.apache.hadoop.fs.FileSystem;
import org.apache.hadoop.fs.Path;
import org.apache.hadoop.io.SequenceFile;
import org.apache.hadoop.io.Text;

import java.io.BufferedWriter;
import java.io.FileOutputStream;
import java.io.OutputStreamWriter;

public class task5_2 {
    public static void main(String[] args) throws Exception {
        Configuration conf = new Configuration();
        conf.set("fs.defaultFS", "master:8020");
        // 获取文件系统
        FileSystem fs = FileSystem.get(conf);
        // 获取 SequenceFile.Reader 对象
        SequenceFile.Reader reader = new SequenceFile.Reader(fs, new Path(
                "/Tipdm/Hadoop/MapReduce/Result/Select_Data/part-m-00000"),
                conf);
        // 获取序列化文件中使用的键和值类型
        Text key = new Text();
        Text value = new Text();
        // 将读取的数据写入 janfeb.txt 文件
        BufferedWriter out = new BufferedWriter(new OutputStreamWriter(
                new FileOutputStream("E:\\janfeb.txt", true)));
        while (reader.next(key, value)) {
            out.write(key.toString() + "\t" + value.toString() + "\r\n");
        }
```

```
    out.close();
    reader.close();

 }
}
```

在本地文件系统的 E 盘中查看 janfeb.txt 文件的内容，结果如图 5-5 所示。

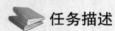

图 5-5 序列化文件读取结果

查看 janfeb.txt 文件的内容，可以发现文件中的数据均为 1 月和 2 月的数据，也验证了 5.1 节得到的序列化文件中确实是 1 月和 2 月的用户日志数据。

任务 5.3 优化日志文件统计程序

任务描述

在 Hadoop 中，Mapper 和 Reducer 处理的具体对象是键值对。键值对的类型有 Text、IntWritable、DoubleWritable 等，在实际业务中，数据构成与逻辑更加复杂，键和值可能是由多个元素组成的，需要用户根据实际情况自定义键值对的类型。Map 端的输出结果是经过网络传输到对应的 Reduce 端的。当 Map 端的输出数据量特别大时，网络传输可能成为影响处理效率的一大因素。为了提高整体处理效率，Hadoop 提供了用于优化的组件 Combiner 与 Partitioner，可以帮助数据在进入 Reduce 阶段前进行一系列的合并与分区处理。另外，Hadoop 提供了执行 MapReduce 程序过程中的计数功能，用户也可以根据需要进行个性化的计数设置。本节的任务是使用 MapReduce 读取序列化文件，统计竞赛网站用户在 2021 年 1 月和 2 月每日的登录次数，并且要求最终的输出结果根据月份分别保存到两个不同的文件中，同时要求分别统计输入记录中 1 月和 2 月的记录数以及输出结果中 1 月和 2 月的记录数。

自定义键值对说明

5.3.1 自定义键值类型

Mapper 和 Reducer 处理的都是键值对的数据类型。在 Hadoop 中提供了许多内置的数据类型，如 Text、IntWritable、LongWritable 等，如图 5-6 所示。

Hadoop MapReduce 的常用数据类型包括布尔型（BooleanWritable）、单字节型（ByteWritable）、双精度浮点型（DoubleWritable）、单精度浮点型（FloatWritable）、整型（IntWritable）、长整型（LongWritable）、使用 UTF-8 格式存储的文本类型（Text）、空值（NullWritable）以及根类型（Object），如表 5-11 所示。

第 5 章 MapReduce 进阶编程

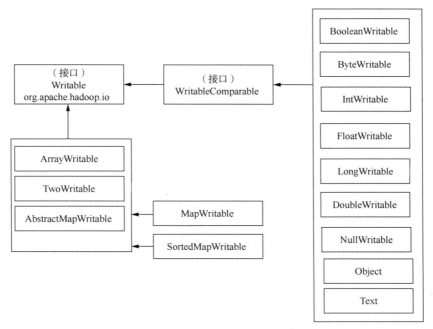

图 5-6 Hadoop 内置的数据类型

表 5-11 常用的内置数据类型

数据类型	解释
BooleanWritable	标准布尔型，相当于 Java 数据类型里面的 boolean，当<key,value>中的 key 或 value 为布尔型时使用
ByteWritable	单字节型，相当于 Java 数据类型里面的 byte，当<key,value>中的 key 或 value 为单字节型时使用
DoubleWritable	双精度浮点型，相当于 Java 数据类型里面的 double，当<key,value>中的 key 或 value 为双精度浮点型时使用
FloatWritable	单精度浮点型，相当于 Java 数据类型里面的 float，当<key,value>中的 key 或 value 为浮点型时使用
IntWritable	整型，相当于 Java 数据类型里面的 int，当<key,value>中的 key 或 value 为整型时使用
LongWritable	长整型，相当于 Java 数据类型里面的 long，当<key,value>中的 key 或 value 为长整型时使用
Text	使用 UTF-8 格式存储的文本类型，在 Java 数据类型中主要针对 String 类型
NullWritable	空值，当<key,value>中的 key 或 value 为空值时使用
Object	根类型，是所有数据类型的根类

Hadoop 内置的数据类型可以满足绝大多数需求。但有时也需要一些特殊的键值类型以满足业务需求，这时便需要自定义键值类型。

自定义值类型必须实现 Writable 接口。Writable 接口是一个简单、高效的基于基本 I/O 的序列化接口对象，包含两个方法，即 write(DataOutput out)方法和 readFields(DataInput in)

方法，这两个方法的功能分别是将数据写入指定的流中和从指定的流中读取数据，如表 5-12 所示。在自定义值类型时必须实现 write(DataOutput out)方法和 readFields(DataInput in)这两个方法。

表 5-12　Writable 接口方法

返回类型	方法和描述
void	readFields(DataInput in)，从 in 中反序列化对象的字段
void	write(DataOuput out)，将对象的字段序列化到 out 中

自定义键类型必须实现 WritableComparable 接口。因为 WritableComparable 接口自身又实现了 Writable 接口，所以 Hadoop 中的键也可以作为值使用，但是实现 Writable 接口的值不能作为键使用。WritableComparable 接口中不但有 readFields(DataInput in)方法和 write(DataOuput out)方法，还提供了 compareTo(To)方法，该方法提供了 3 种返回类型，如表 5-13 所示。

表 5-13　compareTo(To)方法的返回类型及解释

返回类型	解释
负整数	表示小于被比较对象
0	表示等于被比较对象
正整数	表示大于被比较对象

无论自定义键类型还是自定义值类型，自定义的类默认继承的是 Object 类，而 Object 类默认存在一个 toString()方法，该方法的源码如代码 5-13 所示。

代码 5-13　Object 类的 toString()方法

```
public String toString() {
    return getClass().getName() + '@' + Integer.toHexString(hashCode());
}
```

toString()方法返回的结果是"对象所属类的类名 + '@' + 对象的哈希值的十六进制"，即返回对象的内存地址。用户如果想获得的是对象的具体内容，而不是对象的内存地址，则需要重写 toString()方法。重写 toString()方法，只需返回想要得到的字符串即可。

以竞赛网站的用户访问日志数据为例，统计用户每天登录的次数，输入的数据包含两列信息：用户 ID 和登录日期。Mapper 输出的键是用户 ID 和登录日期，输出的值是初始登录次数 1。Reducer 输出的键也是用户 ID 和登录日期，输出的值是登录次数。由此可知，Mapper 和 Reducer 输出的值类型使用 Hadoop 内置的 IntWritable 类型即可，而键类型则需要自定义。

定义一个 MemberLogTime 类，该类实现接口 WritableComparable<MemberLogTime>，类中声明了两个对象，分别为用户 ID（member_name）和登录日期（logTime）。同时，该类实现了 readFields(DataInput in)方法、write(DataOutput out)方法以及 compareTo(MemberLogTime o)方法。其中，compareTo(MemberLogTime o)方法是根据用户 ID 进行排序的。最后还需要重写 toString()方法，该方法返回用户 ID 和登录日期的字符串格式。具体实现如代码 5-14 所示。

代码 5-14　自定义键类型

```java
package No5.Text.test3;

import org.apache.hadoop.io.WritableComparable;

import java.io.DataInput;
import java.io.DataOutput;
import java.io.IOException;

public class MemberLogTime implements WritableComparable<MemberLogTime> {

    private String member_name;
    private String logTime;

    public MemberLogTime() {
    }

    public MemberLogTime(String member_name, String logTime) {
        this.member_name = member_name;
        this.logTime = logTime;
    }

    public String getMember_name() {
        return member_name;
    }

    public void setMember_name(String member_name) {
        this.member_name = member_name;
    }

    public String getLogTime() {
        return logTime;
    }

    public void setLogTime(String logTime) {
        this.logTime = logTime;
    }

    public int compareTo(MemberLogTime o) {
        return this.getMember_name().compareTo(o.getMember_name());
    }

    public void write(DataOutput dataOutput) throws IOException {
        dataOutput.writeUTF(member_name);
        dataOutput.writeUTF(logTime);
    }

    public void readFields(DataInput dataInput) throws IOException {
        this.member_name = dataInput.readUTF();
        this.logTime = dataInput.readUTF();
    }
```

```
@Override
public String toString() {
    return this.member_name + "," + this.logTime;
}
}
```

5.3.2 初步探索 Combiner

Combiner 说明

在 MapReduce 作业运行过程中,节点上的每一个 Map 可能会产生大量的本地输出。如果有几十亿条记录,那么 Map 端可能输出几十亿个键值对,传输至 Reduce 端的数据量是巨大的,对集群的带宽要求非常高,Map 和 Reduce 任务之间的数据传输代价也会增大,从而对整个工作的效率产生影响。

为了提高 MapReudce 作业的工作效率,Hadoop 允许用户声明一个 Combiner。Combiner 是一个运行在 Map 端的"迷你 Reduce"过程,它只处理单台机器生成的数据。

声明的 Combiner 继承的是 Reducer 类,其方法实现原理和 Reduce 的实现原理基本相同。不同的是,Combiner 操作发生在 Map 端,或者说 Combiner 运行在每一个运行 Map 任务的节点上。Combiner 会接收特定节点上的 Mapper 输出作为输入,对 Mapper 输出的数据先进行一次合并,再将输出结果发送至 Reducer。需要注意的是,Combiner 的加入不影响原逻辑,即 Combiner 不影响最终运行结果,影响的只是效率。

在没有添加 Combiner 时,统计某竞赛网站 2021 年 1 月和 2 月用户每天登录该网站的次数的 MapReduce 作业流程如图 5-7 所示。从图 5-7 中可知,所有节点的 Mapper 输出都

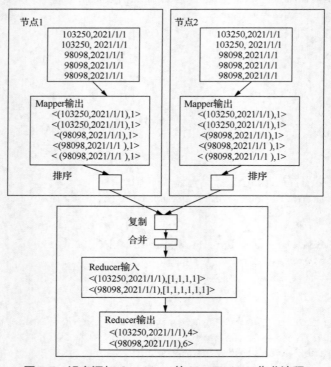

图 5-7 没有添加 Combiner 的 MapReduce 作业流程

第 5 章　MapReduce 进阶编程

会传输到 Reducer，当数据量较大时，Reduce 端会接收到大量的数据，这样无疑会增加 Reducer 的负担，影响 Reducer 的工作效率。

当添加了 Combiner 后，MapReduce 作业流程则如图 5-8 所示。每个节点的 Mapper 输出会先在 Combiner 进行汇总，Combiner 先对 Mapper 输出进行计算，再将计算结果传输至 Reducer，因此 Reduce 端接收到的数据量会大大减少。

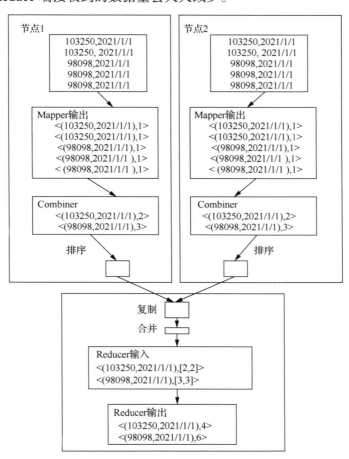

图 5-8　添加了 Combiner 的 MapReduce 作业流程

值得一提的是，并非所有的 MapReduce 程序都可以加入 Combiner，仅当 Reducer 输入的键值对类型与 Reducer 输出的键值对类型一致，并且计算逻辑不影响最终计算结果时，才可以在 MapReduce 程序中加入 Combiner。例如，求和或求最大值时可以使用 Combiner。

以统计某竞赛网站 2021 年 1 月和 2 月用户每天登录该网站的次数为例，假设第一个 Mapper 输出的是<(103250,2021/1/1),1>、<(103250,2021/1/1),1>，第二个 Mapper 输出的也是<(103250,2021/1/1),1>、<(103250,2021/1/1),1>，最终输出结果为<(103250,2021/1/1),4>，即 Reduce 端的接收结果。当使用 Combiner 时，Reduce 端的接收结果为<(103250,2021/1/1),[2,2]>，Combiner 到 Reducer 的数据处理过程如下。
```
sum(1, 1, 1, 1) = sum(sum(1, 1), sum(1, 1)) = sum(2, 2) = 4
```

若类似计算平均值的情况，则不可以使用 Combiner。例如，计算某用户每天登录竞赛网站的平均次数，假设第一个 Mapper 输出的是<103250,4>、<103250,5>，第二个 Mapper 输出的是<103250,3>、<103250,6>、<103250,2>，其中，Mapper 的每一条输出代表用户一天登录的次数。如果使用 Combiner，那么整个数据处理过程如下。

mean(4, 5, 3, 6, 2) = mean(mean(4, 5), mean(3, 6, 2)) = mean(4.5, 5.5)= 5

但是 mean(4,5,3,6,2) = 4，显然结果是不相等的，因此在使用 Combiner 时应该慎重考虑。虽然使用 Combiner 可以达到提高 MapReduce 作业运行效率的目的，但是并不是所有情况都适合使用 Combiner。

学习 Combiner 不仅要了解 Combiner 的原理，更重要的是掌握使用 Combiner 的方法。Combiner 继承的是 Reducer 类，因此声明 Combiner 时必须继承 Reducer 类，并在 Combiner 中重写 Reducer 类中的 reduce()方法。加入 Combiner 类，统计某竞赛网站 2021 年 1 月和 2 月用户每天登录该网站的次数，如代码 5-15 所示。

代码 5-15　Combiner 类代码

```java
package No5.Text.test3;

import org.apache.hadoop.io.IntWritable;
import org.apache.hadoop.mapreduce.Reducer;

import java.io.IOException;

public class LogCountCombiner extends
      Reducer<MemberLogTime, IntWritable, MemberLogTime, IntWritable> {
    @Override
    protected void reduce(MemberLogTime key, Iterable<IntWritable> values,
Context context)
            throws IOException, InterruptedException {
        int sum = 0;
        for (IntWritable val : values) {
            sum += val.get();
        }
        context.write(key, new IntWritable(sum));
    }
}
```

编写好 Combiner 类的代码后，还需要在驱动类中配置 Combiner 类，如代码 5-16 所示。

代码 5-16　配置 Combiner 类

```
job.setCombinerClass(LogCountCombiner.class);
```

当 Combiner 和 Reducer 的实现逻辑相同时，可以不用声明 Combiner 类，在驱动类里面添加代码 5-17 所示的代码即可。

代码 5-17　Combiner 与 Reducer 的实现逻辑相同时配置 Combiner 类

```
job.setCombinerClass(LogCountReducer.class);
```

Partitioner 说明

5.3.3　浅析 Partitioner

Partitioner 可以根据实际的业务需求对数据进行分区计算或存储。MapReduce 的执行过程如图 5-9 所示。首先读取 HDFS 上的数据文件，

第 5 章 MapReduce 进阶编程

根据输入的数据文件计算输入分片,每个输入分片对应一个 Map 任务。Mapper 在读取分片数据前,InputFormat 将分片中的每条记录解析成键值对格式供 Mapper 读取。Mapper 的输出结果传送到 Combiner 进行合并,Combiner 的输出结果会被 Partitioner 均匀地分配到每个 Reducer 上,Reducer 的输出结果会通过 OutputFormat 解析成特定的格式存储到 HDFS 上。在 MapReduce 的执行过程中,Combiner 和 Partitioner 并非必要的,Combiner 和 Partitioner 的使用需要根据实际业务需求而定。

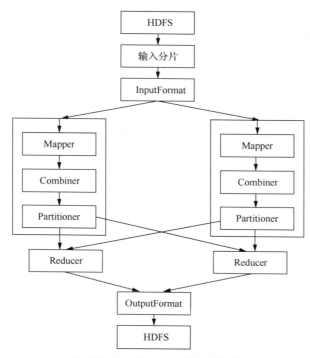

图 5-9 MapReduce 的执行过程

Partitioner 组件的功能是让 Map 对键进行分区,从而将不同的键分发到不同的 Reducer 中进行处理。分区阶段发生在 Map 阶段之后,Reduce 阶段之前,分区的数量等于 Reduce 任务的个数。Reduce 任务的个数可以在驱动类中使用 job.setNumReduceTasks(num)方法进行设置。在使用多个 Reducer 的情况下,需要一些方法确保 Mapper 输出的键值对发送到正确的 Reducer 中。

Hadoop 自带一个默认的分区实现,即 HashPartitioner。HashPartitioner 的实现比较简单,源码如代码 5-18 所示。

代码 5-18 HashPartitioner 源码

```
public class HashPartitioner<K2, V2> implements Partitioner<K2, V2>{
  public void configure(JobConf job){}
  public int getPartition(K2 key,V2 value,int numReduceTasks) {
    return (key.hashCode() & Integer.MAX_VALUE) % numReduceTasks;
  }
}
```

分析 HashPartitioner 源码可知，HashPartitioner 继承了 Partitioner<K2,V2>接口，并且重写了 getPartition()方法。getPartition()方法有 3 个参数，分别为 Mapper 输出的 key、Mapper 输出的 value 以及 Reduce 任务个数 numReduceTasks，默认 numReduceTasks 是 1。HashPartitioner 的 getPartition()方法实现是将键的哈希值除 2^{31} 后取余数，用该余数除 Reducer 的数量，再取余数，得到的结果即键对应的 Partitioner 的编号。

一般情况下，MapReduce 程序会使用默认的 HashPartitioner 分区，但有时用户会有特殊的需求，如统计某竞赛网站 2021 年 1 月和 2 月用户每天登录的次数，要求 1 月的输出结果放到一个文件里，2 月的输出结果放到另一个文件里，这时便需要通过自定义 Partitioner 实现。

与默认的 HashPartitioner 相同，自定义 Partitioner 也需要继承 Partitioner<K2,V2>接口，并且重写 getPartition()方法。如果最终结果需要输出到多个文件里，那么只需让 getPartition()方法按照一定的规则返回 0、1、2、3 等即可。

自定义 Partitioner，将竞赛网站用户每天登录次数的统计结果根据不同的月份分发到不同的输出文件里，如代码 5-19 所示。在 getPartition()方法中，分别使用 0、1 与 numPartitions 相除取余数。由于需要统计的数据只包含 1 月和 2 月的数据，所以只需要将数据根据月份分到两个不同的输出文件中即可，即 numPartitions 的值是 2，且"0%2""1%2"正好是两个不同的值。

代码 5-19 自定义 Partitioner

```
package No5.Text.test3;

import org.apache.hadoop.io.IntWritable;
import org.apache.hadoop.mapreduce.Partitioner;

public class LogCountPartitioner
        extends Partitioner<MemberLogTime, IntWritable> {
    public int getPartition(
            MemberLogTime key, IntWritable value, int numPartitions) {
        String date = key.getLogTime();
        if (date.contains("2021/1")) {
            return 0 % numPartitions;
        } else {
            return 1 % numPartitions;
        }
    }
}
```

使用 Partitioner 还需要在驱动类中设置 Partitioner 类及 Reduce 任务的个数，如代码 5-20 所示。

代码 5-20 设置 Partitioner 类及 Reducer 任务的个数

```
job.setPartitionerClass(LogCountPartitioner.class);
job.setNumReduceTasks(2);
```

分区结果如图 5-10 所示，1 月的数据存放在 part-r-00000 文件中，2 月的数据存放在 part-r-00001 文件中。

第 5 章　MapReduce 进阶编程

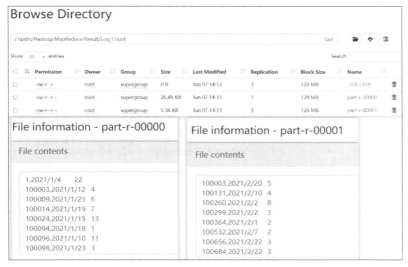

图 5-10　分区结果

5.3.4　自定义计数器

统计竞赛网站 2021 年 1 月和 2 月用户每天登录次数的 MapReduce 程序在执行过程中会输出日志信息，如图 5-11 所示。

```
Job Counters
        Launched map tasks=1
        Launched reduce tasks=2
        Data-local map tasks=1
        Total time spent by all maps in occupied slots (ms)=28496
        Total time spent by all reduces in occupied slots (ms)=38444
        Total time spent by all map tasks (ms)=7124
        Total time spent by all reduce tasks (ms)=9611
        Total vcore-milliseconds taken by all map tasks=7124
        Total vcore-milliseconds taken by all reduce tasks=9611
        Total megabyte-milliseconds taken by all map tasks=14589952
        Total megabyte-milliseconds taken by all reduce tasks=19683328
Map-Reduce Framework
        Map input records=14336
        Map output records=14336
        Map output bytes=322763
        Map output materialized bytes=42489
        Input split bytes=138
        Combine input records=14336
        Combine output records=1728
        Reduce input groups=1728
        Reduce shuffle bytes=42489
        Reduce input records=1728
        Reduce output records=1728
        Spilled Records=3456
```

图 5-11　MapReduce 运行日志

从运行日志中可以获取到 Map 和 Reduce 任务数、运行 Map 任务花费的时间、运行 Reduce 任务花费的时间以及 Map、Combine 和 Reduce 的输入/输出记录数等。该日志显示 Map 任务数是 1，运行 Map 任务花费的时间是 28496ms；Reduce 任务数是 2，运行 Reduce 任务花费的时间是 38444ms；Map 输入/输出记录数都是 14336，Reduce 输入/输出记录数都是 1728。其实这些信息均是由 Hadoop 计数器统计得出的，Hadoop 计数器是一种对统计信息收集的手段，主要用于对数据的控制及收集统计信息。

计数器可以帮助程序设计人员收集某一类特定信息的数据。Hadoop 将计数器分成五大类，如表 5-14 所示。

表 5-14 计数器分类

计数器	属性名
MapReduce 任务计数器	org.apache.hadoop.mapreduce.TaskCounter
文件系统计数器	org.apache.hadoop.mapreduce.FileSystemCounter
输入文件计数器	org.apache.hadoop.mapreduce.lib.input.FileInputFormatCounter
输出文件计数器	org.apache.hadoop.mapreduce.lib.input.FileOutputFormatCounter
作业计数器	org.apache.hadoop.mapreduce.JobCounter

各类计数器作用说明

各类计数器的具体说明如下。

（1）MapReduce 任务计数器主要用于收集任务在运行时的任务信息，如输入的数据记录数、Map 任务输出记录数、Map 输出记录字节数、Reduce 任务的分组数、Reduce 任务输出记录数等。MapReduce 任务计数器可以被部署在各个节点上，并统一传送到主节点进行汇集。如果任务最终失败，那么所有的计数器记录都会被重置，即所有的计数清零。只有当任务成功以后，计数器才能被记录。

（2）文件系统计数器用于统计 Map 和 Reduce 等任务在各个文件系统中读取或写入的字节数。

（3）输入文件计数器用于统计 Map 任务通过 FileInputFormat 读取的字节数。

（4）输出文件计数器用于统计 Map 任务（针对仅含 Map 的作业）或 Reduce 任务通过 FileOutputFormat 输出的字节数。

（5）作业计数器是作业级别的统计量，其值不会随着任务运行而改变。作业计数器主要统计启用的 Map 任务数、启用的 Reduce 任务数、失败的 Map 任务数、失败的 Reduce 任务数等。

对于大多数的任务而言，Hadoop 自带的计数器能够提供较为广泛的支持。但有时 Hadoop 自带的计数器并不能完全解决问题，Hadoop 自带的计数器可能无法针对一些特定的数据进行统计，因此需要自定义计数器。

自定义计数器有两种方式。第一种是通过 Java 枚举（enum）类型定义，一个作业可以定义的枚举类型数量不限，各个枚举类型所包含的字段数量不限。枚举类型的名称就是组的名称，枚举类型的字段名称就是计数器的名称。

以某竞赛网站 2021 年 1 月和 2 月用户的日志数据为例，1 月和 2 月的数据各有多少条是未知的，如果想知道每个月份的数据记录数，那么可以通过自定义计数器实现。首先在 Mapper 模块中定义枚举类型，如代码 5-21 所示。

代码 5-21 定义枚举类型

```
enum LogCounter {
    January,
    February
}
```

第 5 章　MapReduce 进阶编程

在 map()方法中调用 Context 类的 getCounter()方法，说明使用了计数器类型中的枚举类型，还需要调用 increment()方法添加计数器，如代码 5-22 所示。

代码 5-22　使用计数器

```
if (logTime.contains("2021/1")) {
    context.getCounter(LogCounter.January).increment(1);
} else if (logTime.contains("2021/2")) {
    context.getCounter(LogCounter.February).increment(1);
}
```

添加计数器之后运行程序，即可在运行日志中看到统计结果，如图 5-12 所示，其中 1 月数据的记录数为 12547，2 月数据的记录数为 1789。注意，自定义计数器不仅能在 Mapper 模块中添加，也可以在 Reducer 模块中添加，如果要统计每个月的输出结果的记录数，则需要在 Reducer 模块中添加代码 5-21 和代码 5-22 所示的代码。

```
No5.Text.test3.LogCountMapper$LogCounter
        February=1789
        January=12547
```

图 5-12　自定义计数器统计结果

另外一种自定义计数器的方式是使用动态计数器。除了使用 getCounter()方法获取枚举中的值的方式外，Context 类中还有一个重载的方法 getCounter(String groupName,String countName)，能够对当前计数器进行动态计数。例如，对统计某竞赛网站 2021 年 1 月和 2 月用户每天登录次数的输出结果进行计数，则可以在 reduce()方法中添加代码 5-23 所示的代码。

代码 5-23　使用动态计数器

```
if (key.getLogTime().contains("2021/1")) {
    context.getCounter("OutputCounter", "JanuaryResult").increment(1);
} else if (key.getLogTime().contains("2021/2")) {
    context.getCounter("OutputCounter", "FebruaryResult").increment(1);
}
```

在运行日志中即可看到统计结果，如图 5-13 所示，其中 1 月的输出结果记录数为 1436，2 月的输出结果记录数为 292。

```
OutputCounter
        FebruaryResult=292
        JanuaryResult=1436
```

图 5-13　动态计数器统计结果

5.3.5　任务实现

本小节的任务是通过 MapReduce 编程实现统计某竞赛网站用户在 2021 年 1 月和 2 月每天的登录次数，实现该任务的步骤如下。

（1）读取 5.1 节中在 HDFS 上生成的序列化文件，该序列化文件对应的键值对类型为<Text,Text>。

（2）MapReduce 框架根据输入文件计算输入分片，每个输入分片对应一个 Map 任务，而一个数据块一般对应一个输入分片。

（3）InputFormat 将输入分片解析成键值对。

优化日志文件统计程序

（4）自定义一个键类型 MemberLogTime 表示用户 ID 和登录日期，如代码 5-14 所示。

（5）Map 阶段读取 InputFormat 解析的键值对，该键值对类型必须是序列化文件对应的键值对类型，即<Text,Text>。map()方法将读取的键和值作为输出的键，类型为自定义的 MemberLogTime 类型，Map 输出的值为 1。由于需要统计输入的记录中 1 月和 2 月的记录数，所以需要在 Mapper 模块中自定义一个计数器。Mapper 类的实现如代码 5-24 所示。

代码 5-24　Mapper 类的实现代码

```java
package No5.Text.test3;

import org.apache.hadoop.io.IntWritable;
import org.apache.hadoop.io.Text;
import org.apache.hadoop.mapreduce.Mapper;

import java.io.IOException;

public class LogCountMapper
        extends Mapper<Text, Text, MemberLogTime, IntWritable> {
    private MemberLogTime mt = new MemberLogTime();
    private IntWritable one = new IntWritable(1);

    enum LogCounter {
        January,
        February
    }

    @Override
    protected void map(
            Text key, Text value,
            Mapper<Text, Text, MemberLogTime, IntWritable>.Context context)
            throws IOException, InterruptedException {
        String member_name = key.toString();
        String logTime = value.toString();
        if (logTime.contains("2021/1")) {
            context.getCounter(LogCounter.January).increment(1);
        } else if (logTime.contains("2021/2")) {
            context.getCounter(LogCounter.February).increment(1);
        }
        mt.setMember_name(member_name);
        mt.setLogTime(logTime);
        context.write(mt, one);
    }
}
```

（6）为减少 Reducer 的负担，提高程序的运行效率，在程序中加入 Combiner。Combiner 的作用是对每一个 Map 任务的输出先进行一次合并，如代码 5-15 所示。

（7）该任务要求将结果输出至两个文件中，在两个文件中分别存储 1 月的输出结果和 2 月的输出结果，因此需要在程序中加入 Partitioner，并且设置 Reduce 任务数为 2。自定义

Partitioner，如代码 5-19 所示。

（8）在 Reducer 模块中根据 Combiner 传输获得的数据进行汇总统计，对相同键的值进行相加，相加结果作为值输出，输出的键仍是用户 ID 和登录日期，并且在 reduce()方法里设置一个动态计数器，统计 1 月和 2 月的输出结果记录数，如代码 5-25 所示。

代码 5-25　Reducer 类的实现代码

```java
package No5.Text.test3;

import org.apache.hadoop.io.IntWritable;
import org.apache.hadoop.mapreduce.Reducer;

import java.io.IOException;

public class LogCountReducer
        extends Reducer<MemberLogTime, IntWritable,
        MemberLogTime, IntWritable> {
    @Override
    protected void reduce(
            MemberLogTime key, Iterable<IntWritable> value,
            Reducer<MemberLogTime, IntWritable, MemberLogTime,
                    IntWritable>.Context context)
            throws IOException, InterruptedException {
        if (key.getLogTime().contains("2021/1")) {
            context.getCounter("OutputCounter", "JanuaryResult").increment(1);
        } else if (key.getLogTime().contains("2021/2")) {
            context.getCounter("OutputCounter", "FebruaryResult").increment(1);
        }
        int sum = 0;
        for (IntWritable val : value) {
            sum += val.get();
        }
        context.write(key, new IntWritable(sum));
    }
}
```

（9）编写驱动类，如代码 5-26 所示。

代码 5-26　驱动类的实现代码

```java
package No5.Text.test3;

import org.apache.hadoop.conf.Configuration;
import org.apache.hadoop.fs.FileSystem;
import org.apache.hadoop.fs.Path;
import org.apache.hadoop.io.IntWritable;
import org.apache.hadoop.mapreduce.Job;
import org.apache.hadoop.mapreduce.lib.input.FileInputFormat;
import org.apache.hadoop.mapreduce.lib.input.SequenceFileAsTextInputFormat;
import org.apache.hadoop.mapreduce.lib.output.FileOutputFormat;
import org.apache.hadoop.mapreduce.lib.output.TextOutputFormat;
```

```
import java.io.IOException;

public class LogCount {
    public static void main(String[] args)
            throws IOException, ClassNotFoundException, InterruptedException {
        Configuration conf = new Configuration();
        Job job = Job.getInstance(conf, "Log Count");
        job.setJarByClass(LogCount.class);
        job.setMapperClass(LogCountMapper.class);
        job.setReducerClass(LogCountReducer.class);
        job.setCombinerClass(LogCountCombiner.class);
        job.setPartitionerClass(LogCountPartitioner.class);
        job.setNumReduceTasks(2);
        job.setOutputKeyClass(MemberLogTime.class);
        job.setOutputValueClass(IntWritable.class);
        job.setInputFormatClass(SequenceFileAsTextInputFormat.class);
        job.setOutputFormatClass(TextOutputFormat.class);
        FileInputFormat.addInputPath(job, new Path(args[0]));
        FileSystem.get(conf).delete(new Path(args[1]), true);
        FileOutputFormat.setOutputPath(job, new Path(args[1]));
        System.err.println(job.waitForCompletion(true) ? -1 : 1);
    }
}
```

任务 5.4　在 IntelliJ IDEA 中打包并提交 MapReduce 程序

任务描述

在 IntelliJ IDEA 中编写 MapReduce 程序后，一般先编译生成 Jar 包，再上传到集群服务器节点，通过 "hadoop jar" 命令提交至集群运行。这一流程需要在不同平台系统间切换，并且各个环节需要手动处理，比较烦琐且效率低。本节的任务是介绍如何在工作环境中更为简便地提交 MapReduce 任务，在 IntelliJ IDEA 中实现自动打包 MapReduce 任务并远程连接 Hadoop 集群，直接提交并运行 5.3 节中编写的 MapReduce 程序，并显示运行过程中的输出日志。

5.4.1　传递参数

在 5.1 节、5.2 节、5.3 节的 MapReduce 编程中，除了 MapReduce 需要输入的参数由输入路径和输出路径提交外，其他参数（如分隔符）均是直接写进程序中的。如果输入数据的分隔符有所改动，那么程序里使用的分隔符也要进行相应的修改，再重新编译打包程序，再次提交至集群运行，使得操作十分烦琐。解决方案是将分隔符作为参数传递到程序中，当输入数据的分隔符改变时，直接修改传递的参数即可。

Hadoop 的 Configuration 配置类提供了许多设置被传递的参数的属性名称的方法，如表 5-15 所示。

第 5 章　MapReduce 进阶编程

表 5-15　Configuration 配置类中设置被传递的参数的属性名称的方法

返回类型	方法
void	set(String name,String value)
void	set(String name,String value,String source)
void	setBoolean(String name,boolean value)
void	setDouble(String name,double value)
void	setFloat(String name,float value)
void	setInt(String name,int value)
void	setLong(String name,long value)
void	setPattern(String name,Pattern pattern)

Configuration 配置类中设置被传递的参数的属性名称的方法的参数说明如下。
（1）name：为参数的属性名称。
（2）value：参数值。
（3）source：该参数值的来源（用于调试）。
（4）pattern：模式值。

在表 5-15 中，set(String name,String value)方法是比较通用的一种方法，只需设置 name 和 value 两个参数的值，如代码 5-27 所示。其他方法的用法类似。

代码 5-27　set()方法的使用

```
// 初始化配置，getConf()为自定义获取配置方法
Configuration conf = getConf();
// 设置第 1 个参数的属性名称为 inputPath
conf.set("inputPath",args[0]);
// 设置第 2 个参数的属性名称为 ouputPath
conf.set("outputPath",args[1]);
// 设置第 3 个参数的属性名称为 splitter
conf.set("splitter",args[2]);
```

设置参数的属性名称后，可以使用 Configuration 配置类中返回类型为 String 的 get(String name)方法，根据属性名称获取参数值。在编写 MapReduce 程序时，可以在 Mapper 或 Reducer 模块中通过上下文对象 Context 中的 getConfiguration()方法获取 Configuration 配置对象，再调用 Configuration 的 get(String name)方法获取参数值，如代码 5-28 所示。Mapper 或 Reducer 类提供了一个 setup(Context context)方法，该方法在 MapReduce 程序运行时只会被调用一次，因此建议通过重写 setup(Context context)方法进行参数值的获取。

代码 5-28　获取参数值

```
// 通过属性名称 inputPath 获取第 1 个参数值
String inputPath=context.getConfiguration().get("inputPath");
// 通过属性名称 outputPath 获取第 2 个参数值
String outputPath=context.getConfiguration().get("outputPath");
// 通过属性名称 splitter 获取第 3 个参数值
String splitter=context.getConfiguration().get("splitter");
```

5.4.2 使用 Hadoop 辅助类 ToolRunner

MapReduce 程序的驱动类中，main()方法进行了 MapReduce 作业的相关配置，再通过命令行方式运行作业。为了简化命令行，Hadoop 自带了一些辅助类，其中 GenericOptionsParser 是一个解释常用的 Hadoop 命令行选项类，GenericOptionsParser 类可以根据需要为 Configuration 对象设置相应的值。通常不直接使用 GenericOptionsParser 类，更方便的方式是实现 Tool 接口，通过 ToolRunner 运行应用程序，在 ToolRunner 内部调用 GenericOptionsParser 类。

以统计某竞赛网站用户在 2021 年 1 月和 2 月每天的登录次数为例，讲解 ToolRunner 的使用方法。

首先修改 5.3.5 小节中实现的驱动类，使驱动类继承 Hadoop 配置类 Configured；并实现 Tool 接口以及 Tool 接口中的 run(String[] args)方法，在 run(String[] args)方法中进行 MapReduce 作业的相关配置；再编写一个 main()方法，调用 ToolRunner 中的 run(Configuration conf,Tool tool,String[] args)方法，传递相关参数，如代码 5-29 所示。

代码 5-29　在驱动类中使用 ToolRunner

```java
package No5.Text.test3;

import org.apache.hadoop.conf.Configuration;
import org.apache.hadoop.conf.Configured;
import org.apache.hadoop.fs.FileSystem;
import org.apache.hadoop.fs.Path;
import org.apache.hadoop.io.IntWritable;
import org.apache.hadoop.mapreduce.Job;
import org.apache.hadoop.mapreduce.lib.input.FileInputFormat;
import org.apache.hadoop.mapreduce.lib.input.SequenceFileAsTextInputFormat;
import org.apache.hadoop.mapreduce.lib.output.FileOutputFormat;
import org.apache.hadoop.mapreduce.lib.output.TextOutputFormat;
import org.apache.hadoop.util.Tool;
import org.apache.hadoop.util.ToolRunner;

public class LogCount extends Configured implements Tool {
    public static void main(String[] args) {
        String[] myArgs = {
                "/Tipdm/Hadoop/MapReduce/Result/Select_Data/part-m-00000",
                "/Tipdm/Hadoop/MapReduce/Result/Log_Count"
        };
        try {
            ToolRunner.run(new Configuration(), new LogCount(), myArgs);
        } catch (Exception e) {
            e.printStackTrace();
        }
    }

    public int run(String[] args) throws Exception {
        Configuration conf = new Configuration();
        Job job = Job.getInstance(conf, "Log Count");
        job.setJarByClass(LogCount.class);
```

第 5 章　MapReduce 进阶编程

```
        job.setMapperClass(LogCountMapper.class);
        job.setReducerClass(LogCountReducer.class);
        job.setCombinerClass(LogCountCombiner.class);
        job.setPartitionerClass(LogCountPartitioner.class);
        job.setNumReduceTasks(2);
        job.setOutputKeyClass(MemberLogTime.class);
        job.setOutputValueClass(IntWritable.class);
        job.setInputFormatClass(SequenceFileAsTextInputFormat.class);
        job.setOutputFormatClass(TextOutputFormat.class);
        FileInputFormat.addInputPath(job, new Path(args[0]));
        FileSystem.get(conf).delete(new Path(args[1]), true);
        FileOutputFormat.setOutputPath(job, new Path(args[1]));
        return job.waitForCompletion(true) ? -1 : 1;
    }
}
```

在代码 5-29 中，main()方法中使用了 ToolRunner 的 run()方法，并且将参数值写在 main()方法中，因此使用"hadoop jar"命令运行程序时就不需要写参数值。打包程序并命名为 logcount.jar，在 master 节点中执行代码 5-30 所示的命令即可成功提交 MapReduce 任务。

代码 5-30　执行"hadoop jar"命令提交 MapReduce 任务

```
hadoop jar /opt/jars/Hadoop/logcount.jar No5.Text.test3.LogCount
```

5.4.3　自动打包并提交 MapReduce 任务

每一次运行 MapReduce 程序时都要先将程序编译生成 Jar 包，再上传至 Linux 文件系统中，然后通过"hadoop jar"命令提交并运行 MapReduce 程序，这种提交 MapReduce 任务的方式是比较烦琐的。为了提高开发效率，开发者可以通过 IntelliJ IDEA 将 MapReduce 任务直接提交至 Hadoop 集群中。

在 IntelliJ IDEA 中直接将 MapReduce 任务提交到 Hadoop 集群中，需要设置连接 Hadoop 集群的配置，包括使用跨平台提交任务、指定 NameNode、指定使用 YARN 框架、指定 ResourceManager、指定资源分配器、指定 HistoryServer 以及指定 Jar 包的存放路径。以统计某竞赛网站用户在 2021 年 1 月和 2 月每天的登录次数为例，在驱动类中添加一个获取 Hadoop 集群配置的 getMyConfiguration()方法，如代码 5-31 所示。

自动打包提交参数说明

代码 5-31　获取 Hadoop 集群配置的方法

```
public static Configuration getMyConfiguration() {
    // 声明配置
    Configuration conf = new Configuration();
    conf.setBoolean("mapreduce.app-submission.cross-platform", true);
    // 指定 NameNode
    conf.set("fs.defaultFS", "hdfs://master:8020");
    // 指定使用 YARN 框架
    conf.set("mapreduce.framework.name", "yarn");
    String resourcenode = "master";
    // 指定 ResourceManager
    conf.set("yarn.resourcemanager.address", resourcenode + ":8032");
```

```
    // 指定资源分配器
    conf.set("yarn.resourcemanager.scheduler.address", resourcenode + ":8030");
    conf.set("mapreduce.jobhistory.address", resourcenode + ":10020");
    conf.set("mapreduce.job.jar", "E:\\LC.jar");
    return conf;
}
```

在定义了获取 Hadoop 集群配置的方法后,需要在驱动类的 run()方法中调用定义的获取 Hadoop 集群配置的 getMyConfiguration()方法,如代码 5-32 所示。

代码 5-32　调用定义的获取 Hadoop 集群配置的方法

```
Configuration conf=getMyConfiguration();
```

添加了 Hadoop 集群配置代码后,只需将程序打包,在代码中输入 Jar 包本地路径,无须上传至 Linux 系统中,右键单击驱动类,选择 "Run 'LogCount.main()'" 命令即可运行 MapReduce 程序,如图 5-14 所示。

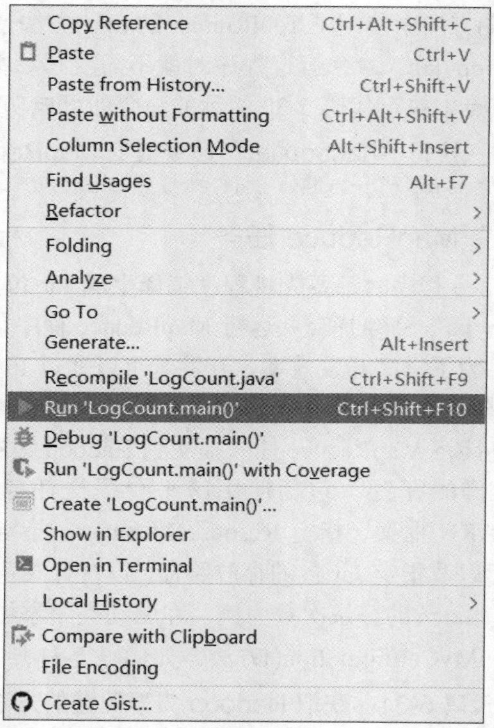

图 5-14　选择 "Run 'LogCount.main()'" 命令

在工程的/src/main/resources 目录下添加 log4j.properties 日志文件,该文件用于将运行程序的日志输出至控制台,方便用户查看日志,如代码 5-33 所示。

代码 5-33　log4j.properties 文件的代码

```
log4j.rootLogger = INFO,stdout
log4j.appender.stdout=org.apache.log4j.ConsoleAppender
log4j.appender.stdout.Target=System.out
log4j.appender.stdout.layout=org.apache.log4j.PatternLayout
log4j.appender.stdout.layout.ConversionPattern=%d{yyyy/MM/dd  HH:mm:ss,SSS}-%c{1}: %m%n
```

第 5 章　MapReduce 进阶编程

LogCount 程序在运行过程中将在 IntelliJ IDEA 的控制台输出日志信息，如图 5-15 所示。

虽然这样操作简化了一些步骤，但还是要将程序编译生成 Jar 包。因此为了省略程序打包这一步骤，用户可以自行编写一个将程序编译生成 Jar 包的工具类，通过调用这个工具类中的方法对程序自动打包，而不用手动打包，如代码 5-34 所示。

```
2021/06/11 15:23:54,812- RMProxy: Connecting to ResourceManager at master/192.168.128.130:8032
2021/06/11 15:23:55,666- JobResourceUploader: Hadoop command-line option parsing not performed. Implement the
2021/06/11 15:23:55,678- JobResourceUploader: Disabling Erasure Coding for path: /tmp/hadoop-yarn/staging/10740/
2021/06/11 15:23:55,870- FileInputFormat: Total input files to process : 1
2021/06/11 15:23:55,957- JobSubmitter: number of splits:1
2021/06/11 15:23:56,135- JobSubmitter: Submitting tokens for job: job_1623394812232_0002
2021/06/11 15:23:56,137- JobSubmitter: Executing with tokens: []
2021/06/11 15:23:56,273- Configuration: resource-types.xml not found
2021/06/11 15:23:56,274- ResourceUtils: Unable to find 'resource-types.xml'.
2021/06/11 15:23:56,336- YarnClientImpl: Submitted application application_1623394812232_0002
2021/06/11 15:23:56,367- Job: The url to track the job: http://master:8088/proxy/application_1623394812232_0002/
2021/06/11 15:23:56,368- Job: Running job: job_1623394812232_0002
2021/06/11 15:24:04,562- Job: Job job_1623394812232_0002 running in uber mode : false
2021/06/11 15:24:04,563- Job:  map 0% reduce 0%
2021/06/11 15:24:11,635- Job:  map 100% reduce 0%
2021/06/11 15:24:17,672- Job:  map 100% reduce 100%
2021/06/11 15:24:18,688- Job: Job job_1623394812232_0002 completed successfully
2021/06/11 15:24:18,966- Job: Counters: 57
        File System Counters
                FILE: Number of bytes read=42489
                FILE: Number of bytes written=754024
                FILE: Number of read operations=0
                FILE: Number of large read operations=0
                FILE: Number of write operations=0
                HDFS: Number of bytes read=351711
```

图 5-15　在 IntelliJ IDEA 的控制台输出的运行 MapReduce 任务的日志

代码 5-34　工具类的实现代码

```java
package No5.Text.test3;

import java.io.File;
import java.io.FileInputStream;
import java.io.FileOutputStream;
import java.io.IOException;
import java.util.jar.JarEntry;
import java.util.jar.JarOutputStream;

public class JarUtil {
    public static String jar(Class<?> cls) {
        String outputJar = cls.getName() + ".jar";
        String input = cls.getClassLoader().getResource("").getFile();
        input = input.substring(0, input.length() - 1);
        input = input.substring(0, input.lastIndexOf("/") + 1);
        jar(input, outputJar);
        return outputJar;
    }

    private static void jar(String inputFileName, String outputFileName) {
        JarOutputStream out = null;
```

```java
        try {
            out = new JarOutputStream(new FileOutputStream(outputFileName));
            File f = new File(inputFileName);
            jar(out, f, "");
        } catch (Exception e) {
            e.printStackTrace();
        } finally {
            try {
                out.close();
            } catch (IOException e) {
                e.printStackTrace();
            }
        }
    }

    private static void jar(JarOutputStream out, File f, String base) throws
Exception {
        if (f.isDirectory()) {
            File[] fl = f.listFiles();
            // 注意，这里用左斜线
            base = base.length() == 0 ? "" : base + "/";
            for (int i = 0; i < fl.length; i++) {
                jar(out, fl[i], base + fl[i].getName());
            }
        } else {
            out.putNextEntry(new JarEntry(base));
            FileInputStream in = new FileInputStream(f);
            byte[] buffer = new byte[1024];
            int n = in.read(buffer);
            while (n != -1) {
                out.write(buffer, 0, n);
                n = in.read(buffer);
            }
            in.close();
        }
    }
}
```

编写自动打包的工具类之后，只需在设置Hadoop集群配置时将设置Jar包路径的代码修改为代码5-35所示的代码即可，无须将程序打包即可在IntelliJ IDEA中直接提交MapReduce任务。

代码5-35　设置自动打包

```
conf.set("mapreduce.job.jar",JarUtil.jar(LogCount.class))
```

5.4.4　任务实现

本小节的任务是在IntelliJ IDEA中实现直接提交并运行5.3节中编写的MapReduce程序，实现步骤如下。

（1）改写驱动类LogCount，在驱动类中继承Configured类中的Tool接口，重写Tool

第 5 章　MapReduce 进阶编程

接口中的 run()方法，并在 main()方法里设置传递参数，参数包括输入数据路径、输出数据路径；在驱动类中编写获取 Hadoop 集群配置的 getMyConfiguration()方法，声明配置，指定 NameNode、使用 YARN 框架、ResourceManager 和资源分配器，并在 run()方法里调用 getMyConfiguration()方法，如代码 5-36 所示。

代码 5-36　改写驱动类 LogCount

```java
package No5.Text.test3;

import org.apache.hadoop.conf.Configuration;
import org.apache.hadoop.conf.Configured;
import org.apache.hadoop.fs.FileSystem;
import org.apache.hadoop.fs.Path;
import org.apache.hadoop.io.IntWritable;
import org.apache.hadoop.mapreduce.Job;
import org.apache.hadoop.mapreduce.lib.input.FileInputFormat;
import org.apache.hadoop.mapreduce.lib.input.SequenceFileAsTextInputFormat;
import org.apache.hadoop.mapreduce.lib.output.FileOutputFormat;
import org.apache.hadoop.mapreduce.lib.output.TextOutputFormat;
import org.apache.hadoop.util.Tool;
import org.apache.hadoop.util.ToolRunner;

public class LogCount extends Configured implements Tool {
    public static void main(String[] args) {
        String[] myArgs = {
                "/Tipdm/Hadoop/MapReduce/Result/Select_Data/part-m-00000",
                "/Tipdm/Hadoop/MapReduce/Result/Log_Count3"
        };
        try {
            ToolRunner.run(new Configuration(), new LogCount(), myArgs);
        } catch (Exception e) {
            e.printStackTrace();
        }
    }

    public int run(String[] args) throws Exception {
        Configuration conf = getMyConfiguration();
        Job job = Job.getInstance(conf, "Log Count");
        job.setJarByClass(LogCount.class);
        job.setMapperClass(LogCountMapper.class);
        job.setReducerClass(LogCountReducer.class);
        job.setCombinerClass(LogCountCombiner.class);
        job.setPartitionerClass(LogCountPartitioner.class);
        job.setNumReduceTasks(2);
        job.setOutputKeyClass(MemberLogTime.class);
        job.setOutputValueClass(IntWritable.class);
        job.setInputFormatClass(SequenceFileAsTextInputFormat.class);
        job.setOutputFormatClass(TextOutputFormat.class);
        FileInputFormat.addInputPath(job, new Path(args[0]));
        FileSystem.get(conf).delete(new Path(args[1]), true);
```

```
        FileOutputFormat.setOutputPath(job, new Path(args[1]));
        return job.waitForCompletion(true) ? -1 : 1;
    }

    public static Configuration getMyConfiguration() {
        // 声明配置
        Configuration conf = new Configuration();
        conf.setBoolean("mapreduce.app-submission.cross-platform", true);
        // 指定 NameNode
        conf.set("fs.defaultFS", "hdfs://master:8020");
        // 指定使用 YARN 框架
        conf.set("mapreduce.framework.name", "yarn");
        String resourcenode = "master";
        // 指定 ResourceManager
        conf.set("yarn.resourcemanager.address", resourcenode + ":8032");
        // 指定资源分配器
        conf.set("yarn.resourcemanager.scheduler.address",    resourcenode +
":8030");
        conf.set("mapreduce.jobhistory.address", resourcenode + ":10020");
        conf.set("mapreduce.job.jar",JarUtil.jar(LogCount.class));
        return conf;
    }
}
```

（2）编写一个自动打包的工具类，通过调用这个工具类中的方法对程序自动打包，如代码 5-34 所示。

（3）在 IntelliJ IDEA 中直接运行驱动类，运行 MapReduce 程序。

小结

本章是 MapReduce 进阶编程，介绍的内容包括 MapReduce 的输出及输入格式、Hadoop Java API、自定义键值类型、Combiner、Partitioner、自定义计数器以及在 IntelliJ IDEA 中直接提交并运行 MapReduce 任务。学习了 MapReduce 进阶编程的知识后，优化了日志文件的统计程序。其中，自定义键值类型、Combiner、Partitioner 和辅助类 ToolRunner 对程序的优化起到了非常积极的作用，在一定程度上可以提高程序运行的效率。

实训

实训 1　使用 MapReduce 编程统计各科目成绩最高的学生

1. 实训要点

（1）熟悉 MapReduce 的执行流程。
（2）掌握自定义键值类型的方法。
（3）掌握自定义输入/输出格式的方法。
（4）掌握进阶的 MapReduce 程序编写方法。

2. 需求说明

在某中学中,为了提高学生的学习效率,学校对于某些科目成绩较为优秀的学生会给予奖状与奖品,希望学生再接再厉。基于第 4 章表 4-7 的学生成绩数据,现要求获取成绩表 A 中每个科目成绩最高的学生,并将结果输出到最高成绩表 B,示例内容如表 5-16 所示。

表 5-16 最高成绩表 B 的示例内容

sno	course	max_grade	sno	course	max_grade
202102	化学	99	202101	生物	99
202101	数学	149	202102	英语	144
202101	物理	90	202102	语文	114

3. 实现思路及步骤

(1)自定义一个键值类型,以学号和成绩作为输出值。

(2)在 Mapper 模块中,使用 map()方法读取成绩表 A 中的数据,并将读取的数据按逗号分隔,以科目作为键,以自定义键值类型(学号、成绩)作为值,组成键值对<科目,学号+成绩>,设置 Map 阶段的输出键值对类型为<Text,自定义键值类型>。

(3)在 Reducer 模块中,由于 Map 阶段的输出键值对类型是<Text,自定义键值类型>,所以 Reduce 阶段接收的键值对类型是<Text,Iterable<自定义键值类型>>。针对相同的键(科目),遍历比较每个键对应的值中的成绩,找出最高成绩,最后输出键值对<科目,学号+最高成绩>。

实训 2 使用 MapReduce 编程筛选出指定出版年份的图书

1. 实训要点

(1)熟悉 MapReduce 参数的传递过程。
(2)掌握自定义输入/输出类型的方法。
(3)掌握自定义 Partitioner 的方法。

2. 需求说明

《中国图书馆分类法》是我国编制出版的一部具有代表性的大型综合性分类法,是当今国内图书馆使用的最广泛的分类法体系,简称《中图法》。某图书馆根据《中图法》将图书进行了分类,得出一份图书分类数据文件 Book.csv。文件中每一行包含 5 个字段,即书名、作者、出版社、中国图书分类号和出版年月,数据字段说明如表 5-17 所示。为了解图书馆的图书情况,现要求使用 MapReduce 编程筛选出版年份为 2017 年的图书。

表 5-17 Book.csv 数据字段说明

字段名称	说明
书名	图书名称
作者	创作者

字段名称	说明
出版社	图书所属出版地
中国图书分类号	图书所属分类号
出版年月	图书出版时间

3. 实现思路及步骤

（1）自定义一个键值类型，以书名和出版年月作为输出值。

（2）在 Mapper 模块中，使用 map()方法读取图书分类数据 Book.csv，并将读取的数据按逗号分隔，以中国图书分类号作为键，以自定义键值类型（书名、出版年月）作为值，组成键值对<中国图书分类号,书名+出版年月>，设置 Map 阶段的输出键值对类型为<Text,自定义键值类型>。

（3）自定义 Partitioner，继承 Partitioner 类，筛选出版年份是 2017 年的图书。

课后习题

1. 选择题

（1）下列关于 Hadoop 序列化说法错误的是（   ）。
  A. 能够高效使用存储空间，具有紧凑性
  B. 读取速度快，读取数据额外的开销小
  C. 具有扩展性，可透明地读取旧格式的数据
  D. 具有独立性，只能使用 Java 读/写数据

（2）MapReduce 默认的输入格式是（   ）。
  A. TextInputFormat   B. SequenceFileInputFormat
  C. KeyValueInputFormat   D. DBInputFormat

（3）关于 MapReduce 的输出格式，下列说法错误的是（   ）。
  A. TextOutputFormat：以键值对的方式输出行
  B. SequenceFileOutputFormat：输出文本文件，适合作为子 MapReduce 作业的输入
  C. NullOutputFormat：忽略收到的数据，即没有输出
  D. DBOutputFormat：可以将数据写入 MySQL 数据库中

（4）在 Hadoop Java API 中，查看某个目录下的子目录，使用的方法是（   ）。
  A. listStatus()方法   B. delete()方法
  C. mkdirs()方法   D. open()方法

（5）关于 Hadoop 内置的数据类型，下列说法不正确的是（   ）。
  A. BooleanWritable：标准布尔型
  B. ByteWritable：单字节型

第 5 章　MapReduce 进阶编程

C. Text：使用 UTF-8 格式存储的文本类型，在 Java 数据类型中主要针对 String 类型

D. IntWritable：长整型

（6）下列（　　）情况不适合添加 Combiner。

A. MapReduce 程序求和

B. MapReduce 程序求最大值

C. MapReduce 程序求平均值

D. MapReduce 程序实现单词计数

（7）关于自定义键值类型，下列说法正确的是（　　）。

A. 自定义键值类型必须继承 Writable 接口

B. 自定义 MapReduce 的键类型需要继承 Writable 接口

C. 自定义 MapReduce 的值类型需要继承 WritableComparable 接口

D. 自定义键值类型必须实现 readFields(DataInput datainput)方法

（8）在 Mapper 类的 setup()方法中，下列可以获取参数值的方法是（　　）。

A. Context.get("argName")

B. Configuration.get("argName")

C. context.getConfiguration.getInt("argName")

D. context.getConfiguration.get("argName")

（9）在 MapReduce 的计算过程中，数据流的顺序是（　　）。

A. InputFormat→Mapper→Combiner→Partitioner→Reducer→OutputFormat

B. InputFormat→Mapper→Combiner→Partitioner→OutputFormat→Reducer

C. InputFormat→Mapper→Partitioner→Combiner→Reducer→OutputFormat

D. InputFormat→Mapper→Reducer→Combiner→Partitioner→OutputFormat

（10）下列关于 MapReduce 的说法错误的是（　　）。

A. 在 MapReduce 中，对于 Mapper 输出的中间结果，Partitioner 负责按键进行分区

B. 在 MapReduce 中，Combiner 的作用为合并同一个分区中相同键的值，减小了后续的数据传输

C. 在 MapReduce 中，无论 Combiner 被调用多少次，都不应改变 Reducer 的输出结果

D. Combiner 发生在 Reduce 端

2. 操作题

垃圾分类是改善生活环境、践行绿色发展的重要举措。垃圾分类，指按一定规定或标准将垃圾分类储存、投放和搬运，从而将其转变成公共资源的一系列活动的总称。分类的目的是提高垃圾的资源价值和经济价值，力争物尽其用。垃圾分类势在必行，全国地级及以上城市全面开展生活垃圾分类工作。现有一份垃圾分类数据 rubbish.txt，数据包含两个字段，分别是垃圾名称和类别号，字段用逗号分隔，部分数据如表 5-18 所示。其中类别号 1 表示可回收垃圾，2 表示有害垃圾，4 表示湿垃圾，8 表示干垃圾。

表 5-18 rubbish.txt 部分数据

阿司匹林,2
糖果,4
艾草,4
艾叶,4
安全帽,1
密胺碗,1
密胺餐具,1
档案袋,1
扫把,8

为了解各类型垃圾的分类情况,现要求使用 MapReduce 编程,完成以下操作。
(1)自定义一个计数器,统计数据中各类型垃圾的数量。
(2)自定义 Partitioner 类,分别存储可回收垃圾、有害垃圾、湿垃圾和干垃圾的统计结果。

第 6 章 Hive 数据仓库

学习目标

（1）了解 Hive 的概念及 Hive 与传统数据库的对比。
（2）了解 Hive 系统架构、数据模型和执行流程。
（3）熟悉 3 种访问 Hive 的方式及配置过程。
（4）掌握 Hive 中数据库与表的创建、修改操作方法。
（5）掌握 Hive 表数据增删查改的操作方法。

任务背景

随着信息技术的普及和企业信息化建设步伐的加快，企业逐步认识到建立企业范围内的统一数据存储的重要性，越来越多的企业已经建立或正着手建立企业数据仓库。企业数据仓库（Data Warehouse）有效集成了来自不同部门、不同地理位置并具有不同格式的数据，为企业管理决策提供了企业范围内的单一数据视图，从而为综合分析和科学决策奠定了坚实的基础。

只有用普遍联系的、全面系统的、发展变化的观点观察事物，才能把握事物发展规律。电信运营商为了优化维护工作，每天都会派维护人员对分布在全国各地的基站进行检测，分析基站的工作情况。其中掉话率在移动网中是一项非常重要的指标，掉话率的高低在一定程度上体现了移动网通信质量的优劣。不同厂家的设备对该指标的计算方法与标准不尽相同。因此，对基站掉话率的分析显得尤为重要。

电信运营商有一个系统，收集了分布在各地基站的各种数据，数据字段说明如表 6-1 所示，共有 5 个数据字段。

表 6-1 数据字段说明

字段名称	说明
record_time	通话时间（单位：s）
imei	手机编号
cell	基站编号
drop_num	掉话秒数（单位：s）
duration	通话总秒数（单位：s）

Hadoop 大数据开发基础（第 2 版）（微课版）

为了提升网络质量，节约时间和人力成本，优化维护工作，分析基站的掉话率就显得尤为重要。因此，电信运营商为更精准、更有针对性地完成基站的维护工作，提出了基站掉话率统计需求。

通常，电信运营商基站运行期间产生的文件数量都比较多，而且文件中的记录数也很多，文件大多数为文本格式。为了保证较高的处理效率与灵活性，在此选用 Hive 数据仓库对基站数据进行存储与处理分析。本章将详细讲解如何通过 Hive 编程解决实际问题，首先介绍 Hive 数据仓库的系统架构、数据模型和执行流程；其次讲解访问 Hive 的 3 种方式及其配置过程；接着介绍 Hive 数据仓库中表的创建与修改的基本语法，并结合官方的示例介绍 Hive 表数据的增删查改；最后通过编写 Hive 语句实现基站掉话率的统计分析。

任务 6.1　认识 Hive 数据仓库

任务描述

Hive 数据仓库基于 Hadoop 开发，是 Hadoop 生态圈组件之一，是海量数据存储和离线批量处理的常用工具。本节的任务是了解 Hive 的概念、Hive 与传统数据库的对比、Hive 系统架构及数据模型，这是学习与使用 Hive 进行数据存储与处理的第一步。

6.1.1　什么是 Hive

随着大数据时代的到来，传统数据仓库面临的挑战主要包括以下几个方面。

（1）无法满足快速增长的海量数据存储需求。传统数据仓库大部分是基于关系数据库存储和管理数据的，关系数据库横向扩展性较差，纵向扩展性有限。目前企业数据增长速度非常快，数据量达到了 TB 级别，已经大大超出了 Oracle/DB2 等传统数据仓库的处理能力。

（2）无法有效处理不同类型的数据。传统数据仓库通常只能存储和处理结构化数据，但是，随着企业业务的发展，企业中部署的系统越来越多、数据源的数据格式越来越丰富，很显然，传统数据仓库无法处理如此多的数据类型。

（3）计算和处理能力不足。由于传统数据仓库建立在关系数据库基础之上，所以其计算和处理能力较弱。当数据量达到 TB 级后，传统数据仓库基本无法获得好的性能。

大多数数据仓库应用程序均是使用关系数据库进行实现的，并使用 SQL 作为查询语言。为了提高数据仓库的性能，选择将基于传统关系数据库的数据仓库构建在 Hadoop 上，是一个很好的解决思路。对于大量的 SQL 用户，包括专业数据库设计师和管理员，以及使用 SQL 语句从数据仓库中抽取信息的临时用户，急需一个可以有效、合理地组织和使用海量数据的模型，Hive 应运而生。

Hive 是 Hadoop 生态系统中必不可少的一个工具，它提供了一种 HQL 语言（类 SQL 语言），可以查询存储在 HDFS 中的数据，也可以查询其他与 Hadoop 集成的文件系统的数据，如 MapR-FS、Amazon S3，还可以查询数据库中的数据，如 HBase 和 Cassandra。

6.1.2　了解 Hive 与传统数据库的对比

Hive 在很多方面和传统数据库类似，但是它底层依赖的是 HDFS 和 MapReduce（或 Tez 和 Spark），因此 Hive 在很多方面又有别于传统数据库。从查询语言、数据存储、索引、

第 6 章　Hive 数据仓库

执行引擎、执行延迟、可扩展性、处理数据规模等方面，对 Hive 和传统数据库进行了对比，如表 6-2 所示。

表 6-2　Hive 与传统数据库的对比

对比内容	Hive	传统数据库
查询语言	HQL	SQL
数据存储	HDFS	本地文件系统
索引	0.8 版本以后支持位图索引	支持复杂索引
执行引擎	MapReduce、Tez、Spark	自身的执行引擎
执行延迟	高	低
可扩展性	好	有限
处理数据规模	大	小

Hive 与传统数据库的对比具体说明如下。

（1）查询语言。由于 SQL 被广泛地应用在数据仓库中，因此开发人员专门针对 Hive 的特性设计了类 SQL 的查询语言 HQL。熟悉 SQL 开发的开发者可以很方便地使用 Hive 进行开发。

（2）数据存储。Hive 是构建在 Hadoop 上的，所有 Hive 的数据都是存储在 HDFS 中的。而且数据库是将数据保存在块设备或本地文件系统中。在数据格式方面，Hive 中没有定义专门的数据格式，数据格式可以由用户指定，用户定义数据格式需要指定 3 个属性，即列分隔符（通常为空格、"\t" 或 "\x001"）、行分隔符（"\n"）和读取文件数据的方法（Hive 中默认有 3 种文件格式，分别为 TextFile、SequenceFile 和 RCFile）。由于在加载数据的过程中，不需要将用户数据格式转换为 Hive 定义的数据格式，因此，Hive 在加载数据的过程中不会对数据本身进行任何修改，而只是将数据复制或移动至相应的 HDFS 目录中。而在数据库中，不同的数据库有不同的存储引擎，需要定义不同的数据格式，所有数据都会按照一定的组织存储，因此，数据库加载数据的过程会比较耗时。由于 Hive 是针对数据仓库应用设计的，而数据仓库的内容是"读多写少"的，因此，Hive 中不支持对数据的改写和添加，所有的数据都是在加载时确定好的。而数据库中的数据通常是需要经常修改的，因此可以使用 INSERT INTO VALUES 语句添加数据，使用 UPDATE SET 语句修改数据。

（3）索引。Hive 在加载数据的过程中不会对数据进行任何处理，甚至不会对数据进行扫描，因此也没有对数据中的某些键建立索引。Hive 要访问数据中满足条件的特定值时，需要"暴力"扫描整个数据，因此访问延迟较高。由于数据的访问延迟较高，所以决定了 Hive 不适合在线数据查询。数据库中，通常会针对一列或几列建立索引，因此对于少量的特定条件的数据的访问，数据库可以有很高的效率、较低的延迟。

（4）执行引擎。在 Hive 中，大多数查询的执行是通过 Hadoop 提供的 MapReduce 实现的，而数据库通常有自己的执行引擎。

（5）执行延迟。Hive 在查询数据时，由于没有索引，需要扫描整个表，因此延迟较高。另外一个导致 Hive 执行延迟高的因素是 MapReduce 框架。由于 MapReduce 本身具有较高的延迟，因此在利用 MapReduce 执行 Hive 查询时，也会有较高的延迟。当数据规模较小时，传统数据库的执行延迟较低，但是当数据规模大到超过传统数据库的处理能力时，Hive 的并行计算优势就能体现出来。

（6）可扩展性。由于 Hive 是建立在 Hadoop 之上的，因此 Hive 的可扩展性和 Hadoop 的可扩展性是一致的；而数据库由于受语义的严格限制，扩展能力非常有限。

（7）处理数据规模。由于 Hive 建立在集群上并可以利用 MapReduce 进行并行计算，因此它可以处理很大规模的数据。

6.1.3 了解 Hive 系统架构

Hive 是典型的客户/服务器（Client/Server，C/S）模式，底层执行引擎使用的是 Hadoop 的 MapReduce 框架，因此 Hive 运行在 Hadoop 基础上。Hive 的系统架构如图 6-1 所示，主要包括 5 个部分：用户接口、跨语言服务、元数据存储系统、底层驱动引擎、底层存储。

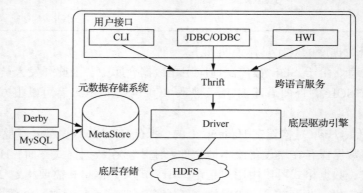

图 6-1 Hive 的系统构架

Hive 的系统架构具体说明如下。

（1）用户接口。用户接口用于访问 Hive，包括 CLI（Command Line Interface，命令行界面）、JDBC（Java Database Connectivity，Java 数据库连接）/ODBC（Open Database Connectivity，开放数据库连接）和 HWI（Hive Web Interface，Hive Web 接口）3 种方式。CLI 指的是 Shell 终端命令行，采用交互式的方式访问 Hive。JDBC/ODBC 是通过客户端的方式连接并访问 Hive。HWI 则是通过浏览器的方式访问 Hive。

（2）跨语言服务。Thrift 用于进行可扩展且跨语言的服务的开发，Hive 集成了 Thrift 服务，能让不同的编程语言调用 Hive 的接口。

（3）元数据存储（MetaStore）系统。Hive 将元数据存储在数据库中，如 MySQL、Derby（Hive 自带的内存数据库）。Hive 中的元数据包括表的名字、表的列和分区及其属性、表的属性（是否为外部表等）、表的数据所在目录等。元数据默认存储在自带的 Derby 数据库中。由于 Derby 数据库不适合多用户操作，并且数据存储目录不固定，不方便管理，因此通常都将元数据存储在 MySQL 数据库中。

（4）底层驱动引擎（Driver）。底层驱动引擎实现了将 HQL 语句转化为 MapReduce 任务的过程。Hive 的底层驱动引擎主要包括解释器、编译器、优化器和执行器，一同完成 HQL 语句从词法分析、语法分析、编译、优化以及查询计划的生成。生成的查询计划存储在 HDFS 中，并在随后由执行器调用 MapReduce 执行。

（5）底层存储。Hive 数据仓库的数据是存储在 HDFS 中的。针对大部分的 HQL 查询请求，Hive 内部会将 HQL 语句自动转换为 MapReduce 任务执行。

6.1.4　了解 Hive 数据模型

对于数据存储，Hive 没有专门的数据格式，也没有为数据建立索引，用户可以非常自由地组织 Hive 中的表，只需要在创建表时设置数据的列分隔符和行分隔符即可解析数据。

数据模型解析

Hive 中所有的数据都存储在 HDFS 中，存储模型主要包括数据库、表（内部表、外部表、带分区的表、桶表）和视图。

1. 数据库

Hive 数据库类似于传统数据库的 Database。内部表与数据库中的 table 在概念上类似。每一个表在 Hive 中都有一个相应的目录存储数据，所有的表数据均保存在这个目录中。

2. 表

Hive 的表在逻辑上由存储的数据和描述表格数据形式的相关元数据组成。表存储的数据存放在分布式文件系统里，如 HDFS。

Hive 中的表分为两种，一种为内部表，这种表的数据存储在 Hive 数据仓库中；另一种为外部表，表数据可以存储在 Hive 数据仓库外的分布式文件系统中，也可以存储在 Hive 数据仓库中。值得一提的是，Hive 数据仓库其实也是 HDFS 中的一个目录，该目录是 Hive 数据存储的默认路径，也可以在 Hive 的配置文件中重新配置。

3. 分区和桶

Hive 将表组织成分区（Partition），这是一种根据分区列（Partition Column）的值对表进行粗略划分的机制。使用分区可以加快数据分片的查询速度。表或分区可以进一步分为桶（Bucket）。

将表或分区组织成桶有以下两个原因。

第一个原因是可以获得更高的查询处理效率。桶其实是为表加上了额外的结构，Hive 在处理有些查询时能够利用这个结构。如连接两个在相同列上划分了桶的表，可以使用 Map 端的 join 操作高效实现。

第二个原因是使取样（Sampling）更高效。在大规模数据集上进行开发和查询时，如果可以先在一小部分数据集上进行查询，那么会更加方便。Hive 使用 CLUSTERED BY 子句来指定划分桶所用的列和要划分的桶的个数。

4. 视图

Hive 的视图与传统数据库的视图类似。视图是只读的，视图依赖的基本表如果改变，数据增加不会影响视图的呈现；如果删除基本表，那么会出现问题。

6.1.5　了解 Hive 执行流程

Hive 的执行流程如图 6-2 所示。Hive 中的任务执行流程是将客户端（Client）提交的任务（如 HQL 语句）通过驱动（Driver）找到 HQL 语句中的相关元数据（MetaStore）确定表及存储的情况，再编译（Compiler）相关信息，生成执行计划，提交给 Hadoop。

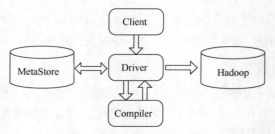

图 6-2　Hive 的执行流程

　访问 Hive 的 3 种方式

任务描述

Hive 的安装模式分为 3 种，分别是内嵌模式、直连数据库模式（或本地模式）和远程模式。内嵌模式采用内嵌的 Derby 数据库存储元数据；直连数据库模式采用外部数据库存储元数据；远程模式也采用外部数据库存储元数据，不同的是，远程模式需要单独开启 MetaStore 服务。为了顺利地访问 Hive，本节的任务是介绍访问 Hive 的 3 种方式，并根据不同的安装模式进行配置，本章的操作示例是在 Hive 远程模式下完成的。

6.2.1　设置内嵌模式

内嵌模式采用内嵌的 Derby 数据库存储元数据。在内嵌模式下，只允许一个会话连接，若尝试多个会话连接将报错。内嵌模式下 Hive 的安装及配置步骤如下。

（1）在 Apache 镜像网站下载 Linux 下的 Hive 安装包（本书使用 Hive 3.1.2，运行在 CentOS 7.8、Hadoop 3.1.4 上）。下载完毕后，将安装包 apache-hive-3.1.2-bin.tar.gz 上传至 Linux 系统的/opt/apps 目录下（本次操作在 master 节点上进行演示说明），将安装包解压至/opt/目录下。首先创建目录，如代码 6-1 所示。

代码 6-1　创建目录

```
// 由于要将安装包上传到/opt/apps 目录下，所以先在/opt/下面创建 apps 目录
mkdir -p /opt/apps
// 切换至/opt/apps 目录下
cd /opt/apps/
```

（2）切换至/opt/apps 目录下后，通过 Xshell 提供的文件传输工具将 apache-hive-3.1.2-bin.tar.gz 上传至 Linux 系统的/opt/apps 目录下。

（3）上传完成后，将安装包 apache-hive-3.1.2-bin.tar.gz 解压至/opt/目录下，如代码 6-2 所示。

代码 6-2　解压安装包

```
tar -zxvf apache-hive-3.1.2-bin.tar.gz -C /opt/
```

（4）由于 Hive 3.1.2 内的 guava-19.0.jar 版本较低，需要删除，再将 Hadoop 3.1.4 的 guava-27.0-jre.jar 复制至/opt/apache-hive-3.1.2-bin/lib/目录下，如代码 6-3 所示。

代码 6-3　将 guava-27.0-jre.jar 复制至/opt/apache-hive-3.1.2-bin/lib/目录下

```
# 删除 guava-19.0.jar
rm -rf /opt/apache-hive-3.1.2-bin/lib/guava-19.0.jar
# 复制 guava-27.0-jre.jar
```

第 6 章　Hive 数据仓库

```
cp /usr/local/hadoop-3.1.4/share/hadoop/common/lib/guava-27.0-jre.jar /opt/apache-hive-3.1.2-bin/lib/guava-27.0.jar
```

（5）解决日志 Jar 包冲突，需要弃用/opt/apache-hive-3.1.2-bin/lib/目录下的 log4j-slf4j-impl-2.10.0.jar，如代码 6-4 所示。

代码 6-4　解决日志 Jar 包冲突

```
mv /opt/apache-hive-3.1.2-bin/lib/log4j-slf4j-impl-2.10.0.jar /opt/apache-hive-3.1.2-bin/lib/log4j-slf4j-impl-2.10.0.jar.bak
```

（6）初始化元数据库，内嵌模式选用 Hive 自带的 Derby 数据库，如代码 6-5 所示。

代码 6-5　初始化元数据库

```
# 切换至 Hive 的安装目录下的 bin 目录执行如下命令
./schematool -dbType derby -initSchema
```

（7）为了使 Hive 命令在任何目录下都能生效，需要在/etc/profile 文件中配置 Hive 的环境变量。通过 "vim /etc/profile" 命令打开文件，并添加 Hive 的环境变量配置信息（见图 6-3），最后使用命令 "source /etc/profile"，使得环境变量生效。

```
export JAVA_HOME=/usr/java/jdk1.8.0_281-amd64
export HADOOP_HOME=/usr/local/hadoop-3.1.4
export HIVE_HOME=/opt/apache-hive-3.1.2-bin
export PATH=$PATH:$JAVA_HOME/bin:$HADOOP_HOME/bin:$HADOOP_HOME/sbin:$HIVE_HOME/bin
```

图 6-3　Hive 的环境变量配置信息

内嵌模式下，无须对 Hive 配置文件进行修改，通过 "hive" 命令直接启动并进入 Hive 即可，如图 6-4 所示。

```
[root@master ~]# hive
which: no hbase in (/usr/local/sbin:/usr/local/bin:/usr/sbin:/usr/bin:/usr/java/jdk1.8.0_281-amd64/bin:/usr/local/hadoop-3.1.4/bin:/usr/local/hadoop-3.1.4/sbin:/opt/apache-hive-3.1.2-bin/bin:/root/bin)
Hive Session ID = 05c59f4f-2006-4a0a-aae8-87226393ed52

Logging initialized using configuration in jar:file:/opt/apache-hive-3.1.2-bin/lib/hive-common-3.1.2.jar!/hive-log4j2.properties Async: true
Hive-on-MR is deprecated in Hive 2 and may not be available in the future versions. Consider using a different execution engine (i.e. spark, tez) or using Hive 1.X releases.
hive>
```

图 6-4　Hive 交互界面

进入图 6-4 所示的 Hive 交互界面后，可以输入查询数据仓库的指令进行相关操作，该指令与 MySQL 查询数据库命令一致。如在 Hive 交互界面输入 "show databases;"（注意输完指令要以分号结束）指令可以查看当前所有数据库列表，如图 6-5 所示。

```
hive> show databases;
OK
default
Time taken: 1.399 seconds, Fetched: 1 row(s)
hive>
```

图 6-5　查看 Hive 数据库列表

从图 6-5 可以看出，使用与 MySQL 操作相同的 "show databases;" 指令查询 Hive 当前所有数据库列表成功，并返回唯一的 default 数据库，该 default 数据库是 Hive 自带的也是默认的数据库。

当退出 Hive 客户端时，在当前路径下将默认生成 derby.log 文件，该文件是记录用户操作 Hive 的日志文件。由于内嵌模式下元数据不会共享，在其他路径下打开 Hive 客户端会创建新的 derby.log 文件，因此当前用户无法访问上一客户端进行的任何操作。

6.2.2 设置直连数据库模式

直连数据库模式也叫本地模式，它和远程模式安装及配置方式大致相同，本质上是将 Hive 默认的元数据存储介质由自带的 Derby 数据库替换为 MySQL 数据库。无论在什么目录下以任何方式启动 Hive，只要连接的是同一台 Hive 服务器，所有节点访问的元数据信息均是一致的，从而实现元数据的共享。

下面以直连数据库模式为例，讲解 Hive 的安装过程。直连数据库模式的 Hive 安装主要包括安装 MySQL 和安装及配置 Hive 两个步骤，具体操作步骤如下。

1. 安装 MySQL

MySQL 安装方式有许多种，可以直接解压安装包进行相关配置，也可以选择在线安装。本小节使用直接解压 MySQL 安装包方式安装 MySQL，安装过程和说明如下（MySQL 的安装过程均在 master 节点上进行）。

MySQL 安装需要下载 4 个 Rpm 包，以软件版本号 5.7.18-1 为例，分别为 mysql-community-client-5.7.18-1.el7.x86_64.rpm、mysql-community-common-5.7.18-1.el7.x86_64.rpm、mysql-community-libs-5.7.18-1.el7.x86_64.rpm、mysql-community-server-5.7.18-1.el7.x86_64.rpm。

RPM 原本是 Red Hat Linux 发行版专门用于管理 Linux 各项套件的程序，由于它遵循 GPL 规则且功能强大，所以广受欢迎，Linux 其他发行版也开始使用。RPM 套件管理方式的出现，让 Linux 易于安装、升级，间接提升了 Linux 的适用度。

为保证安装过程中不出现问题，在安装之前，需要检查并删除系统中与旧版本 MySQL 相关的配置文件和库等残留信息，如代码 6-6 所示。

代码 6-6 删除旧版本 MySQL 的残留信息

```
rm -rf /usr/lib/mysql
rm -rf /usr/include/mysql
rm -rf /etc/my.cnf
rm -rf /var/lib/mysql
rm -rf /usr/share/mysql
```

由于 MySQL 的 4 个 Rpm 包之间存在依赖关系，所以在安装过程中有顺序要求，具体的顺序为 rpm-ivh mysql-community-common-5.7.18-1.el7.x86_64.rpm、rpm-ivh mysql-community-libs-5.7.18-1.el7.x86_64.rpm、rpm-ivh mysql-community-client-5.7.18-1.el7.x86_64.rpm、rpm-ivh mysql-community-server-5.7.18-1.el7.x86_64.rpm。

为了便于安装，可以使用代码 6-7 所示的命令自动识别顺序并完成 MySQL 的安装。

代码 6-7 MySQL 的安装

```
rpm -ivh mysql-community-*
```

安装完成后，需要对 MySQL 数据库编码方式进行设置。打开 /etc/my.cnf 文件，并添加图 6-6 所示的配置信息。

```
[client]
default-character-set=utf8
[mysql]
default-character-set=utf8
[mysqld]
character_set_server=utf8
```

图 6-6 添加 my.cnf 配置信息

第 6 章　Hive 数据仓库

通过"systemctl start mysqld"命令启动 MySQL 服务器，查看/var/log/mysqld.log 文件内容，如代码 6-8 所示。在/var/log/mysqld.log 文件中找到初始随机密码"zts.!yk)8ppL"，如图 6-7 所示。

代码 6-8　启动 MySQL 服务器

```
// 启动 MySQL 服务器
systemctl start mysqld
service mysqld restart
Redirecting to /bin/systemctl restart mysqld.service
```

```
root@localhost: 8qfcWqsAWf)t
```

图 6-7　查看初始随机密码

启动了 MySQL 服务器并拥有了初始随机密码，便可通过密码登录 MySQL，如图 6-8 所示。

```
[root@master ~]# mysql -uroot -p'8qfcWqsAWf)t'
mysql: [Warning] Using a password on the command line interface can be insecure.
Welcome to the MySQL monitor.  Commands end with ; or \g.
Your MySQL connection id is 3
Server version: 5.7.18

Copyright (c) 2000, 2017, Oracle and/or its affiliates. All rights reserved.

Oracle is a registered trademark of Oracle Corporation and/or its
affiliates. Other names may be trademarks of their respective
owners.

Type 'help;' or '\h' for help. Type '\c' to clear the current input statement.

mysql>
```

图 6-8　登录 MySQL

由于使用的是随机密码登录 MySQL，随机密码不便于记忆，因此可选择修改默认密码，如代码 6-9 所示。

代码 6-9　修改默认密码

```
// 把密码改为复杂程度与规则一致的新密码
alter user 'root'@'localhost' identified by '@Root_123456';
// 设置新密码的验证策略为 0，表示最低
mysql> set global validate_password_policy=0;
// 设置新密码的长度最小值为 6 位
mysql> set global validate_password_length=6;
// 设置新密码为 123456
mysql> set password for 'root'@'localhost'=password('123456');
```

修改完密码，为了保证 root 用户可访问，还需要设置允许 root 用户远程登录的权限，同时设置 MySQL 开机启动，如代码 6-10 所示。

代码 6-10　设置远程登录权限和开机启动

```
// 给 root 用户设置远程登录权限
mysql> GRANT ALL PRIVILEGES ON *.* TO 'root'@'%' IDENTIFIED BY '123456'
WITH GRANT OPTION;
mysql>FLUSH PRIVILEGES;
// 使用 "quit;" 命令退出 MySQL，在 CentOS 中设置 MySQL 开机启动
$ chkconfig mysqld on
```

2. Hive 直连数据库模式配置

由于在 master 节点中已经安装了内嵌模式的 Hive,因此有关 Hive 直连数据库模式配置的所有操作均在 slave1 节点上完成。首先,将 apache-hive-3.1.2-bin.tar.gz 文件上传至 slave1 节点的/opt/apps 目录下;其次,元数据存储在 MySQL 数据库,因此需要上传 MySQL 连接的 Jar 包 mysql-connector-java-5.1.32-bin.jar 到 slave1 节点的/opt/apps 目录下。Hive 安装包的解压、解决 guava-19.0.jar 版本不一致、解决日志 Jar 包冲突的操作过程与 6.2.1 小节的 Hive 内嵌模式基本一致,因此这里将不再叙述,重点介绍 Hive 直连数据库模式的配置。

(1)修改/etc/profile 文件,配置环境变量。为了能够在任何目录下运行 Hive 命令,需要在/etc/profile 文件中配置 Hive 的环境变量。首先通过"vim /etc/profile"命令打开文件,添加 Hive 的环境变量配置信息,如图 6-9 所示。

```
export JAVA_HOME=/usr/java/jdk1.8.0_281-amd64
export HADOOP_HOME=/usr/local/hadoop-3.1.4
export HIVE_HOME=/opt/apache-hive-3.1.2-bin
export PATH=$PATH:$JAVA_HOME/bin:$HADOOP_HOME/bin:$HADOOP_HOME/sbin:$HIVE_HOME/bin
```

图 6-9 Hive 的环境变量配置信息

配置完 Hive 的环境变量,通过"source/etc/profile"命令使环境变量生效。可以测试在任何目录下输入"hiv"并按 Tab 键是否会自动补齐命令"hive",如果可以自动补齐,那么表示 Hive 的环境变量配置成功;否则配置有问题,需检查 Hive 的安装路径是否有误。

(2)添加 hive-site.xml 文件,配置 MySQL 相关信息。由于 Hive 安装包/opt/apache-hive-3.1.2-bin/conf 下并未提供 hive-site.xml 文件,需要创建一个 hive-site.xml 文件并编辑,具体内容如代码 6-11 所示。

代码 6-11 hive-site.xml 文件

```xml
<configuration>
  <property>
    <name>javax.jdo.option.ConnectionURL</name>
    <value>
    jdbc:mysql://192.168.128.130:3306/hive?createDatabaseIfNotExist=true
    </value>
    <description>MySQL 连接协议</description>
  </property>
  <property>
    <name>javax.jdo.option.ConnectionDriverName</name>
    <value>com.mysql.jdbc.Driver</value>
    <description>JDBC 连接驱动</description>
  </property>
  <property>
    <name>javax.jdo.option.ConnectionUserName</name>
    <value>root</value>
    <description>用户名</description>
  </property>
  <property>
    <name>javax.jdo.option.ConnectionPassword</name>
    <value>123456</value>
```

第 6 章　Hive 数据仓库

```
    <description>密码</description>
  </property>
</configuration>
```

完成配置后，Hive 会默认使用 Derby 数据库方式覆盖配置。这里需要注意的是，由于使用了 MySQL 数据库，因此需要上传 MySQL 连接驱动的 Jar 包到 Hive 安装包的 lib 目录，如代码 6-12 所示。

代码 6-12　复制 MySQL 连接驱动的 Jar 包到 Hive 安装包的 lib 目录

```
cp /opt/apps/mysql-connector-java-5.1.32-bin.jar /opt/apache-hive-3.1.2-bin/lib/
```

至此完成了直连数据库模式的 Hive 安装。在启动 Hive 之前，还需使用命令对元数据库进行初始化，如图 6-10 所示。

```
[root@slave1 ~]# schematool -dbType mysql -initSchema
Metastore connection URL:        jdbc:mysql://192.168.128.130:3306/hive?createDatabaseIfNotExist=true
Metastore Connection Driver :    com.mysql.jdbc.Driver
Metastore connection User:       root
Starting metastore schema initialization to 3.1.0
Initialization script hive-schema-3.1.0.mysql.sql
```

图 6-10　初始化元数据库

若出现图 6-11 所示的结果，则表示初始化成功。

```
Initialization script completed
schemaTool completed
```

图 6-11　初始化元数据库完成

通过 "hive" 命令启动，便可进入 Hive，如图 6-12 所示。

```
[root@slave1 ~]# hive
which: no hbase in (/usr/local/sbin:/usr/local/bin:/usr/sbin:/usr/bin:/usr/java/jdk1.8.0_
281-amd64/bin:/usr/local/hadoop-3.1.4/bin:/usr/local/hadoop-3.1.4/sbin:/opt/apache-hive-3
.1.2-bin/bin:/root/bin)
Hive Session ID = 5f25f6de-4914-4ae4-a098-ac3f2f06659f

Logging initialized using configuration in jar:file:/opt/apache-hive-3.1.2-bin/lib/hive-c
ommon-3.1.2.jar!/hive-log4j2.properties Async: true
Hive-on-MR is deprecated in Hive 2 and may not be available in the future versions. Consi
der using a different execution engine (i.e. spark, tez) or using Hive 1.X releases.
hive>
```

图 6-12　启动 Hive

6.2.3　设置远程模式

远程服务器模式说明

将 slave1 节点上已经配置好的 Hive 安装包分别发送到 slave2、slave3 节点，并给 slave2、slave3 节点配置相同的 Hive 环境变量。由于 slave1 节点的环境变量与 slave2、slave3 节点基本一致，因此，方便起见，可直接将 slave1 节点上的/etc/profile 配置文件分别发送到 slave2 和 slave3 节点上。同时为了使得 slave2 和 slave3 节点上的环境变量生效，需要分别在两个节点上执行 "source/etc/profile" 命令。为检测是否生效，可输入 "hiv" 后按 Tab 键，如果可以自动补齐 "hive"，那么证明环境变量已经生效，否则配置有问题。

如果使用远程模式的安装方式，其原理就是将元数据服务作为一个单独的服务启动，其他节点通过访问元数据服务器实现对数据的操作。

以 slave2 节点作为服务器，slave3 节点作为客户端，分别配置 slave2 节点和 slave3 节点 Hive 安装包下的 hive-site.xml 文件，具体配置内容如代码 6-13 和代码 6-14 所示。

165

代码 6-13　slave2 节点上 hive-site.xml 文件的配置内容

```xml
<configuration>
  <property>
    <name>hive.metastore.warehouse.dir</name>
    <value>/user/hive_remote/warehouse</value>
  </property>
  <property>
    <name>javax.jdo.option.ConnectionURL</name>
    <value>jdbc:mysql://192.168.128.130:3306/hive_remote?createDatabaseIfNotExist=true</value>
    <description>MySQL 连接协议</description>
  </property>
  <property>
    <name>javax.jdo.option.ConnectionDriverName</name>
    <value>com.mysql.jdbc.Driver</value>
    <description>JDBC 连接驱动</description>
  </property>
  <property>
    <name>javax.jdo.option.ConnectionUserName</name>
    <value>root</value>
    <description>用户名</description>
  </property>
  <property>
    <name>javax.jdo.option.ConnectionPassword</name>
    <value>123456</value>
    <description>密码</description>
  </property>
  <property>
    <name>datanucleus.schema.autoCreateAll</name>
    <value>true</value>
  </property>
  <property>
    <name>hive.metastore.schema.verification</name>
    <value>false</value>
  </property>
</configuration>
```

代码 6-14　slave3 节点上 hive-site.xml 文件的配置内容

```xml
<configuration>
  <property>
    <name>hive.metastore.warehouse.dir</name>
    <value>/user/hive_remote/warehouse</value>
  </property>
  <property>
    <name>hive.metastore.uris</name>
    <value>thrift://192.168.128.133:9083</value>
  </property>
</configuration>
```

第 6 章　Hive 数据仓库

配置完成后，在 slave2 节点上执行 "hive --service metastore" 命令，启动服务器，如图 6-13 所示。

```
[root@slave2 conf]# hive --service metastore
2021-07-17 10:02:39: Starting Hive Metastore Server
```

图 6-13　slave2 节点上的 metastore 服务器启动

此时在 slave3 节点上可通过 "hive" 命令访问服务器，如图 6-14 所示。同时会在数据库中创建一个新的数据库 hive_remote。

```
[root@slave3 ~]# hive
which: no hbase in (/usr/local/sbin:/usr/local/bin:/usr/sbin:/usr/bin:/usr/java/jdk1.8.0_281-amd64/bin:/usr/local/hadoop
-3.1.4/bin:/usr/local/hadoop-3.1.4/sbin:/opt/apache-hive-3.1.2-bin/bin:/root/bin:/usr/java/jdk1.8.0_281-amd64/bin:/usr/l
ocal/hadoop-3.1.4/bin:/usr/local/hadoop-3.1.4/sbin:/opt/apache-hive-3.1.2-bin/bin)
Hive Session ID = 46653841-2be4-49fd-9576-21e287775d75

Logging initialized using configuration in jar:file:/opt/apache-hive-3.1.2-bin/lib/hive-common-3.1.2.jar!/hive-log4j2.pr
operties Async: true
Hive-on-MR is deprecated in Hive 2 and may not be available in the future versions. Consider using a different execution
 engine (i.e. spark, tez) or using Hive 1.X releases.
hive>
```

图 6-14　在 slave3 节点上访问 Hive

本次配置仍以 master 节点上的 MySQL 数据库作为存储元数据的场所，因此 master 节点上的 MySQL 数据库中将多一个 hive_remote 数据库，如图 6-15 所示。

```
[root@master ~]# mysql -uroot -p123456
mysql: [Warning] Using a password on the command line interface can be insecure.
Welcome to the MySQL monitor.  Commands end with ; or \g.
Your MySQL connection id is 75
Server version: 5.7.18 MySQL Community Server (GPL)

Copyright (c) 2000, 2017, Oracle and/or its affiliates. All rights reserved.

Oracle is a registered trademark of Oracle Corporation and/or its
affiliates. Other names may be trademarks of their respective
owners.

Type 'help;' or '\h' for help. Type '\c' to clear the current input statement.

mysql> show databases;
+--------------------+
| Database           |
+--------------------+
| information_schema |
| hive               |
| hive_remote        |
| mysql              |
| performance_schema |
| sys                |
+--------------------+
6 rows in set (0.00 sec)
```

图 6-15　新数据库 hive_remote

通过上述配置，在 slave3 节点上启动 Hive 客户端，可以访问存储在 master 节点上的 MySQL 数据库中的元数据信息（由于 slave2 节点作为服务器，配置中仍是以 master 节点上的 MySQL 数据库作为存储元数据的场所）。至此完成了 Hive 远程模式的配置。

任务 6.3　实现 Hive 表的创建与修改

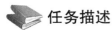

任务描述

尽管 HQL 的语法规则与 SQL 非常相似，但是 Hive 在模式设计上与传统关系数据库非常不同。Hive 是反模式的，且在反模式的应用中，与传统数据库也是有区别的。本节的任务是介绍 Hive 的基本语法及表的创建与修改，并正确地使用 Hive 完成表的创建与修改。

6.3.1 了解 Hive 数据定义语言的基本语法

修改 Hive 表语法格式详解

Hive 数据定义语言（Data Definition Language，DDL）可以实现 Hive 数据存储所依赖的数据库及表结构的定义、表描述查看和表结构更改的操作。与传统数据库（如 MySQL）用法类似，Hive 需要先创建数据库，再创建表，表中有表结构，数据按表结构进行存储。与传统数据库相比，Hive 对表格式的定义更加宽松、随性。

1. 数据库基本语法

数据库的操作主要包括数据库的创建、删除、更改和使用。

（1）创建数据库语法。

使用 create 语句可以创建数据库，创建数据库语法如下。

```
create (database|schema) [if not exists] database_name
[comnent database_comment]
[location hdfs_path]
[ withdbproperties (property_name=property_value,...)];
```

创建数据库语法中，create database 是固定的 HQL 语句，用于创建数据库，database_name 表示创建数据库的名称，这个名称是唯一的，唯一性可以通过 if not exists 进行判断；database|schema 用于限定创建数据库或数据库模式。默认情况下，创建的数据库存储在/user/hive/warehouse/db_name.db/table_name/partition_name/下。如图 6-16 所示，通过直连数据库模式在 slave1 节点上创建一个名为 student 的数据库，并且使用"show databases;"命令，显示数据库列表，将看到创建的数据库 student。

```
hive> create database student;
OK
Time taken: 0.174 seconds
hive> show databases;
OK
default
student
Time taken: 0.157 seconds, Fetched: 2 row(s)
hive>
```

图 6-16 创建的 student 数据库

创建成功后，通过 Web UI 打开 Hive 数据库所在 HDFS 路径（由于在代码 6-11 中指定的是 jdbc:mysql://192.168.128.130:3306/hive，因此可在 master 节点的 user/hive/warehouse 中进行查看），如图 6-17 所示。

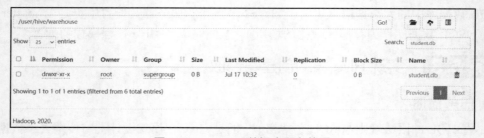

图 6-17 student 数据库所在位置

（2）删除数据库语法。

使用 drop 语句可以删除数据库，删除数据库语法如下。

```
drop(database | schema) [if exists] database_name [restrict | cascade];
```

drop database 语句用于删除数据库，默认删除的行为是 restrict，表示若数据库不为空，则 drop database 将失败。在删除数据库时，若数据库中有数据表，则必须先删除数据表，才能删除数据库。也可以直接使用 drop database database_name cascade 语句强制性删除，一般要慎用。

（3）更改数据库语法。

使用 alter 语句可以更改数据库当前目录，更改数据库语法如下。

```
alter (database | schema) database_name set location hdfs_path;
--(Note: Hive 2.2.1,2.4.and later)
```

alter database...set location 语句不会将数据库当前目录的内容移动到新指定的位置。它不会更改与指定数据库下的任何表/分区关联的位置。它仅更改此数据库添加新表的默认父目录。此行为类似于更改表目录但不会将现有分区移动到其他位置的方式。不能更改有关数据库的其他元数据。

（4）使用数据库语法。

使用 USE 语句可以切换数据库，切换数据库语法如下。

```
use database_name;
use default;
```

在 HIVE-675 中添加了 use database_name。通过 use 为后续所有 HQL 语句设置当前数据库。将当前工作表所在数据库还原为默认数据库，需要使用关键字 DEFAULT 而不是数据库名称。

2. 表基本语法

Hive 与传统数据库相比，格式较为宽松，Hive 在建表时，可以由用户指定表的字段间的分隔符及换行符，以及存储位置等，形式较自由。而且表存储形式也较自由，可以建立外部表（删除表时元数据不会被删除），也可以建立内部表（删除表时元数据同时删除）。

（1）创建表语法。

创建完数据库后，使用 USE 语句切换到对应的数据库，即可在指定的数据库中进行数据表的创建、修改等操作。其中，Hive 中创建表的基本语法如下。

```
create [external] table [if not exists] table_name
  [(col_name data_type [comment col_comment], ...)]
  [comment table_comment]
  [partitioned by (col_name data_type [comment col_comment], ...)]
  [clustered by (col_name, col_name, ...)
  [sorted by (col_name [asc|desc], ...)] into num_buckets buckets]
  [row format row_format]
  [stored as file_format]
  [location hdfs_path]
```

需要说明的是，上述创建 Hive 数据表的语法中，[ ]中包含的内容为可选项，在创建表的同时可以声明很多约束信息，其中重要参数的说明如下。

① create table：用于创建一个指定名字的表。若相同名字的表已经存在，则抛出异常；用户可以用 if not exists 忽略这个异常。

② external：可以让用户创建一个外部表。在建表的同时指定一个指向实际数据的路径（location），Hive 创建内部表时，会将数据移动到数据库指向的路径；若创建外部表，则仅记录数据所在的路径，不对数据的位置做任何改变。在删除表时，内部表的元数据和数据会被一起删除；而外部表只删除元数据，不删除数据。

③ partitioned by：用于创建带有分区的表。一个表可以拥有一个或者多个分区，每个分区以文件夹的形式单独存在于表文件的文件夹下，表名和列名不区分大小写。分区是以字段的形式在表结构中存在的，通过"describe"命令可以查看字段，但是该字段不存放实际的数据内容，仅仅是分区的表示。

④ clustered by：对于每一个表或分区，Hive 可以进一步组织成桶，也就是说桶是更为细粒度的数据范围划分。Hive 是针对某一列进行桶的组织，对列值进行哈希计算后，除桶的个数求余，最终决定该条记录存放在哪个桶当中。

⑤ sorted by：对列排序的选项，可以提高查询的性能。

⑥ row format：行格式是指一行中的字段存储格式，在加载数据时，需要选用合适的字符作为分隔符来映射字段，否则表中数据为 null。在编写 row format 选项参数时，可以选用以下指定规则。

```
row_format:
: delimited
[fields terminated by char]
[collection items terminated by char]
[map keys terminated by char]
[lines terminated by char]
| serde serde_name
[with serdeproperties
(property_name=property_value,
property_name=property_value, ...)
]
```

用户在建表时可以自定义 serde 或使用自带的 serde。如果没有指定 row format，那么将会使用自带的 serde。在建表时，用户还需要为表指定列，用户在指定表的列的同时也会指定自定义的 serde，Hive 通过 serde 确定表的具体的列的数据。

⑦ stored as：指文件存储格式，默认指定 TextFile 格式，此格式导入数据时会直接将数据文件复制到 HDFS 上不进行处理，数据不压缩，因而解析开销较大。在编写 stored as 选项参数时，可以选用以下指定规则。

```
file_format:
: sequencefile
| textfile
| rcfile
| orc
| parquet
| avro
| jsonfile
| inputformat input_namr_classname qutpuformat
output_format_classname
```

⑧ location：指需要将对应数据库表映射在 HDFS 上的实际路径。

（2）复制表语法。

Hive 中复制表的基本语法如下。

```
create [temprorary] [external] table [if not exists] [db_name.]table_name
like existing_table_or_view_name [location hdfs_path]
```

在复制表语法中其他关键参数与创建表语法的一致，仅多了一个 like 关键字。like 用于声明用户复制现有的表结构，但是不复制数据。

（3）删除表语法。

Hive 中删除表的基本语法如下。

```
drop table [if exists] table_name [purge]; -- (note: purge available in hive 0.14.0 and later)
```

drop table 用于删除此表的元数据和数据。如果配置了 Trash（并且没有指定 purge），数据实际上会被移动到 Trash/Current 目录。元数据将完全丢失。

（4）修改表语法。

通过 alter table 语句可以将表的名称更改为其他名称，语法如下。

```
alter table table_name rename to new_table_name;
```

通过 alter table 语句也可以添加或删除表约束，语法如下。

```
alter table table_name add constraint constraint_name primary key (column, ...) disable novalidate;
alter table table_name add constraint constraint_name foreign key (column, ...) references table_name(column, ...) disable novalidate rely;
alter table table_name change column column_name column_name data_type constraint constraint_name not null enable;
alter table table_name drop constraint constraint_name;
```

使用 alter table add constraint 向表中添加约束信息；primary key 关键字用于说明添加主约束；foreign key 关键字用于添加列级外键约束；change column 关键字用于修改表列名；drop constraint 关键字用于删除约束信息。

通过 alter table 语句也可以添加或删除表的分区，语法如下。

```
alter table table_name add [if not exists] partition partition_spec
[location 'location'][, partition partition_spec [location 'location'], ...];
partition_spec:
(partition_column=partition_col_value, partition_column=partition_col_value, ...)
alter table table_name drop [if exists] partition partition_spec, partition_spec, ...]
[ignore protection] [purge];
```

可以使用 alter table add partition 向表中添加分区。仅当分区值是字符串时才可以使用。位置必须是表所在的 HDFS 目录（add partition 更改表元数据，但不加载数据。如果分区位置中不存在数据，那么查询将不会返回任何结果）。如果表的分区规范已存在，那么会引发错误，可以使用 if not exists 跳过错误。

可以使用 alter table drop partition 删除表的分区，这将会删除此分区的数据和元数据。

6.3.2　创建表基本操作

在 Hive 中，虽然 HQL 的关键字是不区分大小写的，但是关键字不能被缩写，也不能被分行。在对创建 Hive 数据表的语法有了基本了解后，下面通过用户信息表数据演示说明

Hive 数据表的具体创建方式。

1. 创建内部表

Hive 数据创建与传统数据库一样，表都是存储在数据库上的，因此，创建表之前必须指定存储的数据库。在 myhive 数据库中创建一个名为 user_info 的内部表，包含 id 和 name 两个字段，如代码 6-15 所示。

代码 6-15　创建 user_info 表

```
create table user_info(id int,name string);
```

在 Web UI 中查看创建的 user_info 表的位置，如图 6-18 所示。

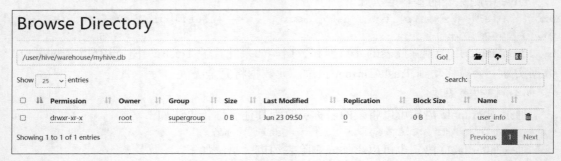

图 6-18　表 user_info 的位置

2. 创建外部表

当文件较大时，可以选择创建外部表，因为外部表不需要移动结构化文件。现有结构化文件 student_info.txt，该数据共有 5 个字段，分别为 stu_no（学号）、stu_name（姓名）、stu_sex（性别）、telephone（联系电话）、stu_class（班级），部分数据如表 6-3 所示。

表 6-3　student_info.txt 部分数据

stu_no,stu_name,stu_sex,telephone,stu_class
2021513501,张晓娟,女,153*****506,2021 级信管 1 班
2021513505,李小鹏,男,156*****501,2021 级信管 2 班
2021513503,张丽,女,186*****556,2021 级信管 1 班
2021513504,刘向东,男,133*****314,2021 级信管 2 班
2021513505,李明博,男,137*****049,2021 级信管 1 班
2021513506,张子强,男,135*****379,2021 级信管 2 班
2021513507,王文海,男,130*****410,2021 级信管 1 班
2021513500,刘慧娟,女,130*****140,2021 级信管 2 班
2021513509,陈敏,女,133*****550,2021 级信管 1 班

首先，需要将 student_info.txt 文件上传至 HDFS 的/stu 目录下（在上传之前先在 HDFS 上创建/stu 目录），用于模拟生产环境下的数据文件，如代码 6-16 所示。

代码 6-16　上传 student_info.txt 文件至 HDFS 的/stu 目录下

```
hdfs dfs -mkdir /stu
hdfs dfs -put student_info.txt /stu
```

其次，在 myhive 数据库中创建一个外部表，如代码 6-17 所示。

第 6 章 Hive 数据仓库

代码 6-17　创建外部表 student_info

```
create external table student_info(
    stu_no string,
    stu_name string,
    stu_sex string,
    telephone string,
    stu_class string)
row format delimited fields terminated by ',' location '/stu';
```

在代码 6-17 中，create external table 用于创建一个外部表；row format delimited fields terminated by ','用于指定字段之间的分隔符为逗号；location 则表示在 HDFS 上数据文件的路径。

查看 myhive 数据库中的数据表，结果如图 6-19 所示，可以看到 student_info 表已经创建成功。

```
hive (myhive)> show tables;
OK
tab_name
student_info
user_info
Time taken: 0.081 seconds, Fetched: 2 row(s)
```

图 6-19　student_info 表创建成功

通过"select * from student_info;"命令可以查看 student_info 表数据内容，部分数据如图 6-20 所示。

```
stu_no       stu_name    stu_sex  telephone     stu_class
2021513501   张晓娟       女       153*****506   2021级信管1班
2021513505   李小鹏       男       156*****501   2021级信管2班
2021513503   张丽         女       186*****556   2021级信管1班
2021513504   刘向东       男       133*****314   2021级信管2班
2021513505   李明博       男       137*****049   2021级信管1班
2021513506   张子强       男       135*****379   2021级信管2班
2021513507   王文海       男       130*****410   2021级信管1班
2021513500   刘慧娟       女       130*****140   2021级信管2班
2021513509   陈敏         女       133*****550   2021级信管1班
2021513510   王云         男       100*****475   2021级信管2班
```

图 6-20　student_info 表的部分数据

3.创建分区表

分区表按照属性在目录层面给文件更好的管理。分区表实际上对应一个在 HDFS 上的独立文件夹，该文件夹下是该分区所有的数据文件。Hive 中的分区也可以理解为分目录。当查询分区表指定分区的数据时可通过 where 子句中的表达式选择查询指定的分区数据，这样查询效率会提高很多。

创建分区表分两种，一种是单分区，即表示在表目录下只有一级目录；另外一种是多分区，即表示在表目录下存在多个目录嵌套。本小节仅以单分区为例介绍分区表的创建。若读者想学习多分区，则可以参考官方文档。

以创建一个单分区的分区表为例，创建一个以 depart 为分区的 teacher_info 表，如代码 6-18 所示。

代码 6-18　创建分区表

```
create table teacher_info(t_no string,t_name string,t_sex string,t_age string)
partitioned by(depart string) row format delimited fields terminated by ',' stored
as textfile;
```

173

6.3.3 修改表基本操作

Hive 提供了丰富的有关修改表的操作，如表的重命名、增加表的列信息、删除表、添加分区等操作。创建一个 score 表，如代码 6-19 所示。

代码 6-19　创建 score 表

```
create table score(
stu_no string,
cla_no string,
grade float
) partitioned by (class_name string);
```

通过"describe extended score;"命令查看 score 表结构，如图 6-21 所示。

```
hive (myhive)> describe extended score;
OK
col_name            data_type           comment
stu_no              string
cla_no              string
grade               float
class_name          string

# Partition Information
# col_name          data_type                       comment
class_name          string
```

图 6-21　score 表结构

将表 score 重命名为 stu_score，如代码 6-20 所示。

代码 6-20　将表 score 重命名为 stu_score

```
alter table score rename to stu_score;
```

向 stu_score 表中添加 credit 和 gpa 两列，如代码 6-21 所示。

代码 6-21　添加列

```
alter table stu_score add columns (credit int,gpa float);
```

通过"describe extended stu_score;"命令查看 stu_score 表结构，如图 6-22 所示，stu_score 表多了两列信息。

```
hive (myhive)> describe extended stu_score;
OK
col_name            data_type           comment
stu_no              string
cla_no              string
grade               float
credit              int
gpa                 float
class_name          string

# Partition Information
# col_name          data_type                       comment
class_name          string
```

图 6-22　stu_score 表结构

将 stu_score 表中的列 credit 重命名为 Credits，并将数据类型修改为 float，如代码 6-22 所示。

代码 6-22　重命名

```
alter table stu_score change column credit Credits float;
```

修改 stu_score 表中的分区，新增 class_name 为 07111301 的分区，如代码 6-23 所示。

代码 6-23　新增分区
```
alter table stu_score add partition(class_name='07111301');
```
通过 HDFS 查看 stu_score 表，可以看到多了一个"class_name=07111301"的分区，如图 6-23 所示。

图 6-23　stu_score 表的分区信息

将新增的 class_name 为 07111301 的分区删除，如代码 6-24 所示。

代码 6-24　删除分区
```
alter table stu_score drop if exists partition(class_name = '07111301');
```
删除 stu_score 表，可直接使用"drop table"命令删除表，如代码 6-25 所示。

代码 6-25　删除表
```
drop table stu_score;
```

任务 6.4　实现 Hive 表中数据的增删查改

任务描述

Hive 数据库通过数据定义语言可实现数据库、表的创建与修改。Hive 数据库用于存储管理数据，如何将外部数据写入 Hive 中并对表数据进行增删查改的操作是非常重要的一个环节。本节的任务是了解 Hive 数据库提供的数据操作语言（Data Manipulation Language，DML）的语法，并实现表数据的增删查改。

6.4.1　了解 Hive 数据操作语言的基本语法

Hive 没有行级别的数据插入、数据更新和删除操作，向表中输入数据一般使用数据装载操作 load data，或将文件直接上传至 HDFS 目录下，也可以使用查询语句向表插入数据。Hive 数据操作包括数据表中数据的加载、查询、插入及删除等操作。

在所有数据库系统中，查询语句是使用较为频繁的，也是比较复杂的。Hive 中的 select 语句与 MySQL 语法基本一致，且支持 where、distinct、group by、order by、having、limit 以及子查询等查询操作。

1. 数据装载语法

数据装载语法如下。
```
load data [local] inpath 'filepath' [overwrite] into table tablename [partition
 (partcol1=val1, partcol2=val2 ...)]
load data [local] inpath 'filepath' [overwrite] into table tablename [partition
 (partcol1=val1, partcol2=val2 ...)] [inputformat 'inputformat' serde 'serde']
```

load 关键字表示进行数据的装载操作，装载操作目前是纯复制或移动操作，在将数据文件移动到与配置单元表对应的位置的过程中不对表中的数据进行任何转换。

filepath 表示将要进行装载的数据文件的路径，可以是相对路径或绝对路径，也可以是完整的 URI。

如果有 local 关键字，那么 filepath 为本地文件系统的路径。如果是相对路径，那么路径会被解释为相对于当前用户的当前路径，并将 filepath 中的文件复制至目标文件系统中。目标文件系统由表的位置属性决定。如果没有指定 local 关键字，那么 filepath 为完整的 URI，Hive 会直接使用该 URI。Hive 会将 filepath 下对应的文件内容移动至 Hive 表所指定的路径中。

2. 数据查询语法

数据查询语法如下。

```
select [all | distinct] select_expr, select_expr, ...
from table_reference
[where where_condition]
[group by col_list]
[having having_condition]
[order by col_list]
[cluster by col_list
| [distribute by col_list] [sort by col_list]
]
[limit [offset,] rows]
```

数据查询语法中的关键字说明如下。

（1）table_reference 可以是一个表、一个视图或一个子查询语句。

（2）where 作为可选参数，用于指定查询条件。

（3）distinct 用于剔除查询结果中重复的数据，如果没有定义，那么将输出全部数据。

（4）group by 用于将查询结果按照指定字段进行分组。

（5）having 作为可选参数，与 group by 连用，可以将分组后的结果进行过滤。

（6）distribute by 表示根据指定字段分发到不同的 Reducer 进行处理，且分发算法采用哈希算法，类似 MapReduce 中的 Partition 分区，通常结合 sort by 使用。

（7）sort by 表示在数据进入 Reducer 前完成排序，因此不是全局排序。如果设置 mapred.reduce.tasks>1，那么 sort by 只能保证每个 Reducer 的输出有序，不保证全局有序。

（8）cluster by 是一个分桶查询语句，用于根据指定的字段进行分桶，分桶数取决于用户设置 Reduce 的个数，并且分桶后，每桶数据都会进行排序。如果 distribute by 和 sort by 指定的字段是同一个，那么此时可以理解为 distribute by+sort by=cluster by。

（9）order by 用于将查询结果按照指定字段进行全局排序，因此输出文件只有一个，且只存在一个 Reducer，当数据量很大时，需要较长的计算时间。

3. 插入数据语法

插入数据语法如下。

```
insert overwrite table tablename1 [partition (partcol1=val1, partcol2=val2 ...)
[if not exists]] select_statement1 from from_statement;
```

```
insert into table tablename1 [partition (partcol1=val1, partcol2=val2 ...)]
select_statement1 from from_statement;
```

Hive 提供了两种标准插入数据语法，一种是 insert into table，另一种是 insert overwrite table。两种语法的区别在于第一种是直接向表的最后一行插入，不会覆盖表中原有的数据；第二种是一种覆盖插入，将会覆盖表中原有的数据。

4. 删除表中数据语法

删除表中数据语法如下。

```
delete from tablename [where expression]
```

delete from 语句用于指定要删除的数据表。where 关键字作为可选参数，用于删除指定数据的条件。

6.4.2 向数据表中装载文件

首先准备 3 个数据文件：student.txt、course.txt、sc.txt。其中，student.txt 记录了学生的基本信息，主要包括学号、姓名、性别、年龄和专业 5 个字段，部分数据如表 6-4 所示。

表 6-4　student.txt 部分数据

2018213201,李小勇,男,20,CS
2018213202,刘良,女,19,IS
2018213203,王芝芝,女,22,MA
2018213204,张大立,男,19,IS
2018213205,刘云山,男,18,MA
2018213206,孙庆刚,男,23,CS
2018213207,易思玲,女,19,MA
2018213208,李娜,女,18,CS
2018213209,梦嫒嫒,女,18,MA
2018213209,孔江涛,男,19,CS

course.txt 记录了课程信息，主要包括课程编号和课程名称 2 个字段，数据如表 6-5 所示。

表 6-5　course.txt 数据

1,Python 语言程序设计
2,数据库系统原理
3,信息系统分析与设计
4,大数据技术及应用
5,Hadoop 开发与应用
6,Web 应用程序设计

sc.txt 记录了学生每门课程的成绩信息，主要包括学号、课程编号、成绩 3 个字段，部分数据如表 6-6 所示。

表 6-6　sc.txt 部分数据

2018213201,1,81
2018213201,2,85
2018213201,3,88
2018213201,4,70
2018213202,2,90
2018213202,3,80
2018213202,4,71
2018213202,5,60
2018213203,1,82
2018213203,3,90

1. 创建表

根据 3 个结构化文件创建对应的 student、course、sc 这 3 个表，如代码 6-26 所示。

代码 6-26　创建 student、course、sc 这 3 个表

```
create table student(Sno int,Sname string,Sex string,Sage int,Sdept string)row format delimited fields terminated by ',' stored as textfile;
create table course(Cno int,Cname string) row format delimited fields terminated by ',' stored as textfile;
create table sc(Sno int,Cno int,Grade int)row format delimited fields terminated by ',' stored as textfile;
```

2. 装载数据至 Hive 的 3 个表中

将 Linux 本地的/root/hivedata 目录下的 3 个文件的数据分别装载至 Hive 的 3 个表中，如代码 6-27 所示。

代码 6-27　装载数据

```
load data local inpath '/root/hivedata/students.txt' overwrite into table student;
load data local inpath '/root/hivedata/sc.txt' overwrite into table sc;
load data local inpath '/root/hivedata/course.txt' overwrite into table course;
```

装载完后，查询在 Hive 的 myhive 数据库下的 student、course 和 sc 表中的数据。以查询 student 表中的数据为例，结果如图 6-24 所示。

```
hive> select * from student;
OK
2018213201    李小勇    男    20    CS
2018213202    刘良      女    19    IS
2018213203    王芝芝    女    22    MA
2018213204    张大立    男    19    IS
2018213205    刘云山    男    18    MA
2018213206    孙庆刚    男    23    CS
2018213207    易思玲    女    19    MA
2018213208    李娜      女    18    CS
2018213209    梦媛媛    女    18    MA
2018213210    孔江涛    男    19    CS
2018213211    包小波    男    18    MA
2018213212    孙晓花    女    20    CS
2018213213    冯伟伟    男    21    CS
2018213214    王小容    女    19    CS
2018213216    王君丹    男    18    MA
2018213215    钱国峰    男    21    MA
2018213217    王凤娟    女    18    IS
2018213218    王一一    女    19    IS
2018213219    邢小雨    女    19    IS
2018213220    赵钱钱    男    21    IS
2018213221    周小二    男    17    MA
2018213222    郑明山    男    20    MA
```

图 6-24　查询 student 表中的数据

第 6 章　Hive 数据仓库

6.4.3　查询数据

使用 select 语句查询全体学生的学号与姓名，如代码 6-28 所示。查询结果如图 6-25 所示。

代码 6-28　select 查询

```
// 查询全体学生的学号与姓名
select Sno,Sname from student;
```

图 6-25　全体学生的学号与姓名

使用 where 语句查询所有男生的学号和姓名，如代码 6-29 所示。查询结果如图 6-26 所示。

代码 6-29　where 条件查询

```
// 查询所有男生的学号和姓名
select Sno,Sname from student where Sex='男';
```

图 6-26　所有男生的学号和姓名

使用 join 语句查询选修了课程的学生姓名，并结合 where 语句查询指定课程且课程成绩为 90 分以上的学生信息，如代码 6-30 所示。

代码 6-30　join 连接查询

```
// 查询选修了课程的学生姓名
select distinct Sname from student inner join sc on student.Sno=
```

join 表连接详解

179

```
Sc.Sno;
// 查询学生的课程成绩情况
select student.Sname,course.Cname,sc.Grade from student join sc on student.Sno=
sc.Sno join course on sc.cno=course.cno;
// 查询选修 2 号课程且成绩为 90 分以上的学生
select student.Sname,sc.Grade from student join sc on student.Sno=sc.Sno where
sc.Cno=2 and sc.Grade>90;
```

首先，查询选修了课程的学生姓名，结果如图 6-27 所示。

其次，查询学生的选修的课程及其课程成绩，结果如图 6-28 所示。

冯伟伟
刘云山
刘良
包小波
周小二
孔江涛
孙庆刚
孙晓花
张大立
易思玲
李娜
李小勇
梦媛媛
王一一

图 6-27　选修了课程的学生姓名（部分信息）

李小勇	Python语言程序设计	81
李小勇	数据库系统原理	85
李小勇	信息系统分析与设计	88
李小勇	大数据技术及应用	70
刘良	数据库系统原理	90
刘良	信息系统分析与设计	80
刘良	大数据技术及应用	71
刘良	Hadoop开发与应用	60
王芝芝	Python语言程序设计	82
王芝芝	信息系统分析与设计	90

图 6-28　学生课程成绩情况（部分信息）

最后，查询课程成绩为 90 分以上的学生，结果如图 6-29 所示。

张大立	92
刘云山	92
孔江涛	98
包小波	91
王小容	100
王君丹	99
王一一	100
赵钱钱	99
周小二	93

图 6-29　成绩为 90 分以上的学生

group by 语句通常会和聚合函数一起使用，按照一列或多列的结果进行分组，再对每个组执行聚合操作。使用 group by 语句查询各个课程号及相应的选课人数，如代码 6-31 所示。

代码 6-31　group by 分组查询

```
// 查询各个课程号及相应的选课人数
select Cno,count(1) from sc group by Cno;
```

查询结果如图 6-30 所示。

1	15
2	15
3	13
4	16
5	12
6	11

图 6-30　课程号及相应的选课人数

having 和 where 语句虽然都是根据条件进行筛选过滤，但是使用方式是存在差异的，具体区别如下。

① where 针对表中的列进行条件过滤，筛选数据；而 having 针对查询结果中的列进行

条件过滤，筛选数据。

② where 后面不能使用分组函数；having 后面可以使用分组函数。

③ having 只能用于 group by 分组统计语句。

使用 having 语句查询选修了 3 门以上的课程的学生学号，如代码 6-32 所示。

代码 6-32　having 条件查询

```
// 查询选修了 3 门以上的课程的学生学号
select Sno from sc group by Sno having count(Cno)>3;
```

查询结果如图 6-31 所示。

```
2018213201
2018213202
2018213204
2018213205
2018213206
2018213207
2018213211
2018213212
2018213213
2018213215
2018213218
2018213219
2018213222
```

图 6-31　选修了 3 门以上的课程的学生学号

order by 语句默认为升序（ASC）排序，降序为 DESC。使用 order by 语句查询学生信息并根据学号进行全局升序排序，如代码 6-33 所示。

代码 6-33　order by 排序查询

```
// 查询学生信息并根据学号进行全局升序排序
select Sno from student order by Sno;
```

查询结果如图 6-32 所示，可以看到学生的学号已进行了全局升序排序。

```
2018213201
2018213202
2018213203
2018213204
2018213205
2018213206
2018213207
2018213208
2018213209
2018213210
2018213211
2018213212
2018213213
2018213214
2018213215
2018213216
2018213217
2018213218
2018213219
2018213220
2018213221
2018213222
```

图 6-32　学生信息按学号升序排序

使用 sort by 语句查询学生信息，并根据性别分区，在分区内按年龄进行升序排序，如代码 6-34 所示。

代码 6-34　sort by 排序查询

```
//设置Reduce个数
set mapred.reduce.tasks=2;
// 查询学生信息，按性别分区，在分区内按年龄升序排序
insert overwrite local directory '/home/hadoop/out' select * from student distribute by Sex sort by Sage;
```

切换到本地/home/hadoop/out 目录下，将产生 000001_0、000000_1 两个文件，其中 000001_0 文件中保存的是女生信息，000000_1 文件中保存的是男生信息，如图 6-33 所示。

```
[root@slave1 out]# cat 000001_0
2018213217王风娟女18IS
2018213209梦媛媛女18MA
2018213208李娜女18CS
2018213214王小容女19CS
2018213218王一一女19IS
2018213219邢小雨女19IS
2018213202刘良女19IS
2018213207易思玲女19MA
2018213212孙晓花女20CS
2018213203王芝芝女22MA
[root@slave1 out]# cat 000000_1
2018213221周小二男17MA
2018213216王君丹男18MA
2018213205刘云山男18MA
2018213211包小波男18MA
2018213204张大立男19IS
2018213210孔江涛男19CS
2018213222郑明山男20MA
2018213201李小勇男20CS
2018213215钱国峰男21MA
2018213220赵钱钱男21IS
2018213213冯伟伟男21CS
2018213206孙庆刚男23CS
```

图 6-33　sort by 排序查询结果

6.4.4　插入数据

下面以 student 表为例，介绍 Hive 中表数据的插入操作。使用 insert 语句在 student 表中插入一条新的记录，如代码 6-35 所示。

代码 6-35　插入数据

```
// 在student 表中插入一条新的记录
insert into table student values(2018213223,'王小哲','男',18,'IS');
```

查询 student 表中的数据进行验证，结果如图 6-34 所示，表中新增了数据记录。

```
hive> select * from student;
OK
2018213223    王小哲    男    18    IS
2018213201    李小勇    男    20    CS
2018213202    刘良      女    19    IS
2018213203    王芝芝    女    22    MA
2018213204    张大立    男    19    IS
```

图 6-34　插入数据结果（部分数据）

使用 insert 语句将某个查询结果作为新记录插入表中，如代码 6-36 所示。

代码 6-36　将查询结果作为新记录插入表中

```
// 将 student 表中查询的结果再插入 student 表的末尾
insert into table student select * from student;
// 将 student 表中查询的结果再插入 student 表中, 并覆盖原有表中的内容
insert overwrite table student select * from student;
```

6.4.5　删除表中数据

在 Hive 中默认未开启支持单条更新（update）以及删除（delete）操作。在默认情况下，当用户使用 update 和 delete 操作时，会报错，如代码 6-37 所示。

代码 6-37　默认情况下使用 update 和 delete 操作的报错信息

```
hive> delete from student where Sno='2018213026'
FAILED: SemanticException [Error 10294]: Attempt to do update or delete using
transaction manager that does not support these operations.
```

如果需要使用 update 和 delete 操作，那么需要在 hive-site.xml 配置文件中增加代码 6-38 所示的内容。

代码 6-38　hive-site.xml 配置文件中增加的内容

```xml
<property>
    <name>hive.support.concurrency</name>
    <value>true</value>
</property>
<property>
    <name>hive.enforce.bucketing</name>
    <value>true</value>
</property>
<property>
    <name>hive.exec.dynamic.partition.mode</name>
    <value>nonstrict</value>
</property>
<property>
    <name>hive.txn.manager</name>
    <value>org.apache.hadoop.hive.ql.lockmgr.DbTxnManager</value>
</property>
<property>
    <name>hive.compactor.initiator.on</name>
    <value>true</value>
</property>
<property>
    <name>hive.compactor.worker.threads</name>
    <value>1</value>
</property>
<property>
    <name>hive.in.test</name>
    <value>true</value>
</property>
```

这里以 student 表为例，介绍 Hive 中表数据的删除操作。使用 delete 语句结合 where 条件查询，删除学号为 2018213026 的学生信息，如代码 6-39 所示。

代码6-39 删除表中指定数据

```
// 删除学号为2018213026的学生信息
delete from student where Sno='2018213026'
```

使用truncate关键字将清空整个数据表的所有数据,因此truncate关键字需要谨慎使用。清空student表的学生信息,如代码6-40所示。

代码6-40 清空表数据

```
// 清空student表的学生信息
truncate table student
```

任务 6.5 掉话率 Top20 基站统计

任务描述

掉话率 Top20 基站统计

自我国三大运营商获得无线牌照以来,无线用户不断增加,优化维护工作的好坏直接影响运营商的服务质量和用户满意度。而影响运营商的服务质量和用户满意度的一个重要指标就是掉话率。因此,统计分析各基站掉话率,有助于运营商做出科学决策,提升网络质量。开展优化维护工作,降低基站掉话率,才能有效地支撑业务发展,提升用户满意度。本节的任务是统计每个基站的掉话率,并按掉话率降序排序,找出掉话率比较高的前20个基站。

6.5.1 分析基本思路

根据 jizhan_information.csv 文件中的信息,计算每个基站的掉话率,找出掉话率最高的基站,可以帮助运营商更好地分析高掉话率基站的具体情况,有助于安排维护人员有针对性地进行故障检测。已知基站掉话率的计算如式(6-1)所示。

$$掉话率 = \frac{掉话总时长}{通话持续总时长} \qquad (6-1)$$

统计基站掉话率的步骤如下。

(1)上传 jizhan_information.csv 文件至服务器。
(2)在 myhive 数据库中创建 jizhan 表。
(3)装载 jizhan_information.csv 文件中的数据至 jizhan 表。
(4)创建 jizhan_result 表,用以存储统计掉话率后的信息。
(5)根据掉话率公式统计各基站的掉话率,并按掉话率降序排序,找出掉话率 Top20 的基站。

6.5.2 任务实现

首先在 root 目录下创建 data 目录,并将 jizhan_information.csv 文件上传至/root/data 目录下。

进入 myhive 数据库,并创建 jizhan 表,如代码6-41所示。

第 6 章　Hive 数据仓库

代码 6-41　创建 jizhan 表

```
hive>use myhive;
hive> create table jizhan(
record_time string,
imei int,
cell string,
ph_num int,
call_num int,
drop_num int,
duration int,
drop_rate double,
net_type string,
erl int)
row format delimited fields terminated by ',';
```

装载 jizhan_information.csv 文件中的数据至 jizhan 表，如代码 6-42 所示。然后查看 jizhan 表中的数据，如图 6-35 所示。

代码 6-42　装载 jizhan_information.csv 文件中的数据至 jizhan 表

```
load data local inpath '/root/data/jizhan_information.csv' into table jizhan;
select * from jizhan limit 10;
```

```
hive> select * from jizhan limit 10;
OK
2011-07-13 00:00:00+08  356966  29448-37062  0  0  0  0  0.0  G  0
2011-07-13 00:00:00+08  352024  29448-51331  0  0  0  0  0.0  G  0
2011-07-13 00:00:00+08  353736  29448-51331  0  0  0  0  0.0  G  0
2011-07-13 00:00:00+08  353736  29448-51333  0  0  0  0  0.0  G  0
2011-07-13 00:00:00+08  351545  29448-51333  0  0  0  0  0.0  G  0
2011-07-13 00:00:00+08  353736  29448-51343  1  0  0  8  0.0  G  0
2011-07-13 00:00:00+08  359681  29448-51462  0  0  0  0  0.0  G  0
2011-07-13 00:00:00+08  354707  29448-51462  0  0  0  0  0.0  G  0
2011-07-13 00:00:00+08  356137  29448-51470  0  0  0  0  0.0  G  0
2011-07-13 00:00:00+08  352739  29448-51971  0  0  0  0  0.0  G  0
Time taken: 0.459 seconds, Fetched: 10 row(s)
hive>
```

图 6-35　jizhan 表内容

编写 HQL 语句，并将查询结果存入 jizhan_result 表中。在统计之前需先创建 jizhan_result 表，以便存储查询结果，如代码 6-43 所示。

代码 6-43　创建 jizhan_result 表

```
hive>create table jizhan_result(
imei string,
drop_num int,
duration int,
drop_rate double
);
```

统计基站掉话率，并按照掉话率降序排序。通过 group by 语句按 imei（基站编号）进行分组，在组内分别完成两个字段的聚合，分别是每个基站的掉话总时长 sum(drop_num) 并起别名为 sdrop 和每个基站的通话总时长 sum(duration) 并起别名为 sdura。再用每个基站的掉话总时长除通话总时长，即 sum(drop_num)/sum(duration)，即可统计出每个基站的掉话率，起别名为 drop_rate。最后通过 "insert into jizhan_result" 语句将结果保存至 jizhan_result 表中，如代码 6-44 所示。

代码 6-44　统计基站掉话率

```
hive>from jizhan
insert into jizhan_result
select imei,sum(drop_num) as sdrop,sum(duration) as sdura,sum(drop_num)/
sum(duration) as drop_rate
group by imei
order by drop_rate desc;
```

通过 select 语句可查看 jizhan_result 表内容，如图 6-36 所示。由图 6-36 可知，基站编号为 639876 的基站掉话率约为 0.00136，即约为 0.1%，而其他基站的掉话率不到 0.1%，整体而言，大多数基站的移动网通信质量还是比较好的。在重点排查时，可将编号为 639876 的基站作为维修人员的重点维修对象。

```
hive> select * from jizhan_result limit 20;
OK
639876   1    734     0.0013623978201634877
356436   1    1028    9.727626459143969E-4
351760   1    1232    8.116883116883117E-4
368883   1    1448    6.906077348066298E-4
358849   1    1469    6.807351940095302E-4
358231   1    1613    6.199628022318661E-4
863738   2    3343    5.982650314089142E-4
865011   1    1864    5.36480686695279E-4
862242   1    1913    5.227391531625719E-4
350301   1    3998    5.002501250625312E-4
883529   1    2026    4.935834155972359E-4
861146   2    4114    4.861448711716091E-4
864022   1    2067    4.837929366231253E-4
357262   1    2074    4.821600771456123 6E-4
358685   1    2075    4.819277108433 7347E-4
355729   1    2116    4.725897206604915E-4
862788   3    6417    4.675081813931744E-4
352137   2    2161    4.627487274409 9955E-4
355509   1    2180    4.587155963302 7525E-4
353958   2    4377    4.569339730408956E-4
Time taken: 0.326 seconds, Fetched: 20 row(s)
```

图 6-36　jizhan_result 表内容

小结

本章详细介绍了 Hive 的基本知识。Hive 是一个构建在 Hadoop 之上的数据仓库工具，主要用于对存储在 Hadoop 文件中的数据集进行数据整理、特殊查询和分析处理。本章从 Hive 与传统数据库的区别出发，通过介绍 Hive 的基本概念，让读者了解 Hive 以及 Hive 系统架构、数据模型及工作原理；通过介绍 Hive 的 3 种访问方式及配置过程，让读者熟悉 Hive 的安装步骤。接着介绍了 Hive 的数据操作，让读者掌握 HQL 的相关操作方法。作为初学者，学习 Hive 需要实际动手操作 Hive，这也是掌握 Hive 的关键。最后以掉话率 Top20 基站统计为例，详细介绍了如何使用 Hive 解决具体的实际问题。

实训

实训 1　查询图书馆图书的被借阅次数及读者借阅图书的次数

1. 实训要点

（1）掌握 Hive 数据表的创建及数据转载。

（2）掌握 Hive 中 where、group by 等查询操作方法。

2. 需求说明

借阅信息是挖掘读者信息行为模式的主要数据源，通过对它的统计、归类、挖掘分析有助于了解读者的偏好，对读者进行聚类细分，建立读者行为模型。某图书馆导出了一份读者借阅信息文件，数据字段说明如表 6-7 所示。请将数据保存至 Hive 数据仓库中，并使用 HQL 语句查询出被借阅最多的 10 本图书及借阅次数前 10 的读者信息。

表 6-7　读者借阅信息文件数据字段说明

字段名称	说明
序号	每一条借阅信息的序号
索书号	图书的索引书号
题名	图书名称
读者姓名	读者姓名
读者号	读者的卡号
借出时间	该图书被读者借走的时间

3. 实现思路及步骤

（1）在 Hive 中创建一个 borrow 表，表结构与读者借阅信息文件的数据结构保持一致。

（2）将原始数据装载到 borrow 表中。

（3）将 borrow 表中的数据根据题名进行分组聚合，计算出每本图书的被借阅次数，再按降序排列，并取前 10 条数据，即可统计出被借阅最多的 10 本图书。

（4）将 borrow 表中的数据根据读者姓名进行分组聚合，计算出每个读者借阅图书的次数，再按降序排列，并取前 10 条数据，即可统计出借阅次数前 10 的读者信息。

实训 2　Hive 实现表的连接及信息查询处理

1. 实训要点

（1）掌握 Hive 数据表的创建及数据装载方法。

（2）熟悉 Hive 数据的插入语句。

（3）掌握 Hive 中 where、group by、having、order by、join 等查询操作方法。

2. 需求说明

某小学的教学管理中均会使用表存放学生信息、课程信息、教师信息和学生成绩等信息。每个班级中都会存在 student、course、teacher、score 这 4 个表，分别对应 student.txt、course.txt、teacher.txt、score.txt 这 4 个数据文件。以其中一个班级为例，student.txt、course.txt、teacher.txt 和 score.txt 文件的数据字段说明如表 6-8 所示。

表 6-8　student.txt、course.txt、teacher.txt 和 score.txt 文件的数据字段说明

文件名称	字段名称	说明
student.txt	s_id	学生学号
	s_name	学生姓名
	s_birth	学生的出生日期
	s_sex	学生性别

续表

文件名称	字段名称	说明
course.txt	c_id	课程编号
	c_name	课程名称
	t_id	教师工号
teacher.txt	t_id	教师工号
	t_name	教师姓名
score.txt	s_id	学生学号
	c_id	课程编号
	s_score	学生该门课程的成绩

考虑到随着学校的发展,数据量会越来越多,可以使用 Hive 数据仓库存储数据。因此请设计出 4 个表对应的表结构并创建表,在 Hive 中分别实现以下需求。

(1)查询"01"课程比"02"课程成绩高的学生的信息及课程成绩。

(2)查询平均成绩大于等于 60 分的同学的学生学号、学生姓名和平均成绩。

3. 实现思路及步骤

(1)根据 4 个数据文件的数据结构,分别创建 student、course、teacher、score 这 4 个表。

(2)将本地数据加载至 Hive 表中。

(3)通过学生学号将 student 表和 score 表进行连接,再使用 group by 按学生学号和课程编号进行分组,利用 where 语句查询"01"课程比"02"课程成绩高的学生的信息及课程成绩。

(4)将 student 表和 score 表进行连接,再按学生学号和学生姓名进行分组,接着对成绩进行 avg 聚合,最后利用 having 子句筛选平均成绩大于等于 60 分的学生信息。

(5)将 student 和 score 表按学生学号进行左连接,按学生学号和学生姓名进行分组,在组内对课程编号进行统计聚合,并求分组后的每位同学的平均成绩。

课后习题

1. 选择题

(1)Hive 是建立在(　　)之上的一个数据仓库。

　　A. HDFS　　　　B. MapReduce　　　C. Hadoop　　　　D. HBase

(2)HQL 和 SQL 的一个不同之处在于(　　)操作。

　　A. group by　　　B. join　　　　　　C. partition　　　　D. union

(3)以下选项中,哪种类型间的转换是被 HQL 所支持的?(　　)

　　A. Double—Number　　　　　　　B. BigInt—Double

　　C. Int—BigInt　　　　　　　　　　D. String—Double

(4)按粒度大小的顺序,Hive 数据模型被分为数据库、数据表、(　　)和桶。

　　A. 元组　　　　　B. 栏　　　　　　　C. 分区　　　　　　D. 行

第 6 章　Hive 数据仓库

（5）为了使 Hive 命令在任何目录下生效，需要在（　　）文件中配置 Hive 的全局变量。

　　A. /etc/profile

　　B. /etc/hosts

　　C. /opt/apache-hive-3.1.2-bin/conf/hive-env.sh

　　D. /opt/apache-hive-3.1.2-bin/conf/hive-site.xml

（6）Hive 默认的构造配置是存储在 Hive 安装目录的 conf 目录下的（　　）文件。

　　A. hive-core.xml　　　　　　　　B. hive-default.xml

　　C. hive-site.xml　　　　　　　　D. hive-lib.xml

（7）以下业务应用中，不属于 Hive 适用的场景的是（　　）。

　　A. 实时的在线数据分析

　　B. 数据挖掘（用户行为分析、兴趣分区、区域展示）

　　C. 数据汇总（每天或每周用户点击量的点击排行）

　　D. 非实时分析

（8）Hive 默认分桶的数量是（　　）。

　　A. -1　　　　B. 0　　　　C. 1　　　　D. 2

（9）HQL 中，"select ceil(2.34);" 的输出结果为（　　）。

　　A. 2　　　　B. 3　　　　C. 2.3　　　　D. 4

（10）创建 Hive 数据表时，指定字段之间的分隔符，需要使用（　　）语句。

　　A. fields terminated by　　　　B. row format delimited

　　C. map keys terminated　　　　D. collection items terminated by

2．操作题

为了更好地管理公司员工信息，需要将员工基本信息和收入信息分开保存。

（1）创建员工基本信息表（EmployeeInfo），字段包括员工 ID、员工姓名、员工身份证号、性别、年龄、所属部门、岗位、入职时间、离职时间，分区字段为入职时间，其行分隔符为"\n"，字段分隔符为"\t"。其中，所属部门包括行政部、财务部、研发部、教学部，其对应岗位包括行政经理、行政专员、财务经理、财务专员、研发工程师、测试工程师、实施工程师、讲师、助教。时间类型的值为具体时间点，如 2021-06-13 11:00:00。

（2）创建员工收入表（IncomeInfo），字段包括员工 ID、员工姓名、收入金额、收入所属月份、收入类型、发放薪水的时间，分区字段为发放薪水的时间。其中，收入类型包括薪资、奖金、公司福利 3 种；时间类型的值为具体时间点，如 2021-06-13 11:00:00。

第 7 章 HBase 分布式数据库

学习目标

（1）了解分布式数据库 HBase。
（2）熟悉 HBase 的系统架构、数据模型和读/写流程。
（3）了解 ZooKeeper 的概念、集群角色及选举机制。
（4）掌握 ZooKeeper 集群的安装部署方法。
（5）掌握 HBase 的安装部署方法。
（6）掌握 HBase 常用的 Shell 命令。
（7）掌握 HBase Java API 的使用方法。

任务背景

对于推动企业发展新动能而言，大数据的价值表现在掌控业务战略决策，提高服务水平，提高商品购买率，研发创新产品等，不断塑造发展新动能新优势。通信运营商的数据量是非常多的，通信也是数据化较为完善的领域，其数据价值也非常高。通信运营商每时每刻都在产生大量的通信数据，如通话记录、短信记录、彩信记录、第三方服务资费等。通信运营商除了满足用户的实时查询和展示查询结果之外，还需要定期对已有数据进行离线分析处理，如当日话单、月度话单、季度话单、年度话单、通话详情、通话记录等。从通信运营商的数据中挖掘出有效信息并将数据转化为生产力是通信运营商非常迫切的需求。

现有某通信运营商保存的用户通话记录信息，其数据字段说明如表 7-1 所示。

表 7-1 用户通话记录数据字段说明

字段名称	说明	字段名称	说明
rowkey	通话记录	length	通话时长（单位：min）
phoneNum	用户手机号码	type	通话类型（1 表示主叫，0 表示被叫）
dnum	对方用户手机号码	date	通话时间

对于通信运营商而言，对用户的通话记录进行分析，了解用户通话行为，可以为制订合理的手机套餐提供策略支持。为了保证较高的处理效率与灵活性，一般选择使用 HBase 分布式数据库存储通话记录，并采用 HBase Java API 实现通话记录数据的查询分析。本章首先详细讲解 HBase 分布式数据库的系统架构、数据模型、读/写流程；其次介绍 HBase 的安装及

第 7 章　HBase 分布式数据库

配置过程和 HBase 常用的 Shell 命令；接着重点介绍采用 HBase Java API 实现表创建、表数据导入；最后通过编写 HBase Java API 实现通话记录数据表的创建与查询分析。

任务 7.1　认识 HBase 分布式数据库

 任务描述

与 MapReduce 的离线批处理计算框架不同，HBase 是一个可以随机访问的、用于存储和检索数据的框架，弥补了 HDFS 不能随机访问数据的缺陷。HBase 适合对实时性要求不高的业务场景。HBase 中的数据以 Byte[]数组的方式存储，不区分数据类型，支持结构化数据、半结构化数据、非结构化数据，数据模型动态性强，十分灵活。为了使读者对 HBase 有更加深入的理解，本节的任务是从 HBase 的起源出发，了解 HBase 的特点、HBase 与传统数据库的区别以及 HBase 的系统架构、数据模型及读/写流程。

7.1.1　什么是 HBase

BigTable 是一个分布式存储系统，利用基于 C 语言的 MapReduce 分布式计算模型处理海量数据，使用 GFS 分布式文件系统作为底层数据存储方式，具备广泛应用性、可靠性、高性能和高可用性等特点。而 HBase 是 BigTable 的开源实现。

1. HBase 的起源

HBase 属于 Apache 旗下的一个顶级开源项目，项目灵感起源于 2006 年 *BigTable: A Distributed Storage System for Structured Data* 论文的发表。HBase 是 BigTable 的开源实现，但两者底层使用的技术还是存在差别，具体如表 7-2 所示。

表 7-2　HBase 和 BigTable 对应的底层技术

对比内容	BigTable	HBase
文件存储系统	GFS	HDFS
海量数据处理	基于 C 语言的 MapReduce	基于 Java 语言的 MapReduce
协同服务管理	Chubby	ZooKeeper

HBase 是一个基于 Java 的、开源的、高可靠的、高性能的、面向列的、可伸缩的列式非关系数据库，也可以称为列式分布式数据库，或简称为分布式数据库。HBase 的目标是存储并处理海量的非结构化和半结构化的松散数据，旨在仅使用普通的硬件配置，即可处理由成千上万的行和列组成的海量数据。

2. HBase 的特点

HBase 具有如下显著特点。

（1）海量存储。HBase 通过多台廉价的机器实现存储 PB 级的海量数据，并且可以在几十毫秒或几百毫秒内返回数据。

（2）面向列。HBase 面向列进行存储和权限控制，并支持独立检索。HBase 是根据列族存储数据的，一个列族下可以有多列，在创建表时必须指定列族，并且可以单独对列进行各种操作。

（3）多版本。HBase 中表的每一列的数据存储都有多个 Version（版本，即同一条数据插入不同的时间戳）。虽然每一列对应一条数据，但是有的数据会对应多个版本。例如，存储个人信息的 HBase 表中，如果某人多次更换过家庭住址，那么记录家庭住址的数据将会有多个版本。

（4）稀疏性。HBase 的稀疏性主要体现出 HBase 列的灵活性。在列族中，可以指定多列，在列数据为空的情况下，是不会占用存储空间的。

（5）易扩展性。HBase 的扩展性主要体现在两个方面，一是基于上层处理能力（RegionServer）的扩展，二是基于存储（HDFS）的扩展。HBase 的底层依赖 HDFS，当磁盘空间不足时，可以动态增加机器（DataNode 服务）解决，从而避免迁移数据。

（6）高可靠性。由于 HBase 底层使用的是 HDFS，而 HDFS 的分布式集群具有副本（Replication）机制，副本机制能够保证数据不会丢失或损坏。

3. HBase 与传统关系数据库的区别

HBase 作为一种分布式数据库，它与传统关系数据库的区别较大，主要体现在以下几个方面。

（1）数据类型。

关系数据库采用关系模型，具有丰富的数据类型和存储方式。HBase 则采用更加简单、灵活的数据模型，将数据存储为未经解释的字符串，用户可以将不同格式的结构化数据、非结构化数据序列化成字符串并保存至 HBase 中，用户需要编写程序将字符串解析成不同的数据类型。

（2）数据操作。

关系数据库提供了丰富的操作，如插入、删除、更新、查询等，一些操作会涉及复杂的多表连接，通常需要借助多个表之间的主、外键关联实现。HBase 提供的操作则不涉及复杂的表与表之间的关系，只有简单的插入、查询、删除、更新等。因为 HBase 在设计上避免了复杂的表与表之间的关系，通常只采用单表的主键查询，所以 HBase 无法实现关系数据库中表与表之间的连接操作。

（3）存储模式。

关系数据库是基于行存储的，元组或行会被连续地存储在磁盘中。在读取数据时，需要顺序扫描每个元组，再从中筛选出所需要的数据。如果每个元组只有少量字段的值且查询操作是有用的，那么行存储会浪费许多磁盘空间和内存带宽。HBase 是基于列存储的，每个列族都由几个文件保存，不同列族的文件是分离的。其优点是可以降低 I/O 开销，支持大量并发用户查询（因为仅需要处理与查询结果相关的列，而不需要处理与查询结果无关的大量数据行）；同一列族中的数据会被一起压缩（同一列族中的数据相似度较高，因此可以获得较高的数据压缩比）。

（4）数据索引。

关系数据库通常可以针对不同列构建多个复杂的索引，以提高数据访问性能。与关系数据库不同的是，HBase 只有一个索引——行键。由于 HBase 位于 Hadoop 框架之上，所以可以使用 Hadoop MapReduce 快速、高效地生成索引表。

第 7 章　HBase 分布式数据库

（5）数据维护。

在关系数据库中执行更新操作时，会用最新的当前值去替换记录中原来的值（旧值），旧值被覆盖后就不会存在。而在 HBase 中执行更新操作时，并不会删除旧版本的数据，而是在保留旧版本数据的基础上，再生成一个新版本的数据。

（6）可扩展性。

关系数据库很难实现横向扩展，纵向扩展的空间也比较有限。相反，HBase 是为了实现灵活的横向扩展而开发的，因此能够轻易地通过在集群中增加或减少硬件数量实现性能的伸缩。

但是，相对关系数据库，HBase 也有自身的局限性，如 HBase 不支持跨行、跨表事务，因此无法实现跨行的原子性。

7.1.2　了解 HBase 系统架构

HBase 采用 Master/Slave 架构搭建集群，属于 Hadoop 生态系统的组件。HBase 的系统架构如图 7-1 所示，由客户端、HMaster、HRegionServer、ZooKeeper 等组成，并将数据存储于 HDFS 中。HMaster 主要负责利用 ZooKeeper 为 HRegionServer 分配 HRegion。ZooKeeper 是一个高可靠、高可用、持久化的分布式协调系统。客户端使用 HBase 的 RPC 协议与 HMaster、HRegionServer 进行通信；对于管理类操作，客户端与 HMaster 进行 RPC 通信；对于数据读/写类操作，客户端与 HRegionServer 进行 RPC 通信。

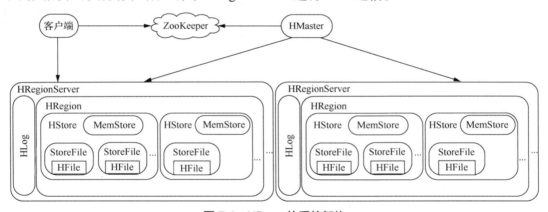

图 7-1　HBase 的系统架构

HBase 中各个核心组成部分说明如下。

1. ZooKeeper

ZooKeeper 是一个开放源码的分布式应用程序协调服务，是 Hadoop 和 HBase 的重要组件。HBase 依赖于 ZooKeeper 集群，所有节点和客户端必须能够正常访问 ZooKeeper。HBase 默认管理一个单点的 ZooKeeper 集群，HBase 可以将 ZooKeeper 当作自身的一部分启动和关闭进程。ZooKeeper 也可以直接使用本地配置文件 zoo.cfg，不依赖于 HBase 的启动与关闭，独立运行。HBase 的 RegionServer 会注册 ZooKeeper，提供 HBase 的 RegionServer 的状态信息。HMaster 启动时将 HBase 系统表加载至 ZooKeeper，通过 ZooKeeper 可以获取当前系统表元数据所对应的 HRegionServer 信息。

2. HMaster

HBase 中可以启动多个 HMaster，通过 ZooKeeper 的 Master 选举机制保证总有一个 HMaster 运行。HMaster 管理 HRegionServer 的负载均衡，调整 HRegion 的分布，如在 Region 分片后，负责将 HRegion 分配至 HRegionServer，在 HRegionServer 宕机后，HMaster 会将 HRegionServer 内的 HRegion 迁移至其他 HRegionServer 上。

3. HRegionServer

HRegionServer 主要负责响应用户 I/O 请求，在 HDFS 中读/写数据，是 HBase 中核心的模块。HRegionServer 内部管理了一系列 HRegion，HRegion 对应 HBase 表中的一个 Region。HRegion 由多个 HStore 组成，每个 HStore 对应 HBase 表中的一个列族的存储，每个列族指的是一个集中的存储单元，因此最好将具备共同 I/O 特性的列放在一个列族中，这样查询会更加高效。

HStore 是 HBase 存储的核心，由两部分组成，一部分是 MemStore 缓冲区，另一部分是 StoreFile 文件。用户写入的数据首先会放入 MemStore，当 MemStore 满了以后会刷新成一个 StoreFile（底层实现是 HFile）；当 StoreFile 数量增长到一定阈值时，将触发 Compact（合并）操作，将多个 StoreFile 合并为一个 StoreFile，合并过程中会进行版本合并和数据删除。因此，可以看出 HBase 其实只能增加数据，所有的更新和删除操作都是在后续的 Compact 过程中进行的。当单个 StoreFile 大小超过一定阈值后，会触发 Split（分割）操作，同时把当前 Region 分为两个 Region，父 Region 将下线，新分割出的两个子 Region 会被 HMaster 分配到相应的 HRegionServer 上，使得原先一个 Region 的压力得以分流至两个 Region 上。

实际的存储文件功能是由 HFile 实现的。HFile 的目的就是有效地存储 HBase 数据，是基于 Hadoop 的 TFile 类。

4. HLog

WAL（Write-Ahead-Log，预写日记）是 HBase 的 HRegionServer 在处理数据插入和删除的过程中用于记录操作内容的一种日志。客户端初始化一个更改数据的动作，每一种改动都被包装进 KeyValue 对象并使用远程调用发送到 HRegionServer 对应这次改动的 HRegion 中。数据在 HRegionServer 中首先被写入 WAL，再被写入 MemStore，最后当 MemStore 达到一定的大小或到达指定的时刻之后，数据会被异步地持久化到文件系统上。在这之前数据是存储在内存中的，在这段时间里如果 HRegionServer 崩溃了，那么内存的数据就没有了，但在这种情况下如果有 WAL，则可恢复数据。

每个 HRegionServer 中都有一个 HLog 对象，HLog 是一个实现 WAL 的类，每次用户操作写入 MemStore 的同时，也会写一份数据到 HLog 文件中，HLog 文件定期滚动出新的文件，并删除旧的文件（已持久化到 StoreFile 中的数据）。当 HRegionServer 意外终止后，HMaster 会通过 ZooKeeper 感知首先处理的 HLog 文件，将其中不同 HRegion 的日志数据进行拆分，分别放到相应的 HRegion 目录下，再将失效的 HRegion 重新分配给 HRegionServer。HRegionServer 在加载 HRegion 的过程中，将发现有历史 HLog 需要处理，因此会复制 HLog 中的数据到 MemStore 中，最后更新至 StoreFile 中完成数据恢复。

第 7 章　HBase 分布式数据库

7.1.3　了解 HBase 数据模型

HBase 实际上是一个稀疏的、多维的、持久化存储的映射表，其数据模型如表 7-3 所示，采用行键（Row Key）、列族（Column Family）、列（Column）和时间戳（Timestamp）进行索引，每个值都是由未经解释的字节 Byte[]组成，没有数据类型。

HBase 数据模型解析

表 7-3　HBase 的数据模型

Row Key	Timestamp	Column Family:c1		Column Family:c2		Column Family:c3	
		Column	Value	Column	Value	Column	Value
r1	t7	c1:col-1	value-1	—	—	c3:col-1	value-1
—	t6	c1:col-2	value-2	—	—	c3:col-2	value-2
—	t5	c1:col-3	value-3	—	—	—	—
—	t4	—	—	—	—	—	—
r2	t3	c1:col-1	value-1	c2:col-1	value-1	c3:col-1	value-1
—	t2	c1:col-2	value-2	—	—	—	—
—	t1	c1:col-3	value-3	—	—	—	—

用户在表中存储数据，每一行都有一个可排序的行键和任意多的列。表在水平方向由一个或多个列族组成，一个列族中可以包含任意多的列，同一个列族里面的数据存储在一起。列族支持动态扩展，用户可以很轻松地添加一个列族或列，无须预先定义列的数量以及类型，所有列均以字符串形式存储，用户需要自行进行数据类型转换。由于同一个表里面的每一行数据都可以有截然不同的列，对于映射表的每行数据而言，有些列的值可以是空的，因此 HBase 是稀疏的。

在 HBase 中执行更新操作时，并不会删除旧版本的数据，而是在保留旧版本的基础上，生成一个新版本的数据。HBase 可以对允许保留的版本的数量进行设置。数据在存储时是按照时间戳排序的，客户端可以选择获取距离某个时间最近的版本的数据，或一次获取所有版本的数据。如果在查询的时候不提供时间戳，那么会返回距离现在最近的一个版本的数据。HBase 提供了两种数据版本回收方式，一是保存数据的最后 n 个版本；二是保存最近一段时间（如最近 7 天）内的版本。

在表 7-3 中包含很多的字段，这些字段分别表示不同的含义，具体介绍如下。

1．行键

每个 HBase 表中的行键的值是唯一的，类似于主键。由于行键是 HBase 表的唯一标识，因此行键的设计非常重要。数据的存储规则是相近的数据存储在一起。例如，行键的格式为 www.cqyti.com、sxy.cqyti.com、dsj.cqyti.com 和 zngc.cqyti.com 的网站名称时，可以将网站名称进行反转，反转后为 com.cqyti.www、com.cqyti.sxy、com.cqyti.dsj 和 com.cqyti.zngc，再进行存储，所有 com.cqyti 域名将会存储在一起，避免子域名（sxy、dsj、zngc）分散在各处。

2．列族

在 HBase 中，列族由一个或多个列组成。HBase 会尽量把同一个列族内的列放在同一个服务器上，这样不仅可以提高读/写数据的性能，还可以批量管理多个关联的列。HBase 中数据的属性均是定义在列族上的，同一个列族内的所有列具有相同的属性。在 HBase 中创建数据表时，定义的是列族，而不是列。在表 7-3 中，c1、c2、c3 均为列族名。

3. 列

HBase 表的列是由列族名、限定符以及列名组成的，如列名 "c1:col-1"，其中，"c1" 为列族名，":" 为限定符，"col-1" 为列名。创建 HBase 表不需要指定列，因为列是可变的，非常灵活。

4. 时间戳

在 HBase 表中，通过行键、列族和列确定一个单元格（Cell）。单元格中存储的数据没有数据类型，被视为 Byte[]字节数组。每个单元格都保存着同一份数据的多个版本，每个版本对应一个不同的时间戳。每次对一个单元格执行操作（如新建、修改、删除）时，HBase 将隐式地自动生成并存储一个时间戳。时间戳一般是 64 位整型数据，可以由用户自己赋值（自己生成唯一时间戳可以避免应用程序中出现数据版本冲突），也可以由 HBase 在数据写入时自动赋值。一个单元格的不同版本根据时间戳进行降序存储，因此最新版本的数据可以被优先读取，通常将记录每次操作数据的时间戳记作数据的版本号。

7.1.4 了解 HBase 读/写流程

对 HBase 进行读/写操作时，需要提前知道客户端需要操作的 Region 的所在位置，即 Region 存在于哪个 RegionServer 上。因此，在 HBase 中存在一个元数据表（.meta.表），元数据表属于 HBase 的内置表，专门用于存储表的元数据信息，以及 Region 位于哪个 RegionServer 上。.meta.表的结构如表 7-4 所示。

表 7-4 .meta.表的结构

RowKey	Info			Historian
	Regioninfo	Server	Serverstartcode	
TableName,StartKey, TimeStamp	StartKey, EndKey,Family List {Family,BloomFilter,Compress,TTL, InMemory,BlockSize,BlockCache}	Region 的 RegionServer 地址		

.meta.表的 RowKey 由 3 部分组成：TableName（表名）、StartKey（起始键）和 TimeStamp（时间戳）。TimeStamp 使用十进制的数字字符串表示。将组成 RowKey 的 3 部分用逗号分隔就组成了整个完整的 RowKey。

.meta.表的 Info 为表最主要的列族，含有 3 列信息，包括 Regioninfo、Server、Serverstartcode。Regioninfo 存储的是 Region 的详细信息，包括 StartKey、EndKey（结束键）和表的每个列信息。Server 存储的是管理该 Region 的 RegionServer 地址。Serverstartcode 存储的是 RegionServer 开始托管该 Region 的时间。

.meta.表的 Historian 是用来记录一些 Region 操作的，如 Open、Close、Compact 等操作。

由于.meta.表存储的是 Region 的信息，如果 HBase 中表的数据非常大，则会被分成很多个 Region，此时 Region 信息在.meta.表中所占的空间也会变大，而.meta.表本身也是一个

第 7 章　HBase 分布式数据库

表，在存储数据非常大的情况下，也会被分割成多个 Region 存储于不同的 RegionServer 上，此时如果将.meta.表的 Region 位置信息存储在 ZooKeeper 集群中，可行性较低。.meta.表的 Region 位置信息是会发生变化的，可以通过另外一个表存储.meta.表的元数据信息，即根数据表（-ROOT-表）。-ROOT-表中只有一个 Region，这个 Region 的信息存储于 HBase 中，而-ROOT-表的位置信息（RegionServer 地址）存储于 ZooKeeper 中。-ROOT-表的结构和.meta.表一致，具体可参考表 7-4 所示的.meta.表结构信息。

如果需要对 HBase 进行读/写操作，那么首先需要访问 ZooKeeper 集群，获取-ROOT-表的 Region 所在的 RegionServer 地址信息。

1. 写流程

当用户向 HRegionServer 发起 HTable.put 请求，即写入数据请求时，HRegionServer 会将请求交给对应的 HRegion 实例处理，具体流程如图 7-2 所示。

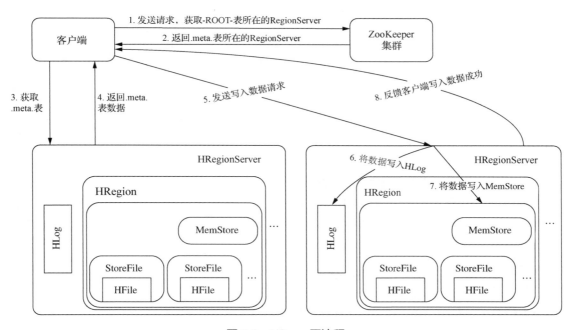

图 7-2　HBase 写流程

根据图 7-2 可知，客户端访问 ZooKeeper 集群，获取-ROOT-表的 Region 所在的 RegionServer 地址信息，客户端将连接相应的 RegionServer，访问-ROOT-表，根据写入信息获取.meta.表的 Region 所在的 RegionServer 地址信息，将得到的结果返回给客户端。客户端将连接相应的 RegionServer，访问.meta.表，根据写入的 NameSpace（命名空间）、表名和 RowKey 找到对应的 Region 信息。为了持久化和恢复，先将数据写入 HLog，再将数据写入 MemStore。当 MemStore 达到预设阈值后，将创建一个新的 MemStore，而旧的 MemStore 就会加入 Flush 队列，由单独的线程更新至磁盘上，形成一个 StoreFile。与此同时，系统将在 ZooKeeper 集群中记录一个 CheckPoint（检查点），表示该时刻前的数据变更已经持久化，当系统出现意外导致 MemStore 中的数据丢失时，可通过 HLog 恢复

CheckPoint 之后的数据。StoreFile 是只读的,一旦创建后不可修改,因此 HBase 的更新是不断追加的操作。

2. 读流程

当用户向 HRegionServer 发起读取数据请求时,会将请求交给对应的 HRegion 实例处理,具体流程如图 7-3 所示。

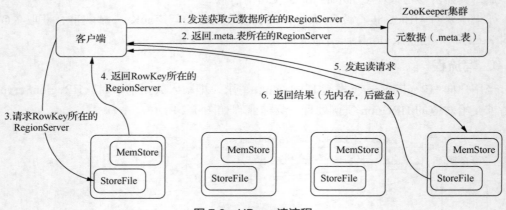

图 7-3 HBase 读流程

客户端访问 ZooKeeper 集群,查找 .mata. 表所在的 RegionServer,并访问对应 RegionServer 上的 .mata. 表中的数据并获得 Rowkey,查找 RowKey 所在表对应的 RegionServer 地址信息。接着客户端将读取 RegionServer 上的 Region 数据。

客户端定位到真正的数据所在的 Region 时,先从 MemStore 查找;如果 MemStore 没有找到数据,但表设置了块缓存(BlockCache)功能(块缓存使用内存记录数据,适用于提升读取性能),那么会再从块缓存中查找数据;如果块缓存没有,那么再从 StoreFile 查找,查找到数据后同时将数据缓存。

任务 7.2 安装部署 HBase 集群

 任务描述

HBase 是 Hadoop 生态系统中的一个组件,但是 Hadoop 集群安装后,本身并不包含 HBase,为了更好地使用 Hadoop,还需要单独安装 HBase。本节的任务是介绍 ZooKeeper,了解 ZooKeeper 与 HBase 之间的关系,再介绍 ZooKeeper 的安装及配置过程,最后介绍 HBase 集群的安装及配置过程。

7.2.1 了解并安装 ZooKeeper

在 HBase 集群中,包含一个 Master 主服务器和多个 Region 服务器。Master 主服务器即 HBase 集群的总管,Master 主服务器必须知道 Region 服务器的状态。因为 Region 服务器需要到 ZooKeeper 集群中进行注册,ZooKeeper 会实时监控每个 Region 服务器的状态并通知 Master 主服务器,所以 Master 主服务器可以通过 ZooKeeper 随时感知各个 Region 服务器的状态。ZooKeeper 可以帮助维护当前集群中节点的服务状态。在 HBase 中,可以启动多个 Master 主服务器，ZooKeeper 可以帮助选举出一个 Master 主服务器作为集群的总管，并保证在任何时刻总有唯一的 Master 主服务器在运行，避免 Master 主服务器单点失效的问题。因此，HBase 需要使用 ZooKeeper 提供的稳定、可靠的协同服务，帮助维护集群中各节点的服务状态。

1. ZooKeeper 简介

ZooKeeper 起源于雅虎公司，当时雅虎公司的研究人员发现，在雅虎公司内部很多大型系统基本都需要依赖一个类似的系统来进行分布式协调，但是这些系统往往存在分布式单点问题。在整个分布式系统中，如果某个功能独立的程序或角色只运行在某一台服务器上，那么这个节点就被称为单点。一旦这台服务器宕机，整个分布式系统将无法正常运行，这种现象被称为单点故障。雅虎公司的开发人员试图开发一个通用的无单点问题的分布式协调框架，以便让开发人员将精力集中在处理业务逻辑上，因此开发了 ZooKeeper 分布式协调服务组件。

ZooKeeper 是一个分布式协调服务的开源框架，主要用于解决分布式集群中应用系统的一致性问题，如避免同时操作同一数据造成数据无效读取及无效操作的问题等。

2. ZooKeeper 集群角色

ZooKeeper 本质上是一个分布式的小文件存储系统，对外提供一个类似于文件系统的层次化的数据存储服务。为了保证整个 ZooKeeper 集群的容错性和高性能，ZooKeeper 集群是由多个服务器节点组成的，服务器节点通过复制保证各个服务器节点之间的数据一致。ZooKeeper 通过监控服务器节点数据状态的变化，从而实现基于数据的集群管理，如统一命名服务、分布式配置管理、分布式协调、负载均衡、分布式协调通知、集群管理、Master 选举、分布式消息队列、分布式锁等。只要所有服务器节点超过半数可用，整个 ZooKeeper 集群即可用。ZooKeeper 可以保证分布式顺序一致性、可靠性和实时性。

ZooKeeper 集群是一个主从集群结构，一般由一个 Leader（领导者）和多个 Follower（跟随者）组成。此外，针对访问量较大的 ZooKeeper 集群，还可新增 Observer（观察者）。ZooKeeper 集群中通过 Leader 选举过程选定一个节点为 Leader，为客户端提供读和写服务；Follower 和 Observer 则提供读服务，Observer 不参与 Leader 选举过程。ZooKeeper 角色如表 7-5 所示。

表 7-5　ZooKeeper 角色

角色		描述
	Leader	Leader 负责进行投票的发起和决议，以及更新系统状态
Learner（学习者）	Follower	Follower 用于接收客户端请求并向客户端返回结果，在 Leader 选举过程中参与投票
	Observer	Observer 可以接收客户端连接，将写请求转发给 Leader。但 Observer 不参与 Leader 选举过程，只同步 Leader 的状态，其目的是扩展系统、提高读取速度
客户端		请求发起方

ZooKeeper集群中的3种角色各司其职，共同完成分布式协调服务，具体说明如下。

（1）Leader是ZooKeeper集群工作的核心，也是事务性请求（写操作）的唯一调试者和处理者，保证集群事务处理的顺序性，同时负责进行投票的发起和决议，以及更新系统状态。

（2）Follower负责处理客户端的非事务性请求（读操作），如果接收到客户端发来的事务性请求，则会转发给Leader，让Leader进行处理。同时Follower还会在Leader选举过程中参与投票。

（3）Observer负责观察ZooKeeper集群的最新状态的变化，并且将这些状态进行同步。对于非事务性请求，Observer可以进行独立处理；对于事务性请求，Observer将会转发给Leader进行处理。Observer不参与任何形式的投票，只提供非事务性的服务，通常用于在不影响集群的事务处理能力的前提下，提升集群的非事务处理能力。

3. ZooKeeper选举机制

ZooKeeper为了保证各节点的协同工作，在工作时需要一个Leader角色，ZooKeeper默认采用FastLeaderElection算法，且投票数大于半数则胜出的机制。在介绍选举机制前，需要首先了解选举涉及的相关概念。

（1）服务器ID。在配置集群时设置的myid参数文件，参数分别表示服务器1、服务器2和服务器3，编号越大在FastLeaderElection算法中的权重越大。

（2）选举状态。在选举过程中，ZooKeeper服务器有4种状态，分别为竞选状态（LOOKING）、随从状态（FOLLOWING，同步Leader状态，参与投票）、观察状态（OBSERVING，同步Leader状态，不参与投票）和领导状态（LEADING）。

（3）数据ID。这是服务器中存放的最新数据的版本号，该值越大说明数据越新，在选举过程中数据越新权重越大。

（4）逻辑时钟。逻辑时钟被称为投票次数。同一轮投票过程中的逻辑时钟是相同的，逻辑时钟起始值为0，每投完一次票，逻辑时钟将会增加。逻辑时钟与接收到其他服务器返回的投票信息中的数值进行对比，根据不同的值做出不同的判断。如果某台机器宕机，那么这台机器不会参与投票，因此这台机器的逻辑时钟也会比其他机器低。

4. ZooKeeper分布式集群部署

ZooKeeper分布式集群部署指的是ZooKeeper分布式模式安装。ZooKeeper集群通常是由$2n+1$台服务器组成的，这是为了保证Leader选举能够通过半数以上服务器选举支持，因此ZooKeeper集群的节点数量为奇数。

（1）ZooKeeper安装包的下载与安装。

由于ZooKeeper集群的运行需要Java环境支持，所以需要提前安装JDK 1.8。从ZooKeeper官网中下载ZooKeeper安装包，本书选择的版本是ZooKeeper 3.5.6。将下载好的ZooKeeper安装包上传至Linux系统的/opt/apps目录下。

解压ZooKeeper安装包。首先进入/opt/apps目录，如代码7-1所示。

代码7-1 进入/opt/apps目录

```
cd /opt/apps/
```

第 7 章　HBase 分布式数据库

解压安装包 apache-zookeeper-3.5.6-bin.tar.gz 至 /opt/ 目录下，如代码 7-2 所示。

代码 7-2　解压 zookeeper 安装包

```
tar -zxvf apache-zookeeper-3.5.6-bin.tar.gz -C /opt
```

ZooKeeper 安装包解压完成，并不意味着 ZooKeeper 集群的部署就结束了，还需要对其进行配置和启动，若 ZooKeeper 启动成功，则表示 ZooKeeper 集群部署成功。

（2）ZooKeeper 相关配置。

修改 ZooKeeper 的配置文件。首先，进入 ZooKeeper 解压目录的 conf 目录下，复制 zoo_sample.cfg 配置文件并重命名为 zoo.cfg，如代码 7-3 所示。

代码 7-3　复制配置文件

```
cd /opt/apache-zookeeper-3.5.6-bin/conf/
cp zoo_sample.cfg zoo.cfg
```

修改配置文件 zoo.cfg，分别配置 dataDir 目录、配置服务器编号与主机名映射关系、配置与主机连接的心跳端口号和选举端口号，具体配置内容如代码 7-4 所示。

代码 7-4　配置 zoo.cfg 文件

```
# The number of milliseconds of each tick
tickTime=2000
# The number of ticks that the initial
# synchronization phase can take
initLimit=10
# The number of ticks that can pass between
# sending a request and getting an acknowledgement
syncLimit=5
# the directory where the snapshot is stored
# do not use /tmp for storage, /tmp here is just
# example sakes
# 配置数据文件目录和数据持久化路径
dataDir=/root/data/zookeeper
# the port at which the clients will connect
clientPort=2181
# the maximum number of client connections
# increase this if you need to handle more clients
#maxClientCnxns=60
#
# Be sure to read the maintenance section of the
# administrator guide before turning on autopurge
#
# http://zookeeper.apache.org/doc/current/zookeeperAdmin.html#sc_maintenance
#
# The number of snapshots to retain in dataDir
#autopurge.snapRetainCount=3
# Purge task interval in hours
# Set to "0" to disable auto purge feature
#autopurge.purgeInterval=1
# 配置 ZooKeeper 集群的服务器编号以及对应的主机名、选举端口号和通信端口号（心跳端口号）
server.1=slave1:2888:3888
server.2=slave2:2888:3888
server.3=slave3:2888:3888
```

配置文件 zoo.cfg 中的参数 server.1=slave1:2888:3888，其中，1 表示服务器编号；slave1 表示这个服务器的名称（由于已经进行了服务器名称 slave1 与其 IP 地址的映射，所以可以直接使用服务器名称）；2888 表示 Leader 选举的端口号；3888 表示 ZooKeeper 服务器之间的通信端口号。

创建 myid 文件。首先，在配置文件 zoo.cfg 中设置的 dataDir 目录中创建一个 zookeeper 目录。其次，在 zookeeper 目录下创建 myid 文件，文件中的内容为服务器编号（slave1 服务器对应编号 1，slave2 服务器对应编号 2，slave3 服务器对应编号 3）。以 slave1 服务器为例，如代码 7-5 所示。

代码 7-5　创建 myid 文件

```
mkdir -p /root/data/zookeeper/
cd /root/data/zookeeper/
echo 1 > myid
```

配置环境变量。执行"vim /etc/profile"命令对 profile 文件进行修改，配置 ZooKeeper 的环境变量，如代码 7-6 所示。

代码 7-6　配置 ZooKeeper 的环境变量

```
#ZK_HOME
export ZK_HOME=/opt/apache-zookeeper-3.5.6-bin
export PATH=$PATH:$ZK_HOME/bin
```

分发 ZooKeeper 相关配置文件至其他服务器。首先，将 ZooKeeper 安装包分发至 slave2 和 slave3 服务器上；其次，将 myid 文件分发至 slave2 和 slave3 服务器上，并且修改 myid 文件中的内容，依次对应服务器编号进行设置，分别设置为 2 和 3；最后，将 profile 文件也分发至 slave2 和 slave3 服务器上，如代码 7-7 所示。

代码 7-7　分发 ZooKeeper 相关配置文件

```
# 分发 ZooKeeper 安装包至 slave2 和 slave3 服务器上
$ scp -r /opt/apache-zookeeper-3.5.6-bin/ slave2:/opt/
$ scp -r /opt/apache-zookeeper-3.5.6-bin/ slave3:/opt/
# 分发 myid 文件至 slave2 和 slave3 服务器上
$ scp -r /root/data/zookeeper/myid slave2:'pwd'
$ scp -r /root/data/zookeeper/myid slave2:'pwd'
# 分别切换至 slave2 和 slave3 服务器的/root/data/zookeeper 目录下
# 修改 slave2 和 slave3 服务器上的 myid 文件中的内容，分别设置为 2、3
echo 2 > myid
echo 3 > myid
#分发 profile 文件至 slave2 和 slave3 服务器上
$ scp /etc/profile slave2:/etc/profile
$ scp /etc/profile slave3:/etc/profile
```

使环境变量生效。分别在 slave1、slave2、slave3 服务器上刷新 profile 文件，使环境变量生效，如代码 7-8 所示。

代码 7-8　使环境变量生效

```
$ source /etc/profile
```

（3）启动和关闭 ZooKeeper 服务。

ZooKeeper 集群部署完毕后，若 ZooKeeper 服务启动和关闭成功，则表示 ZooKeeper 集群部署成功。

启动 ZooKeeper 服务。首先，依次在 slave1、slave2、slave3 服务器上启动 ZooKeeper 服务。以在 slave1 服务器上启动 ZooKeeper 服务为例，查看该服务器的 ZooKeeper 服务的状态及角色，如代码 7-9 所示。

代码 7-9　启动 ZooKeeper 服务

```
zkServer.sh start
zkServer.sh status
```

slave1 服务器的 ZooKeeper 服务的状态及角色如图 7-4 所示。

```
ZooKeeper JMX enabled by default
Using config: /opt/apache-zookeeper-3.5.6-bin/bin/../conf/zoo.cfg
Client port found: 2181. Client address: localhost.
Mode: follower
```

图 7-4　ZooKeeper 服务的状态及角色

从图 7-4 中可以看出，slave1 服务器是 ZooKeeper 集群中的 Follower 角色。

关闭 ZooKeeper 服务。若要关闭 ZooKeeper 服务，则可依次在 slave1、slave2 和 slave3 服务器上执行关闭服务命令，如代码 7-10 所示。

代码 7-10　关闭 ZooKeeper 服务

```
$ zkServer.sh stop
```

执行完毕后，查看 ZooKeeper 服务的状态，返回信息如图 7-5 所示。

```
ZooKeeper JMX enabled by default
Using config: /opt/apache-zookeeper-3.5.6-bin/bin/../conf/zoo.cfg
Stopping zookeeper ... STOPPED
```

图 7-5　查看 ZooKeeper 服务的状态

至此，ZooKeeper 集群部署成功。

7.2.2　安装及配置 HBase 集群

安装配置 HBase 集群

HBase 集群一般由一个 HBase 节点和多个 HRegionServer 节点组成，本小节中，ZooKeeper 使用 7.2.1 小节中所配置的分布式集群，因此需要将 HBase 自带的 ZooKeeper 屏蔽。由于 HBase 集群的运行需要 Java 及 Hadoop 环境支持，所以需要提前安装 JDK 1.8 和 Hadoop 3.1.4，具体安装过程详见第 2 章。

（1）HBase 安装包的下载与安装。

从 HBase 官网下载 HBase 安装包，本书使用的 HBase 版本为 HBase 2.2.2。将下载好的 HBase 安装包上传至 Linux 系统的/opt/apps 目录下。

进入/opt/apps 目录，解压安装包 hbase-2.2.2-bin.tar.gz 至/opt/目录下，如代码 7-11 所示。

代码 7-11　解压 HBase 安装包

```
cd /opt/apps/
tar -zxvf hbase-2.2.2-bin.tar.gz -C /opt
```

HBase 安装完成后，并不意味着 HBase 集群的部署结束，还需要对 HBase 进行配置，若 HBase 启动成功，则代表 HBase 集群部署成功。

（2）HBase 相关配置。

配置 HBase 需要添加环境变量和修改 HBase 配置参数。需要修改的配置文件有 profile、

hbase-site.xml、hbase-env.sh 和 regionservers。4 个节点的安装及配置一样。

通过"cd /opt/hbase-2.2.2/conf"命令进入 HBase 解压目录的 conf 目录。

修改 hbase-env.sh 文件，添加代码 7-12 所示的内容。

代码 7-12　修改 hbase-env.sh 文件

```
export JAVA_HOME=/usr/java/jdk1.8.0_281-amd64/
export HBASE_MANAGES_ZK=false
```

HBASE_MANAGES_ZK 的值为 false 表示使用手动安装的 ZooKeeper 集群而不是使用 HBase 自带的 ZooKeeper 集群；HBASE_MANAGES_ZK 的值为 true 表示使用 HBase 自带的 ZooKeeper 集群。HBase 将 ZooKeeper 当作自身的一部分启动和关闭进程。

修改 hbase-site.xml 文件，添加代码 7-13 所示的内容。

代码 7-13　修改 hbase-site.xml 文件

```xml
<configuration>
  <property>
    <name>hbase.rootdir</name>
     <value>hdfs://master:8020/hbase</value>
  </property>
  <property>
    <name>hbase.master</name>
    <value>master</value>
  </property>
  <property>
    <name>hbase.cluster.distributed</name>
    <value>true</value>
  </property>
  <property>
    <name>hbase.zookeeper.property.clientPort</name>
    <value>2181</value>
  </property>
  <property>
    <name>hbase.zookeeper.quorum</name>
    <value>slave1,slave2,slave3</value>
  </property>
  <property>
    <name>zookeeper.session.timeout</name>
    <value>60000000</value>
  </property>
  <property>
    <name>dfs.support.append</name>
    <value>true</value>
  </property>
<!--防止连接16010失败-->
  <property>
    <name>hbase.unsafe.stream.capability.enforce</name>
    <value>false</value>
  </property>
</configuration>
```

为 hbase.zookeeper.quorum 设置 3 个节点。ZooKeeper 集群可使用的节点越多，集群容

第 7 章　HBase 分布式数据库

灾能力越强。ZooKeeper 一般使用奇数个节点,使用奇数数量的节点的目的是只有两个节点同时出现故障的情况下 ZooKeeper 集群才不可用;而使用偶数数量的节点时,当有一个节点出现故障的情况下 ZooKeeper 集群就会不可用。

修改 regionservers 文件,如代码 7-14 所示。

代码 7-14　修改 regionservers 文件

```
master
slave1
slave2
slave3
```

执行 "vim /etc/profile" 命令对 profile 文件进行修改,添加 HBase 的环境变量,如代码 7-15 所示。

代码 7-15　添加 HBase 的环境变量

```
#HBASE_HOME
export HBASE_HOME=/opt/hbase-2.2.2
export PATH=$PATH:$HBASE_HOME/bin
```

分发 HBase 相关配置文件至其他节点。首先,将 HBase 安装包分发至 slave1、slave2 和 slave3 节点上;其次,将 profile 文件分发至 slave1、slave2 和 slave3 节点上,如代码 7-16 所示。

代码 7-16　分发 HBase 相关配置文件

```
# 分发 HBase 安装包至 slave1、slave2 和 slave3 节点上
scp -r /opt/hbase-2.2.2/ slave1:/opt/
scp -r /opt/hbase-2.2.2/ slave2:/opt/
scp -r /opt/hbase-2.2.2/ slave3:/opt/
# 分发 profile 文件至 slave1、slave2 和 slave3 节点上
scp /etc/profile slave1:/etc/profile
scp /etc/profile slave2:/etc/profile
scp /etc/profile slave3:/etc/profile
```

使环境变量生效。在 slave1、slave2、slave3 节点上分别使用 "source /etc/profile" 命令刷新 profile 文件,使环境变量生效。

(3)启动和关闭 HBase 服务。

启动 HBase 服务。HBase 运行需要先启动 Hadoop 集群,同时由于本书在配置时使用了外部 ZooKeeper,因此还需要先启动 ZooKeeper 服务,完成 Hadoop 和 ZooKeeper 的启动后,最后启动 HBase 服务,如代码 7-17 所示。启动 ZooKeeper 时需要在 slave1、slave2 和 slave3 节点上执行 "zkServer.sh start" 命令;而对于 Hadoop 和 HBase 的启动,只需要在 master 节点上分别执行 "start-all.sh" 和 "start-hbase.sh" 命令即可。

代码 7-17　启动 HBase 服务

```
start-all.sh
zkServer.sh start
start-hbase.sh
```

启动成功后,可通过浏览器访问 "http://192.168.128.130:16010",查看 Master 信息,如图 7-6 所示。

通过浏览器访问 "http://192.168.128.131:16030",查看 RegionServer 信息,如图 7-7 所示。

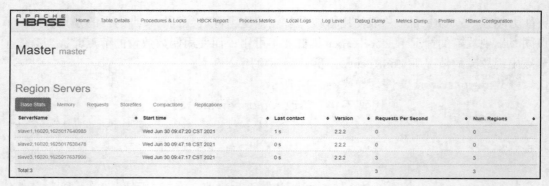

图 7-6　查看 Master 信息

图 7-7　查看 RegionServer 信息

关闭 HBase 服务。若关闭 HBase 服务，则只需在 slave1 节点上执行 "hbase-stop.sh" 命令即可。

任务 7.3　掌握 HBase 常用的 Shell 命令

HBase 的 Shell 提供了大量操作 HBase 表的命令，如表 7-6 所示。通过 Shell 命令可以很方便地操作 HBase 数据库中的表，如创建/删除/修改表、向表中添加数据、列出表中的相关信息等操作。

HBase Shell 创建与管理表

表 7-6　HBase 常用的 Shell 命令

命令	描述
create	创建表
alter	修改列族
describe	显示表详细信息
list	列出 HBase 中存在的所有表

第 7 章　HBase 分布式数据库

续表

命令	描述
count	统计表中行的数量
put	向指向的表单元格添加值
get	获取行或单元格的值
delete	删除指定对象的值（可以为表、行、列对应的值，也可以为时间戳的值）
deleteall	删除指定行的所有元素值
incr	增加指定表的行或列的值
scan	通过对表的扫描来获取单元格信息
truncate	清空某张数据表的所有数据
disable	使表无效
enable	使表有效
exists	测试表是否存在
drop	删除表
tools	列出 HBase 所支持的工具
status	返回 HBase 集群的状态信息
shutdown	关闭 HBase 集群
version	返回 HBase 的版本信息
exit	退出 HBase Shell

当使用 Shell 命令行操作 HBase 时，需要进入 HBase Shell 交互界面。在 HBase 的安装目录下，执行"hbase shell"命令进入 HBase Shell 交互界面，如图 7-8 所示。

```
[root@node1 ~]# hbase shell
HBase Shell
Use "help" to get list of supported commands.
Use "exit" to quit this interactive shell.
For Reference, please visit: http://hbase.apache.org/2.0/book.html#shell
Version 2.2.2, re6513a76c91cceda95dad7af246ac81d46fa2589, Sat Oct 19 10:10:12 UTC 2019
Took 0.0016 seconds
hbase(main):001:0>
```

图 7-8　HBase Shell 交互界面

使用"create"命令创建表，具体语法如下。

```
create 'table name' 'column family'
```

create 表示用于创建数据表的命令，table name 表示数据表，创建表时必须指定 column family 为列族名。

创建一个列族为 info 的 student 表，如代码 7-18 所示，结果如图 7-9 所示。

代码 7-18　表的创建

```
hbase(main):001:0> create 'student','info'
```

```
hbase(main):001:0> create 'student','info'
Created table student
Took 4.0584 seconds
=> Hbase::Table - student
```

图 7-9　表的创建

执行"list"命令，查看数据库中的数据表，结果如图7-10所示。从图7-10可以看出，出现了student表，说明成功创建student表。

```
hbase(main):002:0> list
TABLE
student
1 row(s)
Took 0.0670 seconds
=> ["student"]
```

图7-10 查看数据库中的数据表

通过"describe"命令可以获取表的所有信息，这里获取student表的所有信息，如代码7-19所示。

代码7-19 获取表信息

```
hbase(main):011:0> describe 'student'
```

结果如图7-11所示。

```
hbase(main):011:0> describe 'student'
Table student is DISABLED
student
COLUMN FAMILIES DESCRIPTION
{NAME => 'info', VERSIONS => '1', EVICT_BLOCKS_ON_CLOSE => 'false', NEW_VERSION_BEHAVIOR => 'false', KEEP_DE
LETED_CELLS => 'FALSE', CACHE_DATA_ON_WRITE => 'false', DATA_BLOCK_ENCODING => 'NONE', TTL => 'FOREVER', MIN
_VERSIONS => '0', REPLICATION_SCOPE => '0', BLOOMFILTER => 'ROW', CACHE_INDEX_ON_WRITE => 'false', IN_MEMORY
 => 'false', CACHE_BLOOMS_ON_WRITE => 'false', PREFETCH_BLOCKS_ON_OPEN => 'false', COMPRESSION => 'NONE', BL
OCKCACHE => 'true', BLOCKSIZE => '65536'}

1 row(s)

QUOTAS
0 row(s)
Took 0.1144 seconds
hbase(main):012:0>
```

图7-11 获取表信息

从图7-11中可以看出，student表中包含很多信息，具体说明如下。

（1）NAME：表示列族名。

（2）VERSIONS：表示版本数。

（3）KEEP_DELETED_CELLS：设置被删除的数据在基于时间的历史数据查询中是否依然可见。

（4）DATA_BLOCK_ENCODING：表示数据块的算法。

（5）TTL：表示版本存活的时间。

（6）MIN_VERSIONS：表示最小版本数。

（7）REPLICATION_SCOPE：表示备份。

（8）BLOOMFILTER：表示列族级别的类型。

（9）IN_MEMORY：设置是否存入内存。

（10）COMPRESSION：表示压缩算法。

（11）BLOCKCACHE：表示是否设置读缓存。

7.3.1 修改与删除表

实现了表的创建后，如果需要对之前创建的表的内容或属性进行变更，HBase也提供了丰富的修改与删除表的相关命令，主要包括对表的修改、停用、启用、删除、状态查看等操作。

第 7 章　HBase 分布式数据库

1. 修改表结构

修改表结构的命令是"alter",删除表的命令是"drop",但在对表执行"alter"命令或"drop"命令前,一般需要先检查该表是否存在,如果存在,则必须先停用该表,否则无法对表结构进行修改。

(1)查询表是否存在。在对表结构进行操作前,需要判断所操作的表是否存在,要使用"exists"命令判断表是否存在,如果存在,才能对表进行各种修改。查询 student 表是否存在,如代码 7-20 所示。

代码 7-20　查询 student 表是否存在

```
hbase(main):009:0> exists 'student'
```

(2)判断表是否已启用或停用。使用"is_enabled"或"is_disabled"命令可以判断表是否已启用或停用。判断 student 表是否已启用或停用,如代码 7-21 所示。

代码 7-21　判断 student 表是否已启用或停用

```
hbase(main):011:0> is_enabled 'student'
hbase(main):012:0> is_disabled 'student'
```

(3)增加表的列族。修改表结构的命令是"alter","alter"命令可在某个表中增加、修改、删除列族或者更改表的属性定义。"alter"命令的格式和"create"命令格式类似。修改 student 表,增加 relationship 列族。先通过"disable"命令禁用 student 表,再增加列族信息,如代码 7-22 所示。

代码 7-22　增加表的列族

```
hbase(main):004:0> disable 'student'
Took 0.7819 seconds
hbase(main):005:0> alter 'student',NAME=> 'relationship'
Updating all regions with the new schema...
All regions updated.
Done.
Took 1.3595 seconds
```

通过"desc"(describe 的缩写)命令查看 student 表的所有信息,可以看到多了一个 relationship 列族,如图 7-12 所示。

```
hbase(main):006:0> desc 'student'
Table student is DISABLED
student
COLUMN FAMILIES DESCRIPTION
{NAME => 'info', VERSIONS => '1', EVICT_BLOCKS_ON_CLOSE => 'false', NEW_VERSION_BEHAVIOR
 => 'false', KEEP_DELETED_CELLS => 'FALSE', CACHE_DATA_ON_WRITE => 'false', DATA_BLOCK_E
NCODING => 'NONE', TTL => 'FOREVER', MIN_VERSIONS => '0', REPLICATION_SCOPE => '0', BLOO
MFILTER => 'ROW', CACHE_INDEX_ON_WRITE => 'false', IN_MEMORY => 'false', CACHE_BLOOMS_ON
_WRITE => 'false', PREFETCH_BLOCKS_ON_OPEN => 'false', COMPRESSION => 'NONE', BLOCKCACHE
 => 'true', BLOCKSIZE => '65536'}

{NAME => 'relationship', VERSIONS => '1', EVICT_BLOCKS_ON_CLOSE => 'false', NEW_VERSION_
BEHAVIOR => 'false', KEEP_DELETED_CELLS => 'FALSE', CACHE_DATA_ON_WRITE => 'false', DATA
_BLOCK_ENCODING => 'NONE', TTL => 'FOREVER', MIN_VERSIONS => '0', REPLICATION_SCOPE => '
0', BLOOMFILTER => 'ROW', CACHE_INDEX_ON_WRITE => 'false', IN_MEMORY => 'false', CACHE_B
LOOMS_ON_WRITE => 'false', PREFETCH_BLOCKS_ON_OPEN => 'false', COMPRESSION => 'NONE', BL
OCKCACHE => 'true', BLOCKSIZE => '65536'}

2 row(s)

QUOTAS
0 row(s)
Took 0.1056 seconds
```

图 7-12　查看列族信息

(4)删除表的列族。删除 relationship 列族,如代码 7-23 所示。

代码 7-23　删除 relationship 列族

```
hbase(main):007:0> disable 'student'
Took 0.0189 seconds
hbase(main):008:0> alter 'student','delete'=>'relationship'
Updating all regions with the new schema...
All regions updated.
Done.
Took 1.2220 seconds
```

2. 删除表

"drop"命令用于删除表，同样，在删除表前必须先执行"disable"命令停用该表。如禁用 student 表，再将 student 表从 HBase 中移除，并查看该表是否存在，如代码 7-24 所示。

代码 7-24　删除 student 表

```
hbase(main):014:0> disable 'student'
hbase(main):015:0> drop 'student'
hbase(main):016:0> exists 'student'
```

结果如图 7-13 所示。

```
hbase(main):007:0> disable 'student'
Took 0.8807 seconds
hbase(main):008:0> drop 'student'
Took 0.2479 seconds
hbase(main):009:0> exists 'student'
Table student does not exist
Took 0.0170 seconds
=> false
```

图 7-13　删除 student 表并查看结果

7.3.2　查询表数据

在 7.3.1 小节中，介绍了 student 表的表结构的相关操作，对于表中的数据，HBase 也提供了一系列相关操作，主要包括插入数据、查询表数据、扫描表数据、统计记录数、删除列、删除所有行、删除表中所有数据等操作。

1. 插入数据

"put"命令用于向指定表中的指定单元格插入数据，通过行键和列名指定一个单元格。向 student 表中插入 3 条数据，如代码 7-25 所示。

代码 7-25　插入数据

```
hbase(main):018:0> put 'student','07112001','info:name','Ben'
hbase(main):019:0> put 'student','07112001','relationship:father','Bill'
hbase(main):022:0> put 'student','07112001','relationship:mother','Rose'
hbase(main):020:0> put 'student','07112002','info:name','Bobby'
hbase(main):026:0> put 'student','07112002','relationship:father','Bert'
hbase(main):023:0> put 'student','07112002','relationship:mother','Anna'
hbase(main):027:0> put 'student','07112003','info:name','Jerry'
hbase(main):033:0> put 'student','07112003','relationship:father','Jason'
hbase(main):032:0> put 'student','07112003','relationship:mother','Lori'
```

2. 查询表数据

"get"命令用于获取表中符合条件的行数据，第一个参数是表名，第二个参数是行键。查询 student 表中行键为 07112002 的学生信息，如代码 7-26 所示。

代码 7-26　查询表数据

```
hbase(main):039:0> get 'student','07112002'
hbase(main):040:0> get 'student','07112002','relationship'
```

结果如图 7-14 所示。

```
hbase(main):051:0> get 'student','07112002'
COLUMN                   CELL
 info:name               timestamp=1624554735277, value=Bobby
 relationship:father     timestamp=1624554735294, value=Bert
 relationship:mother     timestamp=1624554735326, value=Anna
3 row(s) in 0.0850 seconds

hbase(main):052:0> get 'student','07112002','relationship'
COLUMN                   CELL
 relationship:father     timestamp=1624554735294, value=Bert
 relationship:mother     timestamp=1624554735326, value=Anna
2 row(s) in 0.0070 seconds
```

图 7-14　查询表数据

3. 扫描表数据

"scan"命令用于扫描某个表中满足条件的数据，可以在行、列、时间戳等多个维度上设定查询条件。扫描 student 表中的数据，如代码 7-27 所示。

代码 7-27　扫描 student 表中的数据

```
hbase(main):041:0> scan 'student'
```

结果如图 7-15 所示。

```
hbase(main):053:0> scan 'student'
ROW                      COLUMN+CELL
 07112001                column=info:name, timestamp=1624554722406, value=Ben
 07112001                column=relationship:father, timestamp=1624554730148, value=Bill
 07112001                column=relationship:mother, timestamp=1624554735238, value=Rose
 07112002                column=info:name, timestamp=1624554735277, value=Bobby
 07112002                column=relationship:father, timestamp=1624554735294, value=Bert
 07112002                column=relationship:mother, timestamp=1624554735326, value=Anna
 07112003                column=info:name, timestamp=1624554735353, value=Jerry
 07112003                column=relationship:father, timestamp=1624554735372, value=Jason
 07112003                column=relationship:mother, timestamp=1624554736618, value=Lori
3 row(s) in 0.0860 seconds
```

图 7-15　扫描 student 表中的数据

4. 统计记录数

"count"命令用于查询某个表中的行数，默认每 1000 行计一次数，计数间隔可以在"count"命令中设置。统计 student 表中的记录数，如代码 7-28 所示。

代码 7-28　统计 student 表中的记录数

```
hbase(main):042:0> count 'student'
```

结果如图 7-16 所示。

```
hbase(main):054:0> count 'student'
3 row(s) in 0.1380 seconds

=> 3
```

图 7-16　统计 student 表中的记录数

5. 删除数据

"delete"命令用于删除某个表中指定单元格的数据，通过表名、行键和列名指定一个单元格，还可以加上时间戳。如果有时间戳选项，表示删除该单元格该时间戳之前的所有版本数据；如果没有时间戳选项，则表示删除该单元格的所有版本数据。删除 student 表中行键为 07112003 的 father 列，同时查看 relationship 列族中的列信息，如代码 7-29 所示。

代码 7-29　删除数据

```
hbase(main):044:0> delete 'student','07112003','relationship:father'
hbase(main):045:0> get 'student','07112003','relationship'
```

结果如图 7-17 所示。

```
hbase(main):055:0> delete 'student','07112003','relationship:father'
0 row(s) in 0.0210 seconds

hbase(main):056:0> get 'student','07112003','relationship'
COLUMN                CELL
 relationship:mother  timestamp=1624554736618, value=Lori
1 row(s) in 0.0060 seconds
```

图 7-17　删除数据

6．删除所有行

"deleteall" 命令用于删除数据表中某行键的所有数据。删除 student 表中行键为 07112003 的所有行，并扫描 student 表中的数据，如代码 7-30 所示。

代码 7-30　删除行键为 07112003 的所有行

```
hbase(main):047:0> deleteall 'student','07112003'
hbase(main):048:0> scan 'student'
```

结果如图 7-18 所示，已找不到行键为 07112003 的表数据。

```
hbase(main):057:0> deleteall 'student','07112003'
0 row(s) in 0.0080 seconds

hbase(main):058:0> scan 'student'
ROW                   COLUMN+CELL
 07112001             column=info:name, timestamp=1624554722406, value=Ben
 07112001             column=relationship:father, timestamp=1624554730148, value=Bill
 07112001             column=relationship:mother, timestamp=1624554735238, value=Rose
 07112002             column=info:name, timestamp=1624554735277, value=Bobby
 07112002             column=relationship:father, timestamp=1624554735294, value=Bert
 07112002             column=relationship:mother, timestamp=1624554735326, value=Anna
2 row(s) in 0.0320 seconds
```

图 7-18　删除行键为 07112003 的所有行

7．删除表中所有数据

"truncate" 命令用于删除某个数据表中的所有数据。删除 student 表中的所有数据，如代码 7-31 所示。

代码 7-31　删除 student 表中的所有数据

```
hbase(main):049:0> truncate 'student'
```

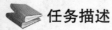 使用 HBase Java API 实现表设计

常见 HBase Java API 说明

📚 **任务描述**

HBase 是由 Java 语言开发的，因此 HBase 对外提供了 Java API 的编程接口。进行 HBase 编程开发时，通常选用 IntelliJ IDEA 作为 HBase 的

第 7 章　HBase 分布式数据库

编程开发工具。本节的任务是在 IntelliJ IDEA 中搭建 HBase 开发环境,包括项目的创建、包的导入、Java 类的创建及 HBase 集群的配置连接,并使用 HBase Java API 实现对表的基本操作。

7.4.1　创建 Java 项目

无论是通过 Eclipse 还是 IntelliJ IDEA 等工具编写 Java 项目,若要实现 HBase 的 Java 客户端调用,还需要将用到的 HBase 的 Jar 包导入 Java 项目工程中。HBase 的 Jar 包位于 {$HBASE_HOME\lib} 路径下,或使用 Maven 自动导入 HBase 的 Jar 包依赖。工程准备好后,即可编写 HBase 程序。

1. 创建项目并导入依赖

打开 IntelliJ IDEA 工具,创建一个名为 HBase_chapter07 的 Maven 项目。在项目 HBase_chapter07 中配置 pom.xml 文件,也就是引入 HBase 相关的依赖和单元测试依赖,当添加完相关依赖后,HBase_chapter07 项目的相关 Jar 包会自动下载。pom.xml 文件中添加的内容如代码 7-32 所示。

代码 7-32　pom.xml 文件中添加的内容

```xml
<dependencies>
    <!--单元测试依赖-->
    <dependency>
        <groupId>junit</groupId>
        <artifactId>junit</artifactId>
        <version>4.12</version>
    </dependency>
    <!--HBase 客户端依赖-->
    <dependency>
        <groupId>org.apache.hbase</groupId>
        <artifactId>hbase-client</artifactId>
        <version>2.2.2</version>
    </dependency>
    <!--HBase 核心依赖-->
    <dependency>
        <groupId>org.apache.hbase</groupId>
        <artifactId>hbase-common</artifactId>
        <version>2.2.2</version>
    </dependency>
</dependencies>
```

2. 创建 Java 类并连接集群

创建 Java 类 HBaseTest,初始化 HBase 的配置信息、HBase 的连接、HBase 数据库表信息,并定义主函数入口。如代码 7-33 所示。

代码 7-33　创建 HBasetTest 类

```java
package com.cqyti.hbase;
import org.apache.hadoop.conf.Configuration;
import org.apache.hadoop.hbase.*;
import org.apache.hadoop.hbase.client.*;
import org.apache.hadoop.hbase.util.Bytes;
```

```
import java.io.IOException;
public class HBaseTest {
    public static Configuration configuration;   //初始化 HBase 的配置信息
    public static Connection connection;         //初始化 HBase 的连接
    public static Admin admin;          //初始化 HBase 数据库表信息
    public static void main(String[] args)throws IOException{
        init();
        createTable("students",new String[]{"score"});
        insertData("students","George","score","Bigdata","69");
        insertData("students","George","score","Python","86");
        insertData("students","George","score","JavaWeb","77");
        close();
    }
}
```

建立连接与关闭连接。在操作 HBase 数据库前，首先需要建立连接，如代码 7-34 所示。

代码 7-34 建立连接与关闭连接

```
//建立连接
public static void init(){
    configuration = HBaseConfiguration.create();
    configuration.set("hbase.rootdir","hdfs://master:9000/hbase");
    try{
        connection = ConnectionFactory.createConnection(configuration);
        admin = connection.getAdmin();
    }catch (IOException e){
        e.printStackTrace();
    }
}
// 关闭连接
public static void close(){
    try{
        if(admin != null){
            admin.close();
        }
        if(null != connection){
            connection.close();
        }
    }catch (IOException e){
        e.printStackTrace();
    }
}
```

在代码 7-34 中，configuration 对象用于管理 HBase 的配置信息，hbase.rootdir 参数的值用于指明 HBase 数据库的存储路径，默认情况下，hbase.rootdir 指向/tmp/hbase-${user.name}，意味着在重启后会丢失数据，因为重启时操作系统会清理/tmp 目录。由于本实例中将 HDFS 作为 HBase 的底层存储系统，因此该参数的值设置为 hdfs://master:9000/hbase。如果采用单机版 HBase，则不使用 HDFS 作为 HBase 的底层存储系统，而是直接将 HBase 数据存储至本地磁盘中，需要将该参数的值设置为 file://DIRECTORY/hbase，DIRECTORY 指的是 HBase 数据写入的目录。同时，HBase 数据库操作结束以后，需要使用定义的 close()方法关闭连接。

7.4.2 实现表的创建

HBase 是由 Java 语言开发的，因此 HBase 对外提供了 Java API 的编程接口。常见的 HBase Java API 如表 7-7 所示。

表 7-7 常见的 HBase Java API

类或接口名称	说明
Admin	类，用于建立客户端和 HBase 数据库的连接，属于 org.apache.hadoop.hbase.client 包
HBaseConfiguratio	类，用于将 HBase 相关配置添加至配置文件中，属于 org.apache.hadoop.hbase 包
HBaseDescriptor	接口，用于描述表的信息，属于 org.apache.hadoop.hbase 包
HColumnDescriptor	类，用于描述列族的信息，属于 org.apache.hadoop.hbase 包
Table	接口，用于实现 HBase 表通信，属于 org.apache.hadoop.hbase.client 包
Put	类，用于插入数据，属于 org.apache.hadoop.hbase.client 包
Get	类，用于查询单条记录，属于 org.apache.hadoop.hbase.client 包
Delete	类，用于删除数据，属于 org.apache.hadoop.hbase.client 包
Scan	类，用于查询所有记录，属于 org.apache.hadoop.hbase.client 包
Result	类，用于查询返回的单条记录结果，属于 org.apache.hadoop.hbase.client 包

通过 Java API 操作 HBase 分布式数据库，包括增、删、改、查等数据表操作。

使用 createTable()方法创建表。创建表时，需要给出表名和列族的名称，如代码 7-35 所示。

代码 7-35 使用 createTable()方法创建表

```
/**
*
* @param myTableName 表名
* @param colFamily 列族
* @throws IOException
*/
public static void createTable(String myTableName,String[] colFamily) throws
IOException {
        TableName tableName = TableName.valueOf(myTableName);
        if(admin.tableExists(tableName)){
            System.out.println("talbe is exists!");
        }else {
        TableDescriptorBuilder tableDescriptor = TableDescriptorBuilder.
newBuilder(tableName);
            for(String str:colFamily){
                ColumnFamilyDescriptor family =
                    ColumnFamilyDescriptorBuilder.newBuilder(Bytes.
                    toBytes(str)).build();
                tableDescriptor.setColumnFamily(family);
            }
            admin.createTable(tableDescriptor.build());
        }
    }
```

代码7-35实现了表的创建。代码7-33调用了createTable()方法,指定参数myTableName为"students",创建了一个colFamily为"{score}"的students学生信息表。此代码与"create 'students','score'"命令等效。

执行代码7-35后,使用"describe 'students'"命令查看创建的students表以及表的详细信息,如图7-19所示。

```
hbase(main):006:0> describe 'students'
Table students is ENABLED
students
COLUMN FAMILIES DESCRIPTION
{NAME => 'score', VERSIONS => '1', EVICT_BLOCKS_ON_CLOSE => 'false', NEW_VERSION_BEHAVIOR => 'false', KEEP
CHE_DATA_ON_WRITE => 'false', DATA_BLOCK_ENCODING => 'NONE', TTL => 'FOREVER', MIN_VERSIONS => '0', REPLIC
ER => 'ROW', CACHE_INDEX_ON_WRITE => 'false', IN_MEMORY => 'false', CACHE_BLOOMS_ON_WRITE => 'false', PREF
', COMPRESSION => 'NONE', BLOCKCACHE => 'true', BLOCKSIZE => '65536'}

1 row(s)

QUOTAS
0 row(s)
Took 0.4528 seconds
hbase(main):007:0>
```

图7-19 students表的详细信息

7.4.3 向表中插入数据

HBase采用"四维坐标"定位一个单元格,即行键、列族、列限定符、时间戳。时间戳可以在插入数据时由系统自动生成。因此,在插入数据时,需要提供行键、列族、列限定符以及数据等信息,如代码7-36所示。

代码7-36 使用insertData()方法插入数据

```java
/**
 * 插入数据
 * @param tableName 表名
 * @param rowKey    行键
 * @param colFamily 列族
 * @param col       列限定符
 * @param val       数据
 * @throws IOException
 */
public static void insertData(String tableName,String rowKey,String colFamily,String col,String val) throws IOException {
    Table table = connection.getTable(TableName.valueOf(tableName));
    Put put = new Put(rowKey.getBytes());
    put.addColumn(colFamily.getBytes(),col.getBytes(), val.getBytes());
    table.put(put);
    table.close();
}
```

插入数据时,需要分别设置参数tableName、rowKey、colFamily、col、val的值。使用insertData()方法指定相应参数的值,如代码7-37所示。

代码7-37 插入数据

```java
insertData("students","George","score","Bigdata","96");
insertData("students","George","score","Python","88");
insertData("students","George","score","JavaWeb","67");
```

代码 7-37 与代码 7-38 所示的 HBase Shell 命令是等效的。

代码 7-38　HBase Shell 插入数据命令

```
put 'students','George','score:Bigdata','96'
put 'students','George','score:Python','88'
put 'students','George','score:JavaWeb','67'
```

使用 "scan 'students'" 命令查看所有插入操作完成后 students 表中的数据，如图 7-20 所示。

```
hbase(main):007:0> scan 'students'
ROW                   COLUMN+CELL
 George               column=score:Bigdata, timestamp=1623135308904, value=96
 George               column=score:JavaWeb, timestamp=1623135337882, value=67
 George               column=score:Python, timestamp=1623135323216, value=88
1 row(s)
Took 0.2767 seconds
hbase(main):008:0>
```

图 7-20　插入数据结果

任务 7.5　查询分析通话记录数据

查询分析通话记录数据

任务描述

运营商借助自身庞大的用户体系，利用用户每天使用智能移动终端产生的海量通话、通信偏好等行为数据，从而建立大数据体系。通过建模来分析和抓取语音通话记录，如呼入呼出通话记录、通话时长等信息，制定合适的手机套餐，创新精准获客和营销模式。本节的任务是通过 HBase Java API 模拟产生 10 个用户，每个用户产生 1000 条通话记录数据，共计 10000 条通话记录数据，统计指定用户某个时间段的通话记录。

7.5.1　设计表并分析查询需求

由于本节的分析任务数据需要通过程序进行模拟，因此在模拟数据之前需要提前定义数据表结构，用以存储自动生成的模拟数据。

1. 设计通话数据结构

根据 HBase 分布式数据库的数据存储结构，本次需要存储通话记录数据的表结构如表 7-8 所示。

表 7-8　通话记录表结构

rowkey（行键）	basic（列族）			
	dnum	length	type	date
r1				

r1 为行键，行键由用户电话号码和时间戳构成。由于时间戳是由小到大的，那么最新生成的时间戳比前面生成的时间戳大。因此，在排序时最新生成的时间戳与电话号码所构成的行键将会排到表的后面。为保证最新通话记录在表中排在最前面，不能直接使用电话号码和时间戳构建行键。为解决该问题，可使用一个 Long 型的最大值减去时间戳，再和用

户电话号码进行拼接,作为行键,形式为 phoneNum_(Long.MAX_VALUE-timestamp)。

basic 为列族,且该列族下有描述某条通话记录的 4 列,分别是电话号码(dnum)、通话时长(length)、通话类型(type)、通话日期(date)。通话类型仅有两种形式,即主叫(1)和被叫(0)。

2. 分析查询需求

创建一个表名为 phone_log、列族名为 basic 的数据表,并通过 HBase Java API 模拟生成 10 个用户,同时每个用户模拟生成 1000 条通话记录,每条通话记录包含对方用户电话号码(dnum)、通话时长(length)、通话类型(type)及通话日期(date)4 个字段。最后将 10000 条通话记录添加到 phone_log 表中。根据需求,统计指定用户某个时间段的通话记录。具体步骤如下。

(1)创建表,同时检测表是否存在。
(2)随机生成 10 个用户的 10000 条通话记录。
(3)统计指定用户某个时间段的通话记录。

7.5.2 任务实现

打开 IntelliJ IDEA,创建一个名为 Phone 的 Maven 项目,项目结构如图 7-21 所示。

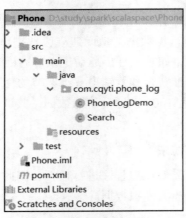

图 7-21 Phone 项目结构

配置 pom.xml 文件,具体配置内容如代码 7-39 所示。

代码 7-39 配置 pom.xml 文件

```
<dependencies>
    <dependency>
        <groupId>org.apache.hbase</groupId>
        <artifactId>hbase-client</artifactId>
        <version>2.2.2</version>
    </dependency>
    <dependency>
        <groupId>org.apache.hbase</groupId>
        <artifactId>hbase-common</artifactId>
        <version>2.2.2</version>
    </dependency>
```

```xml
<dependency>
    <groupId>org.apache.hbase</groupId>
    <artifactId>hbase-server</artifactId>
    <version>2.2.2</version>
</dependency>
<dependency>
    <groupId>junit</groupId>
    <artifactId>junit</artifactId>
    <version>RELEASE</version>
    <scope>compile</scope>
</dependency>
</dependencies>
```

配置完 pom.xml 文件后,将 7.2.2 小节中配置好的 hbase-site.xml 文件复制至 Phone 项目的 resources 目录下,以便通过 Java API 获取 HBase 配置信息及连接对象。

在 Phone 项目的 java 目录下创建一个包,包名为 com.cqyti.phone_log,在该包下创建两个 Java 类,一个为 PhoneLogDemo 类,另一个为 Search 类。

1. PhoneLogDemo 类

首先完成表的创建和数据生成并插入操作过程的代码框架,如代码 7-40 所示。其中 PhoneLogDemo 类中的 main()、init()、close()、createTable()、insert()方法的代码将在后文逐一介绍。

main()方法是执行方法,主要作用是调用 PhoneLogDemo 类中定义的其他方法,完成任务,如代码 7-40 所示。

代码 7-40　代码框架

```java
import com.sun.deploy.security.ruleset.RuleSetParser;
import org.apache.hadoop.conf.Configuration;
import org.apache.hadoop.hbase.*;
import org.apache.hadoop.hbase.client.*;
import org.apache.hadoop.hbase.util.Bytes;
import org.junit.Before;
import java.io.IOException;
import java.text.ParseException;
import java.text.SimpleDateFormat;
import java.util.ArrayList;
import java.util.Calendar;
import java.util.List;
import java.util.Random;
public class PhoneLogDemo {
    public static Configuration configuration;
    public static Connection connection;
    public static Admin admin;
    public static Random random;
    public static SimpleDateFormat sdf;
    public static void main(String[] args) throws IOException, ParseException {
        random = new Random();
        new SimpleDateFormat("yyyy-MM-dd HH:mm:ss");
        // 初始化并建立连接
```

```
            init();
            // 创建一个表名为 phone_log、列族名为 basic 的表
            createTable("phone_log", new String[]{"basic"});
            // 插入随机生成的数据
            insert("phone_log","basic");
            // 关闭连接
            close();
}
```

在操作 HBase 数据库前,首先需要建立连接,通过定义 init()方法创建配置对象并获取 HBase 连接对象。建立连接,关闭连接。如代码 7-41 所示。

代码 7-41　定义 init()方法

```
// 初始化并建立连接
public static void init() {
            // 创建配置对象
            Configuration conf = HBaseConfiguration.create();
            try {
                // 获取 HBase 连接对象
                connection = ConnectionFactory.createConnection(conf);
                // 获取操作对象
                admin = connection.getAdmin();
            } catch (IOException e) {
                e.printStackTrace();
            }
}
// 关闭 admin 和 connection
public static void close() {
    if (admin != null) {
        try {
            admin.close();
          } catch (IOException e) {
              e.printStackTrace();
           }
    }
    if (null != connection) {
        try {
            connection.close();
        } catch (IOException e) {
            e.printStackTrace();
        }
    }
}
```

创建表。定义创建表的 createTable()方法,该方法需要传递两个参数,分别为 myTableName 和 colFamily,同时在创建时先判断创建的表是否存在,如果存在,则输出提示信息,如果不存在,则继续创建列族并创建表,如代码 7-42 所示。

代码 7-42　定义 createTable()方法

```
public static void createTable(String myTableName, String[] colFamily) throws IOException {
    TableName tableName = TableName.valueOf(myTableName);
```

```java
    // 判断表是否存在
    if (admin.tableExists(tableName)) {
        // 如果存在那么输出 "table exists!"
        System.out.println("table exists!");
    } else {
        // 如果不存在那么添加表描述符信息及列族信息
        TableDescriptorBuilder tableDescriptor = TableDescriptorBuilder.newBuilder(tableName);
        for (String str : colFamily) {
            ColumnFamilyDescriptor family=
            ColumnFamilyDescriptorBuilder.newBuilder(Bytes.toBytes(str)).build();
            //将列族描述符添加到表描述符上
            tableDescriptor.setColumnFamily(family);
        }
        admin.createTable(tableDescriptor.build());
    }
}
```

随机生成通话记录数据并插入 phone_log 表中。定义 insert()方法，生成 10 个用户，每个用户生成 1000 条通话记录数据。同时还需要定义 getDate()和 getPhoneNum()两个方法，分别随机生成日期和电话号码。在日期生成过程中将日期固定为 2019 年的日期数据，同时生成以 "158" 开头的电话号码作为用户电话号码，以 "199" 开头的电话号码作为对方用户电话号码。具体如代码 7-43 所示。

代码 7-43　定义 insert()方法

```java
/**
 * 10 个用户，每个用户每年产生 1000 条通话记录
 * dnum: 对方用户电话号码；
   type: 通话类型，0 代表主叫，1 代表被叫；
   length: 通话时长；
   date: 通话日期
 * rowkey: 当前用户手机号码（Long.MAX_VALUE-timestamp）
 */
public static void insert(String tableName, String colFamily) throws IOException, ParseException {
    Table table = connection.getTable(TableName.valueOf(tableName));
    List<Put> putList = new ArrayList<Put>();
    for (int i =1; i <= 10; i++) {
        // 当前用户电话号码
        String phoneNum = getPhoneNum("158");  // 生成以 "158" 开头的用户电话号码
        System.out.println(phoneNum);
        // 清空集合
        putList.clear();
        // 模拟 1000 条通话记录
        for (int j = 1; j <= 1000; j++) {
            // 生成数据
            String dnum = getPhoneNum("199");  // 生成以 "199" 开头的对方用户电话号码
```

```java
            int length = random.nextInt(99) + 1;   // 随机生成通话时长
            int type = random.nextInt(2);   // 随机生成通话类型
            String date = getDate(2019);   // 随机生成通话日期
            // rowkey 的设计
            String rowkey = phoneNum + "_" + (Long.MAX_VALUE - sdf.parse(date).getTime());
            Put put = new Put(rowkey.getBytes());
            put.addColumn(colFamily.getBytes(), "dnum".getBytes(), Bytes.toBytes(dnum));
            put.addColumn(colFamily.getBytes(), "length".getBytes(), Bytes.toBytes(length));
            put.addColumn(colFamily.getBytes(), "type".getBytes(), Bytes.toBytes(type));
            put.addColumn(colFamily.getBytes(), "date".getBytes(), Bytes.toBytes(date));
            // 将 put 添加到集合
            putList.add(put);
        }
        // 执行添加操作,每次添加 1000 条通话记录
        table.put(putList);
    }
}
// 2019-01-01 00:00:00 - 2019-12-31 23:59:59
private static String getDate(int year) {
    Calendar calendar = Calendar.getInstance();
    calendar.set(year, 0, 1);//2019-01-01
    calendar.add(Calendar.MONTH, random.nextInt(12));
    calendar.add(Calendar.DAY_OF_MONTH, random.nextInt(31));
    calendar.add(Calendar.HOUR_OF_DAY, random.nextInt(12));
    calendar.add(Calendar.MINUTE, random.nextInt(60));
    calendar.add(Calendar.MILLISECOND, random.nextInt(60));
    return sdf.format(calendar.getTime());
}
private static String getPhoneNum(String prefixNum) {
    return prefixNum + String.format("%08d", random.nextInt(99999999));
}
```

执行 PhoneLogDemo 类即可在 HBase 中生成 phone_log 表,并向表中插入 10000 条通话记录数据。在 HBase Shell 中查看 phone_log 表结构,如图 7-22 所示。

```
hbase(main):010:0> desc 'phone_log'

Table phone_log is ENABLED
phone_log
COLUMN FAMILIES DESCRIPTION
{NAME => 'basic', VERSIONS => '1', EVICT_BLOCKS_ON_CLOSE => 'false', NEW_VERSION_BEHAVIO
R => 'false', KEEP_DELETED_CELLS => 'FALSE', CACHE_DATA_ON_WRITE => 'false', DATA_BLOCK_
ENCODING => 'NONE', TTL => 'FOREVER', MIN_VERSIONS => '0', REPLICATION_SCOPE => '0', BLO
OMFILTER => 'ROW', CACHE_INDEX_ON_WRITE => 'false', IN_MEMORY => 'false', CACHE_BLOOMS_O
N_WRITE => 'false', PREFETCH_BLOCKS_ON_OPEN => 'false', COMPRESSION => 'NONE', BLOCKCACH
E => 'true', BLOCKSIZE => '65536'}

1 row(s)

QUOTAS
0 row(s)
Took 2.5702 seconds
```

图 7-22 查看 phone_log 表结构

第 7 章　HBase 分布式数据库

查看 phone_log 表中 date 列的数据，为查询用户某时间段的通话记录做准备，如图 7-23 所示。

```
15894116226_922337048987 column=basic:date, timestamp=1627038793675, value=2019-01-09 04:17:13
6142807
15894116226_922337048990 column=basic:date, timestamp=1627038793675, value=2019-01-08 21:38:13
0082807
15894116226_922337048996 column=basic:date, timestamp=1627038793675, value=2019-01-08 03:41:13
4702807
15894116226_922337048998 column=basic:date, timestamp=1627038793675, value=2019-01-07 23:16:13
0602807
15894116226_922337049004 column=basic:date, timestamp=1627038793675, value=2019-01-07 05:42:13
3842807
15894116226_922337049004 column=basic:date, timestamp=1627038793675, value=2019-01-07 05:04:13
6122807
15894116226_922337049014 column=basic:date, timestamp=1627038793675, value=2019-01-06 01:38:13
4882807
15894116226_922337049015 column=basic:date, timestamp=1627038793675, value=2019-01-05 22:31:13
6102807
15894116226_922337049023 column=basic:date, timestamp=1627038793675, value=2019-01-05 01:05:13
3262807
15894116226_922337049038 column=basic:date, timestamp=1627038793675, value=2019-01-03 06:51:13
5302807
15894116226_922337049048 column=basic:date, timestamp=1627038793675, value=2019-01-02 01:58:13
9282807
10982 row(s)
Took 7.5722 seconds
```

图 7-23　查看 date 列的数据

2. Search 类

Search 类主要实现查询某一用户某个时间段的通话记录。由于数据是随机生成的，所以需要根据生成的数据设置时间段（因为数据的随机性，所以读者执行代码所生成的通话日期与本书所描述的通话日期不同）。

Search 类包含 main()、init()、close()、scan() 和 printMsg() 共 5 个方法。其中 init() 和 close() 方法用于连接和关闭 HBase，与 PhoneLogDemo 类一致。Search 类中的其他方法的代码将在后文逐一介绍。

main() 方法的作用主要是调用 scan() 方法查询某一用户某个时间段的通话记录，如代码 7-44 所示。

代码 7-44　Search 类的 main() 方法

```java
import org.apache.hadoop.conf.Configuration;
import org.apache.hadoop.hbase.CellUtil;
import org.apache.hadoop.hbase.HBaseConfiguration;
import org.apache.hadoop.hbase.TableName;
import org.apache.hadoop.hbase.client.*;
import org.apache.hadoop.hbase.util.Bytes;
import java.io.IOException;
import java.text.ParseException;
import java.text.SimpleDateFormat;
import java.util.Calendar;
import java.util.Random;

public class Search {

    public static Configuration configuration;
    public static Connection connection;
    public static Admin admin;
    public static Random random;
```

```java
    public static SimpleDateFormat sdf;

    public static void main(String[] args) throws IOException, ParseException {
        random = new Random();
        sdf = new SimpleDateFormat("yyyy-MM-dd HH:mm:ss");
        // 初始化并建立连接
        init();
        // 查询phone_log表中15894116226用户的某个时间段的通话记录
        scan("phone_log","15894116226");
        // 关闭连接
        close();
    }
```

定义 scan()方法,查询指定用户某个时间段的通话记录。由图 7-23 可知,每条数据的行键是由 phoneNum+(Long.MAX_VALUE-timestamp)组成的,如 "15894116226_9223370489876142807" 这一行键的 "15894116226" 为用户,即电话号码。选取 2019-01-02 01:58:13 至 2019-01-08 21:38:13 这一时间段,对 15894116226 用户进行通话记录查询,如代码 7-45 所示。

代码 7-45　查询指定用户某个时间段的通话记录

```java
public static void scan(String tableName, String num) throws ParseException, IOException {
    String phoneNume = num;
    Scan scan = new Scan();
    String startRow = phoneNume+"_"+(Long.MAX_VALUE -sdf.parse("2019-01-08 21:38:13").getTime());
    scan.setStartRow(startRow.getBytes());
    String stopRow = phoneNume+"_"+(Long.MAX_VALUE -sdf.parse("2019-01-02 01:58:13").getTime());
    scan.setStopRow(stopRow.getBytes());
    // 执行查询并返回结果集
    Table table = connection.getTable(TableName.valueOf(tableName));
    ResultScanner resultScanner = table.getScanner(scan);
    // 遍历输出
    for(Result result:resultScanner){
        printMsg(result);
    }
    // 关闭
    resultScanner.close();
}
```

定义 printMsg()方法,设置输出结果,包括对方用户电话号码、通话类型(主叫或被叫)、通话时长和通话日期,如代码 7-46 所示。

代码 7-46　设置输出结果

```java
// 设置输出结果
public static void printMsg(Result result) {
System.out.print(Bytes.toString(CellUtil.cloneValue(result.getColumnLatestCell(
"basic".getBytes(),"dnum".getBytes()))))+"\t");
System.out.print(Bytes.toInt(CellUtil.cloneValue(result.getColumnLatestCell(
"basic".getBytes(),"type".getBytes()))))+"\t");
```

第 7 章　HBase 分布式数据库

```
System.out.print(Bytes.toInt(CellUtil.cloneValue(result.getColumnLatestCell(
"basic".getBytes(),"length".getBytes())))+"\t");
System.out.println(Bytes.toString(CellUtil.cloneValue(result.getColumnLatest
Cell("basic".getBytes(),"date".getBytes()))));
}
```

执行 Search 类即可查询 15894116226 用户在 2019-01-02 01:58:13 至 2019-01-08 21:38:13 这一时间段的通话记录，结果如图 7-24 所示。

```
19956137844 1    44   2019-01-08 21:38:13
19937767016 0    7    2019-01-08 03:41:13
19970938590 0    9    2019-01-07 23:16:13
19935187287 1    26   2019-01-07 05:42:13
19984895947 1    70   2019-01-07 05:04:13
19998566657 1    41   2019-01-06 01:38:13
19925878599 1    73   2019-01-05 22:31:13
19966339273 0    79   2019-01-05 01:05:13
19915704024 1    5    2019-01-03 06:51:13

Process finished with exit code 0
```

图 7-24　执行 Search 类

小结

本章从 HBase 的基本概念出发，首先介绍了 HBase 的系统架构、数据模型及读/写流程；接着详细介绍了 HBase 的安装及配置过程，包括 HBase 安装包的下载及配置过程，同时也对 ZooKeeper 的工作原理及安装部署进行了详细介绍。在实际应用中，需要经常使用 Shell 命令操作 HBase 数据库，因此本章详细介绍了一些常用的 HBase Shell 命令的使用方法，包括创建表、修改表、插入数据、查看数据、删除数据等。最后还介绍了 HBase 的 Java 应用程序开发方法，并使用 HBase 的 Java API 实现了通话记录的查询。

实训

实训 1　使用 HBase Shell 命令创建学生表并插入数据

1. 实训要点

（1）掌握 HBase 中表的创建（create）、启用（enable）、删除（drop）、修改（alter）等管理命令的使用方法。

（2）掌握 HBase 中表数据的添加（put）、获取（get）、扫描（scan）、删除（delete）、统计（count）等数据操作命令的使用方法。

2. 需求说明

为了更好地管理数据，每个数据表的设计都是需要经过仔细思考的。某高校学院为了便于管理学生信息，决定将学生的基本信息和学生成绩信息合并在一起。现已为该需求设计了一张表，为 student 表，表结构如表 7-9 所示。请根据 student 表的表结构，使用 HBase 创建该表，并将学生数据插入 student 表中，以便后续对学生信息进行查询、分析。

表 7-9　student 表的表结构

RowKey	address			score		
	province	city	street	Java	Python	Web
Tom	chongqing	hechuan	yiwudadao	85	82	93
Jack	guangdong	guangzhou	kaitaidadao	87	83	80

3. 实现思路及步骤

（1）启动 HBase 服务，进入 HBase Shell 界面。

（2）使用"list"命令查看当前 HBase 中的表，若没有则建立新表，若有则先删除表。根据 student 表的表结构创建 student 表，包含两个列族 address 和 score。

（3）查看 student 表的描述信息，同时使得该表处于启用状态。

（4）向 student 表中添加表 7-9 所示的数据。

实训 2　使用 HBase Java API 对 HBase 数据库的表进行操作

1. 实训要点

（1）掌握通过 Java API 操作 HBase 分布式数据库的方法。

（2）掌握使用 IntelliJ IDEA 创建工程并导入 HBase 依赖包的方法。

2. 需求说明

用 HBase 存储社交网站站内短信信息，要求记录发送者、时间、内容、接收者，如表 7-10 所示。使用 HBase 创建 info_table 表，将表 7-10 中的数据插入 info_table 表中，并验证数据是否插入成功，并查询指定发送者发出的所有信息和指定接受者接收的所有信息。

表 7-10　社交网站站内短信信息

发送者	时间	内容	接收者
Lilei	202106191530	今天上哪门课程呀？	Hanmeimei
Hanmeimei	202106191531	大数据技术原理及应用。	Lilei
Lilei	202106191531	是吗？	Hanmeimei
Hanmeimei	202106191532	是的，这门课程还挺难的。	Lilei
Lilei	202106191532	那我们要怎么学习这门课程呢？	Hanmeimei
Lilei	202106191555	还在吗？	Hanmeimei

3. 实现思路及步骤

（1）创建 Java 工程 HBaseDemo，并导入依赖包。

（2）创建名为 HBaseOperation 的 Java 类。

（3）定义 init()和 close()方法，完成与 HBase 数据库的连接和关闭。

（4）创建 info_table 表。

（5）向 info_table 表中插入表 7-10 中的数据。

（6）查询 info_table 表中的数据以验证是否插入成功，再使用 get()方法查看发送者发送的所有信息和接收者接收的所有信息。

第 7 章　HBase 分布式数据库

课后习题

1. 选择题

（1）在保证 HBase 服务已经启动的情况下，进入 HBase Shell 界面，启动 HBase 的命令是（　　）。

　　A．hbase shell　　　B．hbase.sh　　　C．start hbase-shell　　　D．start-hbase.sh

（2）查看当前 HBase 中的表数据的命令是（　　）。

　　A．describe　　　B．scan　　　C．list　　　D．show database

（3）查看 testtable 表中的所有数据的命令是（　　）。

　　A．desc　　　B．scan　　　C．list　　　D．以上都不对

（4）退出 HBase Shell 界面的命令是（　　）。

　　A．quit　　　B．forget　　　C．exit　　　D．exit()

（5）在 HBase Shell 操作中，以下命令用于删除整行的是（　　）。

　　A．delete from 'users', 'xiaoming'　　　B．delete table from 'xiaoming'

　　C．deleteall 'users', 'xiaoming'　　　D．deleteall 'xiaoming'

（6）HBase 依赖（　　）提供消息通信机制。

　　A．ZooKeeper　　　B．Chubby　　　C．RPC　　　D．Socket

（7）下面与 ZooKeeper 类似的框架是（　　）。

　　A．Protobuf　　　B．Java　　　C．Kafka　　　D．Chubby

（8）HBase 依赖（　　）提供强大的计算能力。

　　A．ZooKeeper　　　B．Chubby　　　C．RPC　　　D．MapReduce

（9）如果对 HBase 表添加数据，那么可以使用（　　）命令进行操作。

　　A．create　　　B．get　　　C．put　　　D．scan

（10）下列更新 HBase 表中数据的语法，写法正确的是（　　）。

　　A．update user. 'xiaoming' set info.age=1

　　B．update 'users', 'xiaoming', 'info.age', '29'

　　C．put 'users', 'xiaoming', 'info.age'

　　D．put 'users', 'xiaoming', 'info.age', '29'

2. 操作题

分别通过 HBase Shell 和 HBase Java API 完成以下操作。

（1）创建一个 t_phone_info 表，用于保存手机商品数据，列族名分别为 base_info 和 extra_info。

（2）对创建好的 HBase 数据表执行插入数据操作，并查看表中数据。

第 8 章 项目案例：电影网站用户影评分析

学习目标

（1）掌握根据业务场景设计 map()方法和 reduce()方法的计算逻辑。
（2）掌握编写 MapReduce 程序解决常见的数据处理问题。
（3）掌握编写 MapReduce 程序实现电影网站用户影评分析的方法。

任务背景

文化产业已然成为我国经济发展和社会文明进步的强大动力，而影视文化产业发展迅猛，成为了文化产业中的领头羊。通过基于用户评价数据的影评分析，将进一步发展面向现代化、面向世界、面向未来的，民族的科学的大众的社会主义文化，实现文化自信自强。基于用户的评价数据可以挖掘出客户群体对于某种事物或某件事情的看法，以便一些网站运营商可以根据用户的兴趣偏好推荐用户可能感兴趣的产品。其中，对电影评分（简称影评）进行分析，可以从多维度了解一部电影的质量和受欢迎程度。

常规的数据分析工具在大数据场景下，处理数据的效率低，显然不适用于大数据处理分析。分布式计算框架的出现，为分析处理大数据提供了很好的解决方案。本章将使用 Hadoop 框架并结合电影评分数据，编写 MapReduce 程序实现对用户影评的分析，从多维度分析用户的观影兴趣偏好。

任务 8.1　了解数据字段并分析需求

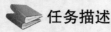

在进行用户观影兴趣偏好的数据分析之前，需要先了解分析对象，了解数据字段的含义以及数据字段之间的关系。明确数据字段的含义及字段与字段之间可能存在的关系，有助于提出合理的任务诉求，明确需求任务。因此，本节的任务是先了解某电影网站用户数据的字段含义，同时分析需求任务。

8.1.1　了解数据字段

电影网站提供了与用户信息相关的 3 份数据，分别为用户对电影的评分数据（ratings.dat）、

第 8 章 项目案例：电影网站用户影评分析

已知性别的用户信息数据（users.dat）以及电影信息数据（movies.dat），3 份数据的说明如下。

（1）用户对电影的评分数据 ratings.dat 包含 4 个字段，即 UserID（用户 ID）、MovieID（电影 ID）、Rating（评分）和 Timestamp（时间戳），如表 8-1 所示。其中 UserID 的范围是 1～6040，MovieID 的范围是 1～3952，Rating 采用 5 分评分制度，即最高分为 5 分，最低分为 1 分。

表 8-1　用户对电影的评分部分数据

1::1193::5::978300760
1::661::3::978302109
1::914::3::978301968
1::3408::4::978300275
1::2355::5::978824291
1::1197::3::978302268
1::1287::5::978302039
1::2804::5::978300719
1::594::4::978302268
1::919::4::978301368

（2）已知性别的用户信息数据 users.dat 包含 5 个字段，分别为 UserID（用户 ID）、Gender（性别）、Age（年龄段）、Occupation（职业）和 Zip-code（编码），如表 8-2 所示。其中，Occupation 字段表示 21 种不同的职业类型。

表 8-2　已知性别的用户信息部分数据

1::F::1::10::48067
2::M::56::16::70072
3::M::25::15::55117
4::M::45::7::02460
5::M::25::20::55455
6::F::50::9::55117
7::M::35::1::06810
8::M::25::12::11413
9::M::25::17::61614
10::F::35::1::95370

（3）电影信息数据 movies.dat 包含 2 个字段，分别为 MovieID（电影 ID）和 Genres（电影类型），如表 8-3 所示。数据中记录了 18 种电影类型，包括 Comedy（喜剧片）、Action（动作片）、Romance（爱情片）等。

表 8-3　电影信息部分数据

1::Animation|Children's|Comedy
2::Adventure|Children's|Fantasy
3::Comedy|Romance
4::Comedy|Drama
5::Comedy
6::Comedy
7::Children's|Comedy
8::Adventure|Children's
9::Children's|Comedy|Fantasy
10::Drama|Romance

8.1.2 统计分析需求描述

8.1.1 小节中提供的 3 份数据，详细记录了每位用户的基本信息及对电影的评分信息。通过对电影网站用户及电影评分数据进行分析，可以从不同角度了解用户对电影的喜好偏向。结合 MapReduce 编程知识，对 8.1.1 小节中提供的用户影评数据进行统计分析，可以分别从评分次数、性别、年龄段、电影类型这 4 个维度分析用户的观影喜好。具体的统计分析需求如下。

（1）计算评分次数最多的 10 部电影及评分次数。
（2）计算不同性别评分最高的 10 部电影及评分。
（3）计算指定电影各年龄段的平均影评。
（4）计算影评库中各种类型电影中评分最高的 5 部电影。

任务 8.2　多维度分析用户影评

　任务描述

明确数据字段含义及数据分析任务描述之后，可以根据任务需求进行 MapReduce 编程实施方案。为方便数据共享，本节的任务是将 8.1.2 小节所提出的分析需求整合在一个项目中完成，再根据不同的分析任务，创建不同的 Java 类，将每个分析任务分解为若干小的统计任务，分步实现各影评分析任务。

8.2.1 创建并配置工程项目

在 IntelliJ IDEA 中创建一个名为 hadoop 的 Maven 项目，并配置 pom.xml 文件，配置内容如代码 8-1 所示。

代码 8-1　配置 pom.xml 文件

```xml
<dependencies>
    <dependency>
        <groupId>org.apache.hadoop</groupId>
        <artifactId>hadoop-common</artifactId>
        <version>3.1.4</version>
    </dependency>
    <dependency>
        <groupId>org.apache.hadoop</groupId>
        <artifactId>hadoop-client</artifactId>
        <version>3.1.4</version>
    </dependency>
    <dependency>
        <groupId>org.apache.hadoop</groupId>
        <artifactId>hadoop-hdfs</artifactId>
        <version>3.1.4</version>
    </dependency>
    <dependency>
        <groupId>org.apache.hadoop</groupId>
        <artifactId>hadoop-mapreduce-client-jobclient</artifactId>
        <version>3.1.4</version>
    </dependency>
```

第 8 章　项目案例：电影网站用户影评分析

```
<dependency>
    <groupId>org.apache.hadoop</groupId>
    <artifactId>hadoop-mapreduce-client-core</artifactId>
    <version>3.1.4</version>
</dependency>
<dependency>
    <groupId>org.apache.hadoop</groupId>
    <artifactId>hadoop-mapreduce-client-common</artifactId>
    <version>3.1.4</version>
</dependency>
</dependencies>
```

配置完 pom.xml 文件后，需要单击右侧边栏的"Maven"，同时单击刷新图标重新加载所有的 Maven 项目所需的依赖包，如图 8-1 所示。

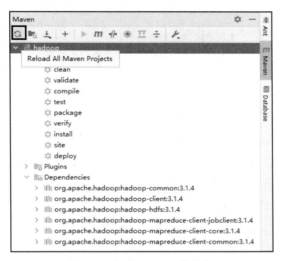

图 8-1　加载 Maven 依赖包

其次，需要将 Hadoop 中的配置文件 core-site.xml 和 hdfs-site.xml 复制至 hadoop 项目的 resources 目录下，如图 8-2 所示。

图 8-2　core-site.xml 和 hdfs-site.xml 配置文件存放目录

完成项目创建及配置后，即可开始编写 MapReduce 程序实现用户影评分析。

231

8.2.2 计算评分次数最多的 10 部电影及评分次数并分析

电影的评分次数可以直观地反映出该部电影的受欢迎程度。评分次数越多，也意味着该部电影的关注度较高。若计算评分次数最多的 10 部电影及评分次数，则需要求出电影 ID（MovieID）及电影评分次数（RateNum），涉及 movies.dat 和 ratings.dat 两份数据，因此，需要先将这两份数据连接。在 MapReduce 中多表连接常用的方法有两种，分别是 reducejoin()方法和 mapjoin()方法。其中，因为 reducejoin()方法容易造成数据倾斜，所以对于并行执行的数据文件而言，更常用的是 mapjoin()方法。mapjoin()方法在 Mapper 阶段即可完成数据连接，一般情况下不会造成数据倾斜；即使发生数据倾斜，倾斜的数据量也很小。

在 Mapper 阶段，需要将 movies.dat 数据提前加载至各个节点的内存中，在执行 mapjoin()方法时，通过内连接完成组合。具体的操作过程分为如下 3 个步骤。

（1）实现 movies.dat 和 ratings.dat 两份数据的连接。

（2）通过连接之后的数据计算所有电影的评分次数。

（3）对步骤（2）的计算结果根据评分次数进行降序排序。

通过上述 3 个步骤，即可得出评分次数最多的 10 部电影。本小节中定义的所有代码类将分别放至 com.cqyti.film.mapreduce 和 com.cqyti.film.filmBean 两个包下。

1. 连接 movies.dat 和 ratings.dat 数据

首先在 hadoop 项目 com.cqyti.film.mapreduce 包下定义一个名为 Movies_Join_Ratings 的类。该类主要用于完成 movies.dat 和 ratings.dat 两份数据的连接，如代码 8-2 所示。

代码 8-2　Movies_Join_Ratings 类的代码

```java
import org.apache.hadoop.conf.Configuration;
import org.apache.hadoop.fs.Path;
import org.apache.hadoop.io.LongWritable;
import org.apache.hadoop.io.NullWritable;
import org.apache.hadoop.io.Text;
import org.apache.hadoop.mapreduce.Job;
import org.apache.hadoop.mapreduce.Mapper;
import org.apache.hadoop.mapreduce.lib.input.FileInputFormat;
import org.apache.hadoop.mapreduce.lib.output.FileOutputFormat;
import java.io.BufferedReader;
import java.io.FileReader;
import java.io.IOException;
import java.net.URI;
import java.util.HashMap;
public class Movies_Join_Ratings {
    public static void main(String[] args) throws Exception {
        Configuration conf = new Configuration();
        FileSystem fs = FileSystem.get(conf);
        Job job = Job.getInstance(conf);   // 设置环境参数
        job.setJarByClass(Movies_Join_Ratings.class);   // 设置整个程序的类名
        job.setMapperClass(Movies_Join_Ratings_Mapper.class); // 添加 Mapper 类
        job.setOutputKeyClass(Text.class);   // 输出类型
```

第 8 章 项目案例：电影网站用户影评分析

```java
            job.setOutputValueClass(NullWritable.class);    // 输出类型
            Path inputPath = new Path("/Tipdm/Hadoop/MapReduce/ratings.dat");
// ratings.dat 的输入路径
            Path outputPath = new Path("/join/output/");    // ratings.dat 和
movies.dat 连接后的输出路径
            if (fs.exists(outputPath)) {    // 判断，如果输出路径存在，那么将其删除
                fs.delete(outputPath, true);
            }
            FileInputFormat.setInputPaths(job, inputPath);
            FileOutputFormat.setOutputPath(job, outputPath);
            job.setNumReduceTasks(0);    // 无 Reduce 任务
            boolean isdone = job.waitForCompletion(true);
            System.exit(isdone ? 0 : 1);
            job.addCacheFile(new URI("hdfs://master:8020/Tipdm/Hadoop/MapReduce/movies.dat"));    // movies.dat 的读取路径
        }

    public static class Movies_Join_Ratings_Mapper extends Mapper<LongWritable, Text, Text, NullWritable> {
        Text kout = new Text();
        Text valueout = new Text();
        // 执行 Map 任务之前提前加载 movies.dat，将 movies.dat 加载到 movieMap 中
        private HashMap<String, String> movieMap = new HashMap<String, String>();

        @Override
        protected void setup(Context context) throws IOException, InterruptedException {
            FileReader fr = new FileReader("/opt/data/Hadoop/NO8/movies.dat");
            BufferedReader br = new BufferedReader(fr);
            String readLine = "";
            while ((readLine = br.readLine()) != null) {
                String[] reads = readLine.split("::");
                String movieid = reads[0];
                String movietype = reads[1];
                movieMap.put(movieid, movietype);
            }
        }

        @Override
        protected void map(LongWritable key, Text value, Context context) throws IOException, InterruptedException {
            // 拿到一行数据将其转换成 String 类型
            String line = value.toString().trim();
            // 对原数据按::进行分隔，可取出各字段信息
            String[] reads = line.split("::");
            // 提取电影属性：1::1193::5::978300760
            String userid = reads[0];
```

```
                String movieid = reads[1];
                int rate = Integer.parseInt(reads[2]);
                long ts = Long.parseLong(reads[3]);
                // 通过 movieid 在 movieMap 中获取电影 ID 和电影类型
                String moivetype = movieMap.get(movieid);
                // 将信息组合输出
                String kk = userid + "::" + movieid + "::" + rate + "::" + ts +
"::" + moivetype;
                kout.set(kk);
                context.write(kout, NullWritable.get());
        }
    }
}
```

在代码 8-2 中，通过 Movies_Join_Ratings 类中的 Configuration() 方法获得程序运行时的参数，并将参数存储在 String[] args 数组中，随后通过 Job 类设置环境参数。首先，设置整个程序的类名为 Movies_Join_Ratings（该类中包含两份数据连接的全部实现代码）。再添加已经写好的 Movies_Join_Ratings_Mapper 类，由于本次计算不需要 Reducer 模块参与，所以并无 Reducer 类。接着设置整个 Hadoop 程序的输出类型，即 Map 输出结果键值对和值各自的类型。最后根据程序运行的参数，设置输入和输出路径。Movies_Join_Ratings 类是 YARN 资源调度器的一个客户端，主要功能是将 MapReduce 程序的 Jar 包提交给 YARN，再将 Jar 包分发到多个 NodeManager 上执行。

将整个项目打包并上传至 Hadoop 集群中，执行 "hadoop jar" MoviesRatesAll.jar com.cqyti.film.mapreduce.Movies_Join_Ratings" 命令，并按 Enter 键运行该 MapReduce 程序，即可在 HDFS 的 /join/output 目录下生成 part-m-00000 文件。part-m-00000 文件中存放的是 movies.dat 和 ratings.dat 两份数据连接的结果，如图 8-3 所示。由于数据量比较大，所以仅读取前 10 行数据进行展示。

```
[root@master ~]# hdfs dfs -cat /join/output/part-m-00000 | head -10
1::1193::5::978300760::Drama
1::661::3::978302109::Animation|Children's|Musical
1::914::3::978301968::Musical|Romance
1::3408::4::978300275::Drama
1::2355::5::978824291::Animation|Children's|Comedy
1::1197::3::978302268::Action|Adventure|Comedy|Romance
1::1287::5::978302039::Action|Adventure|Drama
1::2804::5::978300719::Comedy|Drama
1::594::4::978302268::Animation|Children's|Musical
1::919::4::978301368::Adventure|Children's|Drama|Musical
```

图 8-3　movies.dat 和 ratings.dat 两份数据连接的结果

在图 8-3 中，各字段分别是用户 ID、电影 ID、评分、时间戳和电影类型。该结果已保存至 HDFS，后续将以此文件为基础计算所有电影的评分次数。

2. 计算所有电影的评分次数

完成 movies.dat 和 ratings.dat 两份数据的连接后，计算所有电影的评分次数。首先，创建一个名为 MoviesRatesAll 的类，计算所有电影的评分次数，如代码 8-3 所示。

第 8 章 项目案例：电影网站用户影评分析

代码 8-3　MoviesRatesAll 类的代码

```java
import org.apache.hadoop.conf.Configuration;
import org.apache.hadoop.fs.FileSystem;
import org.apache.hadoop.fs.Path;
import org.apache.hadoop.io.LongWritable;
import org.apache.hadoop.io.NullWritable;
import org.apache.hadoop.io.Text;
import org.apache.hadoop.mapreduce.Job;
import org.apache.hadoop.mapreduce.Mapper;
import org.apache.hadoop.mapreduce.Reducer;
import org.apache.hadoop.mapreduce.lib.input.FileInputFormat;
import org.apache.hadoop.mapreduce.lib.output.FileOutputFormat;
import java.io.IOException;
public class MoviesRatesAll {
    public static void main(String[] args) throws Exception {
        Configuration conf = new Configuration();
        FileSystem fs = FileSystem.get(conf);
        Job job = Job.getInstance(conf);
        job.setJarByClass(MoviesRatesAll.class);
        job.setMapperClass(MovieRatesAll_Mapper.class);
        job.setReducerClass(MovieRatesAll_Reducer.class);
        job.setMapOutputKeyClass(Text.class);
        job.setMapOutputValueClass(Text.class);
        job.setOutputKeyClass(Text.class);
        job.setOutputValueClass(NullWritable.class);
        Path inputPath = new Path("/join/output/");    // 将 movies.dat 和 rating.dat 连接的结果目录作为输出目录
        Path outputPath = new Path("/join/outputAll/");  // 输出所有电影的评分次数到该目录下
        if (fs.exists(outputPath)) {
            fs.delete(outputPath, true);
        }
        FileInputFormat.setInputPaths(job, inputPath);
        FileOutputFormat.setOutputPath(job, outputPath);
        boolean isdone = job.waitForCompletion(true);
        System.exit(isdone ? 0 : 1);
    }
    public static class MovieRatesAll_Mapper extends Mapper<LongWritable, Text, Text, Text> {
        Text kout = new Text();
        Text valueout = new Text();
        @Override
        protected void map(LongWritable key, Text value, Context context) throws IOException, InterruptedException {
            String [] reads = value.toString().trim().split("::");
            // 用户 ID::电影 ID::评分::时间戳::电影类型
            // 1::1193::5::978300760::One Flew Over the Cuckoo's Nest (1975)::Drama
            String kk = reads[1];   // 获取电影 ID 作为键输出
```

```java
                String vv = reads[4];    // 获取电影类型作为值输出
                kout.set(kk);
                valueout.set(vv);
                context.write(kout, valueout);
        }
    }
    // 根据 Map 阶段的结果<k:v>统计值，存入 rateNum 中，即某一电影的评分次数
    public static class MoviesRatesAll_Reducer extends Reducer<Text, Text, Text, NullWritable> {
        Text kout = new Text();
        Text valueout = new Text();
        @Override
        protected void reduce(Text key, Iterable<Text> values, Context context)throws IOException, InterruptedException {
                int rateNum = 0;
                String moiveType = "";
                for(Text text : values){
                    rateNum++;
                    moiveType = text.toString();
                }
                String kk = key.toString() + "\t" + moiveType + "\t" + rateNum;
                kout.set(kk);
                context.write(kout, NullWritable.get());
        }
    }
}
```

在代码 8-3 中，MoviesRatesAll 类的 main()方法的所有配置基本和代码 8-2 中的配置保持一致，不同的是需要将/join/output/目录作为本次计算的输入路径，同时将计算结果保存至/join/outputAll/目录下。数据输出目录将自动创建，因此不需要手动创建。

将项目打包成 Jar 包并上传至 Hadoop 集群，最后使用 "hadoop jar MoviesRatesAll.jar com.cqyti.film.mapreduce.MoviesRatesAll" 命令将 MapReduce 程序提交至集群中运行。运行完成后即可在 HDFS 的/join/outputAll/目录下生成 part-r-00000 文件。part-r-00000 文件中保存的内容为所有电影的评分次数。在 Shell 中通过 "hdfs dfs -cat /join/outputAll/part-r-00000 | head -10" 命令即可查看前 10 条数据，如图 8-4 所示。

```
[root@master ~]# hdfs dfs -cat /join/outputAll/part-r-00000 | head -10
1         Animation|Children's|Comedy       2077
10        Action|Adventure|Thriller         888
100       Drama|Thriller    128
1000      Crime   20
1002      Comedy  8
1003      Drama|Thriller    121
1004      Action|Thriller   101
1005      Children's|Comedy        142
1006      Drama   78
1007      Children's|Comedy|Western        232
```

图 8-4 查看前 10 条数据

在图 8-4 中，各字段分别为电影 ID、电影类型和电影评分次数（该字段为新生成的字段），结果按照电影 ID 进行升序排序。

第 8 章 项目案例：电影网站用户影评分析

3. 统计电影评分次数 Top10

计算出所有电影的评分次数后，结果保存在/join/outputAll/part-r-00000 文件中，对该结果按评分次数进行降序排序，最后取出前 10 条记录。先创建 MovieRatesTop10Bean 类和 MoviesRatesTop10 类，分别实现对电影评分次数进行降序排序，并查询电影评分次数 Top10 的数据记录，如代码 8-4 和代码 8-5 所示。

代码 8-4　MovieRatesTop10Bean 类的代码

```java
import org.apache.hadoop.io.WritableComparable;
import java.io.DataInput;
import java.io.DataOutput;
import java.io.IOException;
public class MovieRatesTop10Bean implements WritableComparable <MovieRatesTop10Bean>
    {
    private int MovieYear;
    private String Movietype;
    private String Movieid;
    private double RateNum;
    public MovieRatesTop10Bean() {
    }
    public MovieRatesTop10Bean(String movietype, String id, double RateNum, int year) {
        this.Movietype = movietype;
        this.Movieid = id;
        this.RateNum = RateNum;
        this.MovieYear = year;
    }
    public String getMovieId() {
        return Movieid;
    }
    public void setMovieid(String id) {
        this.Movieid = id;
    }
    public double getRateNum() {
        return RateNum;
    }
    public void setRateNum(double RateNum) {
        this.RateNum = RateNum;
    }
    public String getMovietype() {
        return Movietype;
    }
    public void setMovietype(String movietype) {
        this.Movietype = movietype;
    }
    public int getMovieYear() {
        return MovieYear;
    }
    public void setMovieYear(int year) {
        this.MovieYear = year;
    }
```

```java
        public void write(DataOutput dataOutput) throws IOException {
            dataOutput.writeUTF(this.Movietype);
            dataOutput.writeUTF(this.Movieid);
            dataOutput.writeDouble(this.RateNum);
        }
        public void readFields(DataInput dataInput) throws IOException {
            this.Movietype = dataInput.readUTF();
            this.Movieid = dataInput.readUTF();
            this.RateNum = dataInput.readDouble();
        }
        public String toString() {
            return "Scoringtimes{" +
                    "Movieid='" + Movieid + '\'' +
                    ", Movietype='" + Movietype + '\'' +
                    ", RateNum=" + RateNum +
                    '}';
        }
        public int compareTo(MovieRatesTop10Bean o) {
            if (o.getRateNum()== this.RateNum) {
                return o.getMovietype().compareTo(this.Movietype);
            } else {
                return o.getRateNum() > this.RateNum ? 1 : -1;
            }
        }
}
```

代码 8-5　MoviesRatesTop10 类的代码

```java
import java.io.IOException;
import org.apache.hadoop.conf.Configuration;
import org.apache.hadoop.fs.FileSystem;
import org.apache.hadoop.fs.Path;
import org.apache.hadoop.io.LongWritable;
import org.apache.hadoop.io.NullWritable;
import org.apache.hadoop.io.Text;
import org.apache.hadoop.mapreduce.Job;
import org.apache.hadoop.mapreduce.Mapper;
import org.apache.hadoop.mapreduce.Reducer;
import org.apache.hadoop.mapreduce.lib.input.FileInputFormat;
import org.apache.hadoop.mapreduce.lib.output.FileOutputFormat;
import com.cqyti.film.filmBean.MovieRatesTop10Bean;
public class MoviesRatesTop10 {
    public static void main(String[] args) throws Exception {
        Configuration conf = new Configuration();
        FileSystem fs = FileSystem.get(conf);
        Job job = Job.getInstance(conf);
        job.setJarByClass(MoviesRatesTop10.class);
        job.setMapperClass(MovieRatesTop10_Mapper.class);
        job.setReducerClass(MovieRatesTop10_Reducer.class);
        job.setOutputKeyClass(MovieRatesTop10Bean.class);
        job.setOutputValueClass(NullWritable.class);
        Path inputPath2 = new Path("/join/outputAll/");   // 将所有电影的评分次
```

第 8 章 项目案例：电影网站用户影评分析

数的输出目录作为统计 Top10 的输入目录

```java
        Path outputPath2 = new Path("/join/outputTop10/");  // 输出电影评分次数 Top10
        if (fs.exists(outputPath2)) {
            fs.delete(outputPath2, true);
        }
        FileInputFormat.setInputPaths(job, inputPath2);
        FileOutputFormat.setOutputPath(job, outputPath2);
        boolean isdone = job.waitForCompletion(true);
        System.exit(isdone ? 0 : 1);
    }
    // Reduce 阶段不能实现排序，所以需要使用另一个 MapReduce 进行排序，取前 10 条记录
    public static class MovieRatesTop10_Mapper extends Mapper<LongWritable, Text, MovieRatesTop10Bean, NullWritable>{
        Text kout = new Text();
        Text valueout = new Text();
        MovieRatesTop10Bean mrb = new MovieRatesTop10Bean();
        @Override
        protected void map(LongWritable key, Text value,Context context) throws IOException, InterruptedException {
            String [] reads = value.toString().trim().split("\t");
            mrb.setMovieid(reads[0]);
            mrb.setMovietype(reads[1]);
            mrb.setRateNum(Integer.parseInt(reads[2]));
            context.write(mrb, NullWritable.get());//指定降序排序
        }
    }
    public static class MovieRatesTop10_Reducer extends Reducer<MovieRatesTop10Bean, NullWritable, MovieRatesTop10Bean, NullWritable>{
        Text kout = new Text();
        Text valueout = new Text();
        int count = 0;
        @Override
        protected void reduce(MovieRatesTop10Bean key, Iterable<NullWritable> values, Context context)throws IOException, InterruptedException {
            for(NullWritable inv : values){
                count ++;
                if (count <= 10) {
                    context.write(key, NullWritable.get());//取前 10 条记录
                }else {
                    return;
                }
            }
        }
    }
}
```

在代码 8-4 中，主要功能是实现 MovieRatesTop10Bean 类中的 RateNum 数据的比较及降序排序，同时使用 toString()方法重新定义数据的输出格式为 Scoringtimes{Movieid, Movietype,RateNum}，最后将结果返回给 MoviesRatesTop10 类的 reduce()方法，reduce()方

法实现前 10 条记录的读取并将结果输出到/join/outputTop10 目录下的 part-r-00000 文件中。在 Shell 中通过 "hdfs dfs -cat /join/outputTop10/part-r-00000" 命令可查看输出结果，如图 8-5 所示。

```
[root@master data]# hdfs dfs -cat /join/outputTop10/part-r-00000
Scoringtimes{Movieid='2858', Movietype='Comedy|Drama', RateNum=3428.0}
Scoringtimes{Movieid='260', Movietype='Action|Adventure|Fantasy|Sci-Fi', RateNum=2992.0}
Scoringtimes{Movieid='1196', Movietype='Action|Adventure|Drama|Sci-Fi|War', RateNum=2990.0}
Scoringtimes{Movieid='1210', Movietype='Action|Adventure|Romance|Sci-Fi|War', RateNum=2883.0}
Scoringtimes{Movieid='480', Movietype='Action|Adventure|Sci-Fi', RateNum=2672.0}
Scoringtimes{Movieid='2028', Movietype='Action|Drama|War', RateNum=2654.0}
Scoringtimes{Movieid='589', Movietype='Action|Sci-Fi|Thriller', RateNum=2649.0}
Scoringtimes{Movieid='2571', Movietype='Action|Sci-Fi|Thriller', RateNum=2591.0}
Scoringtimes{Movieid='1270', Movietype='Comedy|Sci-Fi', RateNum=2583.0}
Scoringtimes{Movieid='593', Movietype='Drama|Thriller', RateNum=2578.0}
```

图 8-5 电影评分次数 Top10

通过图 8-5 可以很直观地看出每部电影的评分次数。评分次数最多的电影 ID 为 2858，共有 3428 条评分记录。评分次数在一定程度上也体现了该电影的受欢迎程度，因为一般评分次数越多，代表越多的用户关注这部电影，该电影的热度也越高。

8.2.3 计算不同性别评分最高的 10 部电影及评分并分析

不同性别评分最高的
10 部电影及评分

由于男性、女性在观影喜好上可能会有差别，所以如果给用户推荐电影，那么也可以针对不同性别的大众观影喜好给用户推荐相关电影。有关用户的性别信息在 users.dat 数据中，因此，统计不同性别评分最高的 10 部电影需要将 movies.dat、ratings.dat、users.dat 这 3 份数据连接；再将连接后的结果依据性别和电影 ID 进行分组，分别对不同组内的所有电影计算每部电影的总评分，并除以每部电影的评分次数，即每部电影的平均评分；最后在不同的性别组内按降序排序，取前 10 条记录，即可计算出不同性别评分最高的 10 部电影。根据需求，具体的操作过程分为如下 3 个步骤。

（1）创建类，实现 movies.dat、ratings.dat、users.dat 数据的连接。
（2）将连接好的数据根据性别和电影 ID 进行分组，并计算组内每部电影的平均评分。
（3）对步骤（2）的结果进行降序排序，查询前 10 条记录即评分最高的 10 部电影及评分。

1. 连接 movies.dat、users.dat、ratings.dat 数据

首先创建一个 MapjoinThreeTables 类，实现 3 份数据连接，如代码 8-6 所示。该类的代码基本与 8.2.2 小节中的两份数据连接的代码相似，均无 Reduce 任务。在编写 MapReduce 程序前，同样需要将 movies.dat、users.dat 和 ratings.dat 文件提前加载至每个节点的内存中。

代码 8-6 MapjoinThreeTables 类的代码

```
import java.io.BufferedReader;
import java.io.FileReader;
import java.io.IOException;
import java.net.URI;
import java.util.HashMap;
import org.apache.hadoop.conf.Configuration;
import org.apache.hadoop.fs.FileSystem;
```

第 8 章 项目案例：电影网站用户影评分析

```java
import org.apache.hadoop.fs.Path;
import org.apache.hadoop.io.IOUtils;
import org.apache.hadoop.io.LongWritable;
import org.apache.hadoop.io.NullWritable;
import org.apache.hadoop.io.Text;
import org.apache.hadoop.mapreduce.Job;
import org.apache.hadoop.mapreduce.Mapper;
import org.apache.hadoop.mapreduce.lib.input.FileInputFormat;
import org.apache.hadoop.mapreduce.lib.output.FileOutputFormat;
public class MapjoinThreeTables {
    public static void main(String[] args) throws Exception {
        Configuration conf = new Configuration();
        FileSystem fs = FileSystem.get(conf);
        Job job = Job.getInstance(conf);
        job.setJarByClass(MapjoinThreeTables.class);
        job.setMapperClass(MapjoinThreeTables_Mapper.class);
        job.setMapOutputKeyClass(Text.class);
        job.setMapOutputValueClass(NullWritable.class);
        Path inputPath = new Path("/Tipdm/Hadoop/MapReduce/ratings.dat");
// ratings.dat 的输入路径
        Path outputPath = new Path("/join/outPutMapjoinThreeTables/"); // 结果输出路径，无须创建，将自动生成
        job.setNumReduceTasks(0);   //无 Reduce 任务
        if (fs.exists(outputPath)) {
            fs.delete(outputPath, true);
        }
        FileInputFormat.setInputPaths(job, inputPath);
        FileOutputFormat.setOutputPath(job, outputPath);
        boolean isdone = job.waitForCompletion(true);
        System.exit(isdone ? 0 : 1);
        job.addCacheFile(new URI("hdfs://master:8020/Tipdm/Hadoop/MapReduce/movies.dat"));  // 需提前加载至内存的 movies.dat 和 users.dat 的输入路径
        job.addCacheFile(new URI("hdfs://master:8020/Tipdm/Hadoop/MapReduce/users.dat"));
    }

    public static class MapjoinThreeTables_Mapper extends Mapper<LongWritable, Text, Text, NullWritable> {
        Text kout = new Text();
        Text valueout = new Text();
        private static HashMap<String, String> moviemap = new HashMap<String, String>();
        private static HashMap<String, String> usersmap = new HashMap<String, String>();

        @SuppressWarnings("deprecation")
        @Override
        protected void setup(Context context) throws IOException, InterruptedException {
```

```java
            // 通过地址读取电影数据
            FileReader fr1 = new FileReader("/opt/data/Hadoop/NO8/movies.dat");
            BufferedReader bf1 = new BufferedReader(fr1);
            String stringLine = null;
            while ((stringLine = bf1.readLine()) != null) {
                String[] reads = stringLine.split("::");
                String movieid = reads[0];
                String movieInfo = reads[1];
                moviemap.put(movieid, movieInfo);
            }
            // 通过地址读取用户数据
            FileReader fr2 = new FileReader("/opt/data/Hadoop/NO8/users.dat");
            BufferedReader bf2 = new BufferedReader(fr2);
            String stringLine2 = null;
            while ((stringLine2 = bf2.readLine()) != null) {
                String[] reads = stringLine2.split("::");
                String userid = reads[0];
                String userInfo = reads[1] + "::" + reads[2] + "::" + reads[3] + "::" + reads[4];
                usersmap.put(userid, userInfo);
            }
            // 关闭资源
            IOUtils.closeStream(bf1);
            IOUtils.closeStream(bf2);
        }

        @Override
        protected void map(LongWritable key, Text value, Context context) throws IOException, InterruptedException {
            String[] reads1 = value.toString().trim().split("::");
            // 1::1193::5::978300760: 用户 ID、电影 ID、评分、时间戳
            // 通过电影 ID 和用户 ID 在对应的 Map 中获取信息, ratings.dat 不存在空信息
            String struser = usersmap.get(reads1[0]);
            String strmovie = moviemap.get(reads1[1]);
            // 进行多表连接，数据格式为 userid、movieid、rate、ts、sex、age、occupation、zipcode、movieType
            String[] userinfo = struser.split("::");//sex, age, occupation, zipcode
            String kk = reads1[0] + "::" + reads1[1] + "::" + reads1[2] + "::" + reads1[3] + "::" + userinfo[0] + "::" + userinfo[1] + "::" + userinfo[2] + "::" + userinfo[3] + "::" + strmovie;
            kout.set(kk);
            context.write(kout, NullWritable.get());
        }
    }
}
```

在代码 8-6 中，根据 ratings.dat 数据中的电影 ID 和用户 ID 完成 3 份数据的连接，其中 ratings.dat 作为主数据文件与其他 2 份数据文件进行左连接，即可获得全部的用户观影信息。

第 8 章　项目案例：电影网站用户影评分析

打包并提交 MapReduce 程序至 Hadoop 集群运行，最终连接结果将保存至 /join/outPutMapjoinThreeTables/目录下的 part-m-00000 文件中。

在 Shell 中通过 "hdfs dfs -cat /join/outPutMapjoinThreeTables/part-m-00000 | head -10" 命令可查看前 10 条记录，如图 8-6 所示。

```
[root@master data]# hdfs dfs -cat /join/outPutMapjoinThreeTables/part-m-00000 | head -10
1::1193::5::978300760::F::0::10::48067::Drama
1::661::3::978302109::F::0::10::48067::Animation|Children's|Musical
1::914::3::978301968::F::0::10::48067::Musical|Romance
1::3408::4::978300275::F::0::10::48067::Drama
1::2355::5::978824291::F::0::10::48067::Animation|Children's|Comedy
1::1197::3::978302268::F::0::10::48067::Action|Adventure|Comedy|Romance
1::1287::5::978302039::F::0::10::48067::Action|Adventure|Drama
1::2804::5::978300719::F::0::10::48067::Comedy|Drama
1::594::4::978302268::F::0::10::48067::Animation|Children's|Musical
1::919::4::978301368::F::0::10::48067::Adventure|Children's|Drama|Musical
```

图 8-6　连接 movies.dat、users.dat、ratings.dat 数据

在图 8-6 中，字段分别是用户 ID、电影 ID、评分、时间戳、性别、年龄段、职业、邮政编码和电影类型。至此，完成了 3 份数据的连接，为后续的影评分析提供了一份完整的数据文件。

2. 按性别和电影 ID 分组并计算每部电影的平均评分

创建一个 MoviesRatesAllGroupByGender 类，该类主要完成两个计算过程，一是按性别和电影 ID 进行分组，二是分别在组内计算每部电影的平均评分，具体的计算过程是以组内每部电影的总评分除以每部电影的评分次数，得到每部电影的平均评分。实现过程如代码 8-7 所示。

代码 8-7　MoviesRatesAllGroupByGender 类的代码

```java
import java.io.IOException;
import org.apache.hadoop.conf.Configuration;
import org.apache.hadoop.fs.FileSystem;
import org.apache.hadoop.fs.Path;
import org.apache.hadoop.io.DoubleWritable;
import org.apache.hadoop.io.LongWritable;
import org.apache.hadoop.io.Text;
import org.apache.hadoop.mapreduce.Job;
import org.apache.hadoop.mapreduce.Mapper;
import org.apache.hadoop.mapreduce.Reducer;
import org.apache.hadoop.mapreduce.lib.input.FileInputFormat;
import org.apache.hadoop.mapreduce.lib.output.FileOutputFormat;
public class MoviesRatesAllGroupByGender {
public static void main(String[] args) throws Exception {
        Configuration conf = new Configuration();
        FileSystem fs = FileSystem.get(conf);
        Job job = Job.getInstance(conf);
        job.setJarByClass(MoviesRatesAllGroupByGender.class);
        job.setMapperClass(MoviesRatesAllGroupByGender_Mapper.class);
        job.setReducerClass(MoviesRatesAllGroupByGender_Reducer.class);
        job.setMapOutputKeyClass(Text.class);
        job.setMapOutputValueClass(Text.class);
```

```java
            job.setOutputKeyClass(Text.class);
            job.setOutputValueClass(DoubleWritable.class);
            Path inputPath = new Path("/join/outPutMapjoinThreeTables/");
            Path outputPath = new Path("/join/outPutMoviesRatesAllGroupByGender/");
            if (fs.exists(outputPath)) {
                fs.delete(outputPath, true);
            }
            FileInputFormat.setInputPaths(job, inputPath);
            FileOutputFormat.setOutputPath(job, outputPath);
            boolean isdone = job.waitForCompletion(true);
            System.exit(isdone ? 0 : 1);
    }
    public static class MoviesRatesAllGroupByGender_Mapper extends Mapper<LongWritable, Text, Text, Text>{
        Text kout = new Text();
        Text valueout = new Text();
        @Override
        protected void map(LongWritable key, Text value,Context context) throws IOException, InterruptedException {
            String [] reads = value.toString().trim().split("::");
            // 1::1193::5::978300760::F::1::10::48067::Drama
            // 性别、电影ID、评分
            String sex = reads[4];
            String mID = reads[1];
            int rate = Integer.parseInt(reads[2]);
            // 每部电影的平均评分, 组内每部电影的总评分/每部电影的评分次数
            // 按照性别和电影ID进行分组
            String kk = sex + "\t" +mID;
            String vv = reads[2];
            kout.set(kk);
            valueout.set(vv);
            context.write(kout, valueout);
        }
    }
    public static class MoviesRatesAllGroupByGender_Reducer extends Reducer<Text, Text, Text, DoubleWritable>{
        Text kout = new Text();
        Text valueout = new Text();
        @Override
        protected void reduce(Text key, Iterable<Text> values, Context context)throws IOException, InterruptedException {
            int totalRate = 0;  // 初始化总评分为0
            int rateNum = 0;   // 初始化评分次数为0
            double avgRate = 0;  // 初始化每部电影的平均评分为0
            for(Text text : values){  // 计算每部电影的总评分及评分次数
                int rate = Integer.parseInt(text.toString());
                totalRate += rate;
                rateNum ++;
            }
            avgRate = 1.0 * totalRate / rateNum;  // 计算每部电影的平均评分
```

```
            DoubleWritable vv = new DoubleWritable(avgRate);
            context.write(key, vv);
        }
    }
}
```

在代码 8-7 中，Map 阶段的 map()方法主要以性别和电影 ID 作为键，将对应的 rate（评分）作为值输出，并传输至 Reduce 端。Reduce 阶段的 reduce()方法根据 Map 阶段的 <key,value>键值对数据统计值的结果，最终将结果保存至/join/outPutMoviesRatesAllGroupByGender/目录下。

打包并提交 MapReduce 程序至 Hadoop 集群运行，即可将最终结果保存至 /join/outPutMoviesRatesAllGroupByGender/目录的 part-r-00000 文件中。part-r-0000 文件中按性别分组保存了所有电影的平均评分。由于文件内容较多，且每条记录是以性别进行排序的，所以分别使用"hdfs dfs -cat /join/outPutMoviesRatesAllGroupByGender/part-r-00000 | head -10"命令和"hdfs dfs -cat /join/outPutMoviesRatesAllGroupByGender/part-r-00000 | tail -10"命令查看 part-r-00000 文件中的前 10 条和后 10 条记录，如图 8-7 和图 8-8 所示。

```
[root@master bin]# hdfs dfs -cat /join/outPutMoviesRatesAllGroupByGender/part-r-00000 | head -10
F       1       4.187817258883249
F       10      3.470149253731343
F       100     2.5714285714285716
F       1000    3.8
F       1002    4.25
F       1003    2.78125
F       1004    2.75
F       1005    2.5952380952380953
F       1006    3.0434782608695654
F       1007    3.02
```

图 8-7　性别为 F 组中电影的平均评分

```
[root@master bin]# hdfs dfs -cat /join/outPutMoviesRatesAllGroupByGender/part-r-00000 | tail -10
M       99      3.5555555555555554
M       990     2.6122448979591835
M       991     3.556390977443609
M       992     2.3333333333333335
M       993     3.1666666666666665
M       994     4.074433656957929
M       996     2.9327731092436973
M       997     3.2777777777777777
M       998     2.8904109589041096
M       999     3.2448132780082988
```

图 8-8　性别为 M 组中电影的平均评分

从图 8-7 和图 8-8 可以看出，因为电影的平均评分还未进行降序排序，所以暂时无法判别不同性别的观众观影喜好是否有比较大的差异，还需进行进一步的处理，根据电影的平均评分进行降序排序。

3. 统计不同性别组内评分 Top10 的电影及评分信息

上面，通过 MoviesRatesAllGroupByGender 类完成了计算不同性别下每部电影的平均评分。为了更直观地看出电影评分差异，需要将不同性别下每部电影的平均评分按照评分进行降序排序，统计出不同性别组内评分 Top10 的电影及评分信息。首先，定义 MoviesRatesTop10GroupBy-GenderBean 类，并在不同的性别组中依据平均评分完成降序排序，如代码 8-8 所示。

代码 8-8　MoviesRatesTop10GroupByGenderBean 类的代码

```java
import java.io.DataInput;
import java.io.DataOutput;
import java.io.IOException;
import org.apache.hadoop.io.WritableComparable;

public class MoviesRatesTop10GroupByGenderBean implements WritableComparable
<MoviesRatesTop10GroupByGenderBean> {
    private String sex;
    private String mID;
    private double rate;
    public String getSex() {
        return sex;
    }
    public void setSex(String sex) {
        this.sex = sex;
    }
    public String getmID() {
        return mID;
    }
    public void setmID(String mID) {
        this.mID = mID;
    }
    public double getRate() {
        return rate;
    }
    public void setRate(double rate) {
        this.rate = rate;
    }
    public MoviesRatesTop10GroupByGenderBean(String sex, String mID, double rate) {
        super();
        this.sex = sex;
        this.mID = mID;
        this.rate = rate;
    }
    public MoviesRatesTop10GroupByGenderBean() {
        super();
    }
    @Override
    public String toString() {
        return sex + "\t" + mID + "\t" + rate;
    }
    public void write(DataOutput out) throws IOException {
        out.writeUTF(sex);
        out.writeUTF(mID);
        out.writeDouble(rate);
    }
    public void readFields(DataInput in) throws IOException {
        sex = in.readUTF();
```

第 8 章 项目案例：电影网站用户影评分析

```java
        mID = in.readUTF();
        rate = in.readDouble();
    }
    public int compareTo(MoviesRatesTop10GroupByGenderBean o) {
        int diff = this.sex.compareTo(o.sex);
        double diff2 = this.rate - o.rate;
        if (diff == 0) {
            return diff2 > 0 ? -1 : 1;
        }else {
            return diff;
        }
    }
}
```

在代码 8-8 中，MoviesRatesTop10GroupByGenderBean 类的 compareTo()方法主要实现按 rate（电影的平均评分）进行降序排序。

定义性别分组 GroupByGender 类，实现数据在进行比较时按性别进行分组的排序过程，如代码 8-9 所示。

代码 8-9 GroupByGender 类的代码

```java
import org.apache.hadoop.io.WritableComparable;
import org.apache.hadoop.io.WritableComparator;
public class GroupByGender extends WritableComparator{
    public GroupByGender() {
        super(MoviesRatesTop10GroupByGenderBean.class,true);
    }
    @Override
    public int compare(WritableComparable a, WritableComparable b) {
        MoviesRatesTop10GroupByGenderBean f1 =
                (MoviesRatesTop10GroupByGenderBean)a;
        MoviesRatesTop10GroupByGenderBean f2 =
                (MoviesRatesTop10GroupByGenderBean)b;
        return f1.getSex().compareTo(f2.getSex());
    }
}
```

定义 MoviesRatesTop10GroupByGender 主类，在该类中通过 job.setGroupingComparatorClass(GroupByGender.class)方法可以设置数据在进行比较时按性别进行分组。在 MoviesRatesTop10GroupByGender 类中，map()方法用于读取 /join/outPutMoviesRatesAllGroupByGender/目录下的 part-r-00000 文件，取出所有电影的平均评分及用户性别信息，再交给 MoviesRatesTop10GroupByGenderBean 类，实现降序排序。在 reduce()方法中，则根据排序后的返回结果，查询前 10 条记录，即可计算出不同性别组内评分 Top10 的电影及评分，如代码 8-10 所示。

代码 8-10 MoviesRatesTop10GroupByGender 类的代码

```java
import com.cqyti.film.filmBean.GroupByGender;
import com.cqyti.film.filmBean.MoviesRatesTop10GroupByGenderBean;
import org.apache.hadoop.conf.Configuration;
import org.apache.hadoop.fs.FileSystem;
import org.apache.hadoop.fs.Path;
```

```java
import org.apache.hadoop.io.LongWritable;
import org.apache.hadoop.io.NullWritable;
import org.apache.hadoop.io.Text;
import org.apache.hadoop.mapreduce.Job;
import org.apache.hadoop.mapreduce.Mapper;
import org.apache.hadoop.mapreduce.Reducer;
import org.apache.hadoop.mapreduce.lib.input.FileInputFormat;
import org.apache.hadoop.mapreduce.lib.output.FileOutputFormat;
import java.io.IOException;
public class MoviesRatesTop10GroupByGender {
    public static void main(String[] args) throws Exception {
        Configuration conf = new Configuration();
        FileSystem fs = FileSystem.get(conf);
        Job job = Job.getInstance(conf);
        job.setJarByClass(MoviesRatesTop10GroupByGender.class);
        job.setMapperClass(MoviesRatesTop10GroupByGender_2_Mapper.class);
        job.setReducerClass(MoviesRatesTop10GroupByGender_2_Reducer.class);
        job.setMapOutputKeyClass(MoviesRatesTop10GroupByGenderBean.class);
        job.setMapOutputValueClass(NullWritable.class);
        job.setOutputKeyClass(MoviesRatesTop10GroupByGenderBean.class);
        job.setOutputValueClass(NullWritable.class);
        job.setGroupingComparatorClass(GroupByGender.class); // 按性别进行分组
        Path inputPath = new Path("/join/outPutMoviesRatesAllGroupByGender/");
// 将上一结果的输出路径作为本次计算的数据输入
        Path outputPath = new Path("/join/MoviesRatesTop10GroupByGender/");
// 设置本次计算结果的输出路径
        if (fs.exists(outputPath)) {
            fs.delete(outputPath, true);
        }
        FileInputFormat.setInputPaths(job, inputPath);
        FileOutputFormat.setOutputPath(job, outputPath);
        boolean isdone = job.waitForCompletion(true);
        System.exit(isdone ? 0 : 1);
    }
    public static class MoviesRatesTop10GroupByGender_2_Mapper extends Mapper
<LongWritable, Text, MoviesRatesTop10GroupByGenderBean, NullWritable>{
        Text kout = new Text();
        Text valueout = new Text();
        MoviesRatesTop10GroupByGenderBean mrt = new
                        MoviesRatesTop10Group ByGenderBean();
        @Override
        protected void map(LongWritable key, Text value,Context context)throws
IOException, InterruptedException {
            String [] reads = value.toString().trim().split("\t");
            mrt.setSex(reads[0]);
            mrt.setmID(reads[1]);
            mrt.setRate(Double.parseDouble(reads[2]));
            context.write(mrt, NullWritable.get());
        }
```

第 8 章 项目案例：电影网站用户影评分析

```java
}
    public static class MoviesRatesTop10GroupByGender_2_Reducer extends Reducer
<MoviesRatesTop10GroupByGenderBean, NullWritable,
        MoviesRatesTop10GroupByGenderBean, NullWritable>{
        Text kout = new Text();
        Text valueout = new Text();
        @Override
        protected void reduce(MoviesRatesTop10GroupByGenderBean key, Iterable
<NullWritable> values, Context context)throws IOException, InterruptedException {
            int count = 0;
            // 取前 10 条记录
            for(NullWritable inv : values){
                count ++;
                if (count <= 10) {
                    context.write(key, NullWritable.get());
                }else {
                    return;
                }
            }
        }
    }
}
```

将 MoviesRatesTop10GroupByGender 作为主类，将项目打包并提交至 Hadoop 集群运行，运行完成后将在 HDFS 的 /join/MoviesRatesTop10GroupByGender/ 目录下生成 part-r-00000 文件。part-r-00000 文件中保存了不同性别组内评分 Top10 的电影及评分，如图 8-9 所示。

```
[root@master data]# hdfs dfs -cat /join/MoviesRatesTop10GroupByGender/part-r-00000
F       787     5.0
F       687     5.0
F       3607    5.0
F       681     5.0
F       1071    5.0
F       1153    5.0
F       53      5.0
F       2332    5.0
F       2981    5.0
F       3888    5.0
M       985     5.0
M       3517    5.0
M       3280    5.0
M       3172    5.0
M       3656    5.0
M       989     5.0
M       130     5.0
M       787     5.0
M       1830    5.0
M       3233    5.0
```

图 8-9　不同性别组内评分 Top10 的电影及评分

从图 8-9 可以看出，性别为 F（女性）和 M（男性）组中，评分最高的 10 部电影的评分均为 5 分。男性和女性评分最高的 10 部电影的重合度较小，可见男性和女性在观影偏好上还是存在一定的差异。

8.2.4 计算指定电影各年龄段的平均影评并分析

根据 users.dat 中数据的描述信息可知,字段 Age 并不是用户的真实年龄,而是年龄段。查看 users.dat 中的 Age 字段,Age 字段的取值共 7 个,分别为 0、1、2、3、4、5、6,分别表示 7 个年龄段,对应关系如表 8-4 所示。

表 8-4 Age 字段及其说明

Age	说明	Age	说明
0	18 岁以下(不包含 18 岁)	4	45~49 岁
1	18~24 岁	5	50~55 岁
2	25~34 岁	6	56 岁及以上
3	35~44 岁		

计算指定电影各年龄段的平均影评,需要确定计算的电影 ID。在 8.2.2 小节中已对电影的评分次数进行了计算,发现电影 ID 为 2858 的电影的评分次数最多,该部电影的用户年龄分布可能相对较广,因此确定计算各年龄段对电影 ID 为 2858 的电影的平均评分。

定义 MoviesAvgScore_GroupByAge 类,将 movies.dat、ratings.dat、users.dat 这 3 份数据连接后的数据作为输入(3 份数据连接详见 8.2.3 小节),并在 map()方法中,以电影 ID 为 2858 作为筛选条件,过滤其他电影。由于要计算各年龄段的平均影评,所以需要将 Age 作为 map()方法的键,将电影评分和电影 ID 作为值。再将 Map 阶段的中间结果传输至 Reduce 端,在 Reduce 端实现计算不同年龄段用户对指定电影的平均评分。具体实现如代码 8-11 所示。

代码 8-11 MoviesAvgScore_GroupByAge 类的代码

```
import java.io.IOException;
import java.text.DecimalFormat;
import org.apache.hadoop.conf.Configuration;
import org.apache.hadoop.fs.FileSystem;
import org.apache.hadoop.fs.Path;
import org.apache.hadoop.io.LongWritable;
import org.apache.hadoop.io.Text;
import org.apache.hadoop.mapreduce.Job;
import org.apache.hadoop.mapreduce.Mapper;
import org.apache.hadoop.mapreduce.Reducer;
import org.apache.hadoop.mapreduce.lib.input.FileInputFormat;
import org.apache.hadoop.mapreduce.lib.output.FileOutputFormat;
public class MoviesAvgScore_GroupByAge {
    public static void main(String[] args) throws Exception {
        Configuration conf = new Configuration();
        FileSystem fs = FileSystem.get(conf);
        Job job = Job.getInstance(conf);
        job.setJarByClass(MoviesAvgScore_GroupByAge.class);
        job.setMapperClass(MovieAvgScore_GroupByAge_Mapper.class);
        job.setReducerClass(MovieAvgScore_GroupByAge_Reducer.class);
        job.setMapOutputKeyClass(Text.class);
        job.setMapOutputValueClass(Text.class);
```

第8章 项目案例：电影网站用户影评分析

```java
            job.setOutputKeyClass(Text.class);
            job.setOutputValueClass(Text.class);
            Path inputPath = new Path("/join/outPutMapjoinThreeTables/");    // 以
3份数据连接的输出路径作为本次任务的输入路径
            Path outputPath = new Path("/join/MoviesAvgScore_GroupByAge");    // 设
置输出路径
            if (fs.exists(outputPath)) {
                fs.delete(outputPath, true);
            }
            FileInputFormat.setInputPaths(job, inputPath);
            FileOutputFormat.setOutputPath(job, outputPath);
            boolean isdone = job.waitForCompletion(true);
            System.exit(isdone ? 0 : 1);
    }
    public static class MovieAvgScore_GroupByAge_Mapper extends Mapper
<LongWritable, Text, Text, Text>{
            Text kout = new Text();
            Text valueout = new Text();
            // 求 movieid = 2858 这部电影各年龄段的平均影评
            // userid（用户 ID）、movieid（电影 ID）、rate（评分）、ts（时间戳）、gender（性
别）、age（年龄段）、occupation（职业）、zipcode（邮政编码）、movieType（电影类型）
            @Override
            protected void map(LongWritable key, Text value,Context
context)throws IOException, InterruptedException {
                    String [] reads = value.toString().trim().split("::");
                    String movieid = reads[1];
                    String age = reads[5];
                    String rate = reads[2];
                    if (movieid.equals("2858")) {    // 判断电影 ID 是否为 2858，进行过滤
                        kout.set(age);    // 输出键为年龄段
                        valueout.set(rate + "\t" + movieid);    // 输出值为电影评分和
电影 ID
                        context.write(kout, valueout);    // 输出到 Reduce 端
                    }
            }
    }
    public static class MovieAvgScore_GroupByAge_Reducer extends Reducer<Text,
Text, Text, Text>{
            Text kout = new Text();
            Text valueout = new Text();
            @Override
            protected void reduce(Text key, Iterable<Text> values, Context
context)throws IOException, InterruptedException {
                    int totalRate = 0;    // 初始化电影总评分
                    int rateNum = 0;    // 初始化电影评分次数
                    double avgRate = 0;    // 初始化电影平均评分
                    String movieid = "";
                    for(Text text : values){
                        String[] reads = text.toString().split("\t");
```

```
                totalRate += Integer.parseInt(reads[0]);
                rateNum ++;   // 累加评分次数
                movieid = reads[1];   // 仅仅为了验证一下
            }
            avgRate = 1.0 * totalRate / rateNum;   // 计算电影平均评分
            DecimalFormat df = new DecimalFormat("#.#");   // 设置评分格式
            String string = df.format(avgRate);
            String vv = string + "\t" +movieid;   // 将电影平均评分与电影 ID 连接
            valueout.set(vv);
            context.write(key, valueout);
        }
    }
}
```

在代码 8-11 中,通过 map()方法与 reduce()方法可计算出电影 ID 为 2858 的电影的不同年龄段的平均影评。打包并提交项目至 Hadoop 集群运行,即可在 HDFS 的 /join/MoviesAvgScore_GroupByAge/目录下生成 part-r-00000 文件。在 Shell 中通过 "hdfs dfs -cat /join/MoviesAvgScore_GroupByAge/part-r-00000" 命令可查看最终结果,如图 8-10 所示。

```
[root@master data]# hdfs dfs -cat /join/MoviesAvgScore_GroupByAge/part-r-00000
0       4.4     2858
1       4.5     2858
2       4.3     2858
3       4.2     2858
4       4.2     2858
5       4.1     2858
6       4.1     2858
```

图 8-10 各年龄段用户对电影 ID 为 2858 的电影的平均评分

由图 8-10 可以看出,随着用户年龄的增长,用户对该电影的评分越低。这可能是因为随着用户年龄的增长,用户观影阅历增多,思考的深度会更加深入,所以对电影的评分会更加严谨。但其实从总体而言,各年龄段用户对这部电影的评分均在 4 分以上,因此该部电影是比较受欢迎的。

8.2.5 计算影评库中各种类型电影中评分最高的 5 部电影并分析

计算影评库中各种类型电影中评分最高的 5 部电影,同样是以 3 份数据进行连接之后的数据作为输入数据。由于 8.2.3 小节已经对 movies.dat、users.dat、ratings.dat 数据进行连接,所以计算不同电影类型中评分最高的 5 部电影只需要两个操作步骤,具体如下。

(1)按电影类型和电影 ID 进行分组,计算每部电影的平均评分。
(2)统计不同电影类型组中评分 Top5 的电影及评分信息。

1. 按电影类型和电影 ID 分组并计算每部电影的平均评分

首先创建 MoviesRatesAllGroupByType 类,该类主要完成两个计算过程,一是按电影类型和电影 ID 进行分组,二是分别在组内计算每部电影的平均评分,以组内每部电影的总评分除以每部电影的评分次数,即可获得每部电影的平均评分。实现过程如代码 8-12 所示。

第 8 章 项目案例：电影网站用户影评分析

代码 8-12 MoviesRatesAllGroupByType 类的代码

```java
import org.apache.hadoop.conf.Configuration;
import org.apache.hadoop.fs.FileSystem;
import org.apache.hadoop.fs.Path;
import org.apache.hadoop.io.IntWritable;
import org.apache.hadoop.io.LongWritable;
import org.apache.hadoop.io.Text;
import org.apache.hadoop.mapreduce.Job;
import org.apache.hadoop.mapreduce.Mapper;
import org.apache.hadoop.mapreduce.Reducer;
import org.apache.hadoop.mapreduce.lib.input.FileInputFormat;
import org.apache.hadoop.mapreduce.lib.output.FileOutputFormat;
import java.io.IOException;
import java.text.DecimalFormat;
public class MoviesRatesAllGroupByType {
public static void main(String[] args) throws Exception {
        Configuration conf = new Configuration();
        //求各类型的电影平均评分
        FileSystem fs = FileSystem.get(conf);
        Job job = Job.getInstance(conf);
        job.setJarByClass(MoviesRatesAllGroupByType.class);
        job.setMapperClass(MoviesRatesAllGroupByType_Mapper.class);
        job.setReducerClass(MoviesRatesAllGroupByType_Reducer.class);
        job.setMapOutputKeyClass(Text.class);
        job.setMapOutputValueClass(IntWritable.class);
        job.setOutputKeyClass(Text.class);
        job.setOutputValueClass(Text.class);
        Path inputPath = new Path("/join/outPutMapjoinThreeTables/");
        Path outputPath = new Path("/join/MoviesRatesAllGroupByType/");
        if (fs.exists(outputPath)) {
            fs.delete(outputPath, true);
        }
        FileInputFormat.setInputPaths(job, inputPath);
        FileOutputFormat.setOutputPath(job, outputPath);
        boolean isdone = job.waitForCompletion(true);
        System.exit(isdone ? 0 : 1);
    }

    public static class MoviesRatesAllGroupByType_Mapper extends Mapper<LongWritable, Text, Text, IntWritable> {
        Text kout = new Text();
        Text valueout = new Text();
        @Override
        protected void map(LongWritable key, Text value,Context context)throws IOException, InterruptedException {
            // 该影评库中各种类型电影中评分最高的 5 部电影（电影类型、电影 ID、平均评分）
            // 用户 ID、电影 ID、评分、时间戳、性别、年龄段、职业、邮政编码、电影类型
            String [] reads = value.toString().trim().split("::");
            String moiveID = reads[1];
            int rate = Integer.parseInt(reads[2]);
```

```java
                String type = reads[8];
                context.write(new Text(type + "\t" + moiveID), new IntWritable(rate));
            }
        }
    public static class MoviesRatesAllGroupByType_Reducer extends Reducer<Text, IntWritable, Text, Text> {
            Text kout = new Text();
            Text valueout = new Text();
            @Override
            protected void reduce(Text key, Iterable<IntWritable> values, Context context) throws IOException, InterruptedException {
                int num = 0;
                int total = 0;
                double avg = 0;
                for(IntWritable in : values){
                    num ++;
                    total += in.get();
                }
                avg = 1.0 * total / num;
                DecimalFormat df = new DecimalFormat("#.#");
                String format = df.format(avg);
                context.write(key, new Text(format));
            }
        }
}
```

在代码 8-12 中,map()方法主要以电影类型和电影 ID 作为键,将对应的 rate(电影的平均评分)作为值输出,并传输至 Reduce 端,Reduce 端根据 Map 阶段的<key,value>键值对,统计值,最终将结果保存至/join/MoviesRatesAllGroupByType/目录下,生成 part-r-00000 文件。part-r-00000 文件中以电影类型分组保存了所有电影的平均评分。在 Shell 中通过"hdfs dfs -cat /join/MoviesRatesAllGroupByType/part-r-00000 | head -10"命令可查看 part-r-00000 文件中的前 10 条记录,如图 8-11 所示。

```
[root@master data]# hdfs dfs -cat /join/MoviesRatesAllGroupByType/part-r-00000 | head -10
Action  1102    2
Action  1170    1.6
Action  1181    2.9
Action  1364    3.5
Action  1385    3.3
Action  1429    3.3
Action  1432    2.8
Action  1434    4
Action  145     3.3
Action  1497    2.1
```

图 8-11 各类型电影中的所有电影平均评分

2. 统计不同电影类型组中评分 Top5 的电影及评分信息

在 MoviesRatesAllGroupByType 类中完成了计算不同类型组中每部电影的平均评分,为了更直观地看出不同电影类型的电影评分差异,需要统计不同电影类型组中评分 Top5 的电影及评分信息。定义 MoviesRatesTop5GroupByTypeBean 类,在不同电影类型组中,根据电影平均评分完成降序排序,如代码 8-13 所示。

第8章 项目案例：电影网站用户影评分析

代码8-13　MoviesRatesTop5GroupByTypeBean 类的代码

```java
import org.apache.hadoop.io.WritableComparable;
import java.io.DataInput;
import java.io.DataOutput;
import java.io.IOException;
public class MoviesRatesTop5GroupByTypeBean implements WritableComparable<MoviesRatesTop5GroupByTypeBean>{
    private String MID;
    private String Type;
    private double Num;
    public String getMID() {
        return MID;
    }
    public void setMID(String mid) {
        this.MID = mid;
    }
    public String getType() {
        return Type;
    }
    public void setType(String type) {
        this.Type = type;
    }
    public double getNum() {
        return Num;
    }
    public void setNum(double num) {
        this.Num = num;
    }
    public MoviesRatesTop5GroupByTypeBean(String type, String mid, double num) {
        super();
        this.Type = type;
        this.MID = mid;
        this.Num = num;
    }
    public MoviesRatesTop5GroupByTypeBean() {
        super();
    }
    public String toString() {
        return Type + "\t" + MID + "\t" + Num;
    }
    public void write(DataOutput dataOutput) throws IOException {
        dataOutput.writeUTF(Type);
        dataOutput.writeUTF(MID);
        dataOutput.writeDouble(Num);
    }
    public void readFields(DataInput dataInput) throws IOException {
        Type = dataInput.readUTF();
        MID = dataInput.readUTF();
        Num = dataInput.readDouble();
    }
```

```java
    public int compareTo(MoviesRatesTop5GroupByTypeBean g) {
        int diff = this.Type.compareTo(g.Type);
        double diff2 = this.Num - g.Num;
        if(diff == 0){
            return diff2 > 0? -1:1;
        }else{
            return diff;
        }
    }
}
```

在代码 8-13 中，compareTo()方法主要实现按 rate（电影的平均评分）进行降序排序。

定义 MoviesRatesTop5GroupByType 主类，在该类中通过 job.setOutputKeyClass(MoviesRatesTop5GroupByTypeBean.class)方法设置数据在比较时按电影类型进行分组。定义电影类型分组 GroupByType 类，如代码 8-14 所示。

代码 8-14　GroupByType 类的代码

```java
import org.apache.hadoop.io.WritableComparable;
import org.apache.hadoop.io.WritableComparator;
public class GroupByType extends WritableComparator {
    public GroupByType(){
        super(MoviesRatesTop5GroupByTypeBean.class,true);
    }
    @Override
    public int compare(WritableComparable a,WritableComparable b){
        MoviesRatesTop5GroupByTypeBean f1 = (MoviesRatesTop5GroupByTypeBean)a;
        MoviesRatesTop5GroupByTypeBean f2 = (MoviesRatesTop5GroupByTypeBean)b;
        return f1.getType().compareTo(f2.getType());
    }
}
```

在 MoviesRatesTop5GroupByType 类中，map()方法用于读取/join/Movies RatesAllGroupByType/目录下的 part-r-00000 文件，获取所有电影的平均评分及用户性别信息，再使用 MoviesRatesTop10GroupByGenderBean 类实现降序排序，返回的结果为不同电影类型组中评分 Top5 的电影及评分，如代码 8-15 所示。

代码 8-15　MoviesRatesTop5GroupByType 类的代码

```java
import java.io.IOException;
import org.apache.hadoop.conf.Configuration;
import org.apache.hadoop.fs.FileSystem;
import org.apache.hadoop.fs.Path;
import org.apache.hadoop.io.LongWritable;
import org.apache.hadoop.io.NullWritable;
import org.apache.hadoop.io.Text;
import org.apache.hadoop.mapreduce.Job;
import org.apache.hadoop.mapreduce.Mapper;
import org.apache.hadoop.mapreduce.Reducer;
import org.apache.hadoop.mapreduce.lib.input.FileInputFormat;
import org.apache.hadoop.mapreduce.lib.output.FileOutputFormat;
import com.cqyti.film.filmBean.GroupByType;
import com.cqyti.film.filmBean.MoviesRatesTop5GroupByTypeBean;
```

第 8 章　项目案例：电影网站用户影评分析

```java
public class MoviesRatesTop5GroupByType {
    public static void main(String[] args) throws Exception {
        Configuration conf = new Configuration();
        FileSystem fs = FileSystem.get(conf);
        Job job = Job.getInstance(conf);
        job.setJarByClass(MoviesRatesTop5GroupByType.class);
        job.setMapperClass(MoviesRatesTop5GroupByType_2_Mapper.class);
        job.setReducerClass(MoviesRatesTop5GroupByType_2_Reducer.class);
        job.setOutputKeyClass(MoviesRatesTop5GroupByTypeBean.class);
        job.setOutputValueClass(NullWritable.class);
        job.setGroupingComparatorClass(GroupByType.class);  // 按电影类型进行分组
        Path inputPath2 = new Path("/join/MoviesRatesAllGroupByType/");  // 数据输入路径
        Path outputPath2 = new Path("/join/outputTop5/");  // 输出目录
        if (fs.exists(outputPath2)) {
            fs.delete(outputPath2, true);
        }
        FileInputFormat.setInputPaths(job, inputPath2);
        FileOutputFormat.setOutputPath(job, outputPath2);
        boolean isdone = job.waitForCompletion(true);
        System.exit(isdone ? 0 : 1);
    }
    public static class MoviesRatesTop5GroupByType_2_Mapper extends Mapper<LongWritable, Text, MoviesRatesTop5GroupByTypeBean, NullWritable>{
        Text kout = new Text();
        Text valueout = new Text();
        MoviesRatesTop5GroupByTypeBean mrb = new MoviesRatesTop5GroupByTypeBean();
        @Override
        protected void map(LongWritable key, Text value,Context context)throws IOException, InterruptedException {
            String [] reads = value.toString().trim().split("\t");
            mrb.setType(reads[0]);
            mrb.setMID(reads[1]);
            mrb.setNum(Double.parseDouble(reads[2]));
            context.write(mrb, NullWritable.get());
        }
    }
    public static class MoviesRatesTop5GroupByType_2_Reducer extends Reducer<MoviesRatesTop5GroupByTypeBean, NullWritable, MoviesRatesTop5GroupByTypeBean, NullWritable>{
        Text kout = new Text();
        Text valueout = new Text();
        @Override
        protected void reduce(MoviesRatesTop5GroupByTypeBean key, Iterable<NullWritable> values, Context context)throws IOException, InterruptedException {
            int num = 0;
            for(NullWritable in : values){
                num ++;
                if (num <= 5) {
                    context.write(key, NullWritable.get());
```

```
                    }else {
                        return;
                    }
                }
            }
        }
}
```

将 MoviesRatesTop5GroupByType 作为主类，并将项目打包，最后提交至 Hadoop 集群中运行，将在/join/outputTop5/目录下生成 part-r-00000 文件，该文件中保存了不同电影类型组中评分 Top5 的电影及其评分。在 Shell 中通过"hdfs dfs -cat /join/outputTop5/part-r-00000 | head -10"命令可查看 part-r-00000 文件中的前 10 条记录，如图 8-12 所示。

```
[root@master data]# hdfs dfs -cat /join/outputTop5/part-r-00000 | head -10
Action          1434    4.0
Action          2947    4.0
Action          2948    3.9
Action          2949    3.9
Action          3384    3.8
Action|Adventure        2905    4.6
Action|Adventure        1198    4.5
Action|Adventure        1291    4.1
Action|Adventure        940     4.0
Action|Adventure        1275    3.8
```

图 8-12　不同电影类型中评分最高的 5 部电影及评分

由图 8-12 可看出，数据已按照不同类型的电影分组并根据电影平均评分进行降序排序。因为是根据电影类型的首字母进行排序的，而有些电影的类型不止一种，所以电影类型的分组并不是那么明确。后续可以考虑将电影类型按照"|"分隔符进行拆分，将具有多种电影类型的电影记录拆分成多行，效果会更加明显。

小结

本章首先介绍了用户影评分析的背景及影评数据字段的含义，再根据影评数据从评分次数、性别、年龄段、电影类型这 4 个维度提出了 4 个分析任务。针对每个任务分别分析其计算过程，使用 mapjoin()方法实现多数据连接，同时详细介绍了每个任务相应的 map()方法和 reduce()方法的计算逻辑和数据类型要求，并且通过 compareTo()方法，实现两个对象的比较和排序，最后通过 MapReduce 编程实现各分析任务。通过电影网站用户影评分析的实例，读者也可以加深对 MapReduce 框架的理解并熟悉 MapReduce 程序的编写逻辑。

附录 A Linux 常用操作命令

1. cd 命令

cd 是 change directory 的缩写，通过 cd 命令可以进入指定目录。cd 命令常用可选项的说明及使用示例如表 A-1 所示。

表 A-1 cd 命令常用可选项的说明及使用示例

可选项	说明	示例
【指定目录】	切换至指定目录	cd /usr，切换至/usr 目录
/	切换至根目录	cd /，切换至根目录
..	切换至上一级目录（"."表示当前目录，".."表示上一级目录）	cd ..，切换至上一级目录
~	切换至 home 目录	cd~，切换至 home 目录

2. ls 命令

ls 是 list 的缩写，通过 ls 命令不仅可以查看目录信息、目录包含的文件信息，而且可以查看文件权限。ls 命令常用可选项的说明及使用示例如表 A-2 所示。

表 A-2 ls 命令常用可选项的说明及使用示例

可选项	说明	示例
-a	列出目录下的所有文件，包含以"."开头的隐藏文件	ls -a /usr，列出/usr 目录下的所有文件
-A	列出除"."及".."的其他文件	ls -A /usr，列出/usr 目录下的所有文件但不包含"."及".."
-r	反序排列	ls -r /usr，将/usr 目录下的文件反序排序
-t	以文件修改时间排序	ls -t /usr，将/usr 目录下的文件以文件修改时间排序
-l	除了文件名之外，还将文件的权限、所有者、文件大小等信息详细列出来	ls -l /usr，列出/usr 目录下的文件权限、所有者、文件大小等信息

3. shutdown 命令

通过 shutdown 命令可以对系统进行关机，还可以对系统进行限制时间的关机和重启。shutdown 命令常用可选项的说明及使用示例如表 A-3 所示。

表 A-3　shutdown 命令常用可选项的说明及使用示例

可选项	说明	示例
-h now	立刻关机，与 poweroff 命令相同	shutdown -h now，立刻关机
-h 【指定时间：min】	在指定时间后关机	shutdown -h 5，5 min 后关机
-r now	立刻重启，与 reboot 命令相同	shutdown -r now，立刻重启
-r 【指定时间：min】	在指定时间后重启	shutdown -r 5，5 min 后重启

4．mkdir 命令

mkdir 命令在 Linux 系统中仅用于创建目录，并不能用于创建文件。mkdir 命令常用可选项的说明及使用示例如表 A-4 所示。

表 A-4　mkdir 命令常用可选项的说明及使用示例

可选项	说明	示例
【目录名】	在当前目录下创建【目录名】目录	mkdir a，在当前目录下创建 a 目录
-p	在父目录不存在的情况下先创建父目录	mkdir -p test2/test22，在当前目录下创建 test2 目录，并在 test2 目录下创建 test22 目录
-m	创建自定义权限的目录	mkdir -m 777 test3，在当前目录下创建权限为 777 的 test3 目录
-v	显示命令执行中的详细信息	mkdir -v test4，显示创建 test4 目录时的详细信息

5．touch 命令

touch 命令用于在 Linux 系统中创建文件。touch 命令常用可选项的说明及使用示例如表 A-5 所示。

表 A-5　touch 命令常用可选项的说明及使用示例

可选项	说明	示例
【文件名】	在当前目录下创建文件	touch file1，在当前目录下创建 file1 文件

6．rm 命令

rm 命令用于在 Linux 系统中删除目录或文件。rm 命令常用可选项的说明及使用示例如表 A-6 所示。

表 A-6　rm 命令常用可选项的说明及使用示例

可选项	说明	示例
-f	强制删除文件或目录	rm -f test1，强制删除 test1 文件或目录
-r	递归处理，将指定目录下的所有文件及子目录一并处理	rm -r test2，将 test2 目录下的所有文件删除
-rf	强制删除目录	rm -rf test3，强制删除 test3 目录

附录 A Linux 常用操作命令

7. mv 命令

mv 是 move 的缩写，mv 命令用于移动或重命名现有文件或目录。mv 命令常用可选项的说明及使用示例如表 A-7 所示。

表 A-7 mv 命令常用可选项的说明及使用示例

可选项	说明	示例
【原文件名】【新文件名】	将原文件更名为新文件名	mv A B，将 A 文件更名为 B 文件
-f	若目标文件或目录与现有文件或目录重复，则直接覆盖现有文件或目录	mv -f test1 test2，将 test1 文件覆盖为 test2 文件
【文件名】【目录名】	将当前目录下的文件移动至指定目录下	mv test1.txt test3，将当前目录下的 test1.txt 文件移动至 test3 目录下

8. cp 命令

cp 是 copy 的缩写，在 Linux 系统中 cp 命令用于复制文件或目录。cp 命令常用可选项的说明及使用示例如表 A-8 所示。

表 A-8 cp 命令常用可选项的说明及使用示例

可选项	说明	示例
【被复制文件】【复制后的文件】	复制文件（可同时进行重命名）	cp /test1/1.txt /opt/1.txt，将/test1 目录下的 1.txt 文件复制至/opt 目录下；cp /test1/1.txt /test1/2.txt，将/test1 目录下的 1.txt 文件复制并重命名为 2.txt 文件
-r	递归处理，将指定目录下的文件与子目录一并处理	cp -r /a /b，将/a 目录复制至/b 目录下

9. vi 或 vim 命令

vi 和 vim 命令在 Linux 系统中均可以对文件进行修改，它们的功能相似，但是 vim 是 vi 的加强版，完全兼容 vi，vim 的优势主要体现在可多级撤销、易用、语法颜色鲜明等方面。vi 或 vim 命令常用可选项的说明及使用示例如表 A-9 所示。

表 A-9 vi 或 vim 命令常用可选项的说明及使用示例

可选项	说明	示例
【文件名】	编辑当前目录下的指定文件	vi 1.txt，编辑当前目录下的 1.txt 文件；vim /test1/1.txt，编辑/test1 目录下的 1.txt 文件

编辑完文件时，则需要设置保存的方式并退出编辑，常用可选项的说明及使用示例如表 A-10 所示。

表 A-10 编辑完文件时常用可选项的说明及使用示例

可选项	说明	示例
【Esc 键】:q	退出编辑	:q，退出编辑
【Esc 键】:q!	强制退出编辑	:q!，强制退出编辑
【Esc 键】:wq	保存并退出编辑	:wq，保存并退出编辑
【Esc 键】:wq!	强制保存并退出编辑	:wq!，强制保存并退出编辑

附录 B　Hadoop 集群组件的常用端口及其说明

1. HDFS 常用端口及其说明

HDFS 常用端口及其说明如表 B-1 所示。

表 B-1　HDFS 常用端口及其说明

节点	默认端口	配置	说明	配置文件
DataNode	9866	dfs.datanode.address	DataNode 服务的端口，用于数据传输	hdfs-site.xml
DataNode	9864	dfs.datanode.http.address	HTTP 服务的端口	hdfs-site.xml
NameNode	9820	fs.defaultFS	接收客户端连接的 RPC 端口，用于获取文件系统元数据信息，设置默认的文件系统	core-site.xml
NameNode	9870	dfs.namenode.http-address	HTTP 服务的端口	hdfs-site.xml
Secondary NameNode	9868	dfs.secondary.http-address	Secondary NameNode 的 HTTP 服务的端口	hdfs-site.xml

2. YARN 常用端口及其说明

YARN 常用端口及其说明如表 B-2 所示。

表 B-2　YARN 常用端口及其说明

节点	默认端口	配置	说明	配置文件
ResourceManager	8032	yarn.resourcemanager.address	ResourceManager 的 Applications Manager 端口	yarn-site.xml
ResourceManager	8042	yarn.nodemanager.webapp.address	NodeManager 的 HTTP 服务的端口	yarn-site.xml
ResourceManager	8088	yarn.resourcemanager.webapp.address	ResourceManager 的 HTTP 服务的端口	yarn-site.xml
JobHistory Server	19888	Mapreduce.jobhistory.webapp.address	MapReduce 历史日志的 HTTP 服务的端口	yarn-site.xml

3. MapReduce 常用端口及其说明

MapReduce 常用端口及其说明如表 B-3 所示。

表 B-3 MapReduce 常用端口及其说明

节点	默认端口	配置	说明	配置文件
JobTracker	50030	job	Tracker 的 Web 管理端口	mapred-site.xml
TaskTracker	50060	mapred.task.tracker.http.address	Task-Tracker 的 HTTP 服务的端口	mapred-site.xml

4. Hive 常用端口及其说明

Hive 常用端口及其说明如表 B-4 所示。

表 B-4 Hive 常用端口及其说明

节点	默认端口	配置	说明	配置文件
MetaStore	9083	hive.metastore.port	Hive Metastore 监听端口	hive-site.xml
HiveServer	10000	hive.server2.thrift.port	在 env 通过设置 $ HIVE_SERVER2_THRIFT_PORT 来覆盖默认端口	hive-env.sh

5. HBase 常用端口及其说明

HBase 常用端口及其说明如表 B-5 所示。

表 B-5 HBase 常用端口及其说明

节点	默认端口	配置	说明	配置文件
master	60010	hbase.master.info.port	HTTP 服务的端口	hbase-site.xml
RegionServer	60030	hbase.regionserver.info.port	HTTP 服务的端口	hbase-site.xml